JN063910

物理的思考編

新相対性理論

仲座 栄三 著

はじめに

人々はかつて静かな静止した宇宙空間を想像していた．その空間を絶対静止空間と呼び，それは光を伝播させるエーテルで満たされているとした．その頃，人々は光が波として伝播するものであることを知っていた．そして，光はエーテルが媒質となって伝播させるものである．そのエーテルに対する速度，すなわち，絶対静止空間で測られる地球の運動の絶対速度は，計測される光の速度の変化に現れると考えた．マイケルソンやモーリーらは，計測によってその光速度の変化を捉えようと試みた．実験結果は，予想に反して，地球の運動による有意な光速度の変化を捉えることはできなかった．フィツジェラルドやローレンツはそれぞれに，エーテルによって運動物体の長さはその運動方向に縮み，時間も遅れると想像した．このような考えを，ポアンカレも支持し，光速度が一定であることについての議論が行われた．そして，実験結果を説明するために，ガリレイ変換に代わるローレンツ変換が生まれた．

一方，絶対静止空間に付随するという絶対速度の探究に対して，アインシュタインは，『相対性原理』を導入し，そのような試みを物理学に不要なものとして退けた．さらに，光速度に地球の運動の効果が現れないことの疑問にも，『光速度不変の原理』を位置付けて，その議論をも無用なものとして退けた．アインシュタインは，それら二つの原理に基づいて相対性理論を提示した．その結果，ニュートン以来，我々が想像していた時間と長さの不変性は物理学から退けられ，時間と長さの相対論が物理学に位置付けられた．こうして，アインシュタインの相対性理論は，フィツジェラルドやローレンツ，そしてポアンカレらが議論していた相対論の形に仕上がった．

アインシュタインの相対性理論によれば，ある慣性系で測った物理量の値は別の慣性系で測ると必ずしも同じものではなく，それらの間にある換算法則が存在する．その換算法が，アインシュタインの時間と長さの相対論を規定するローレンツ変換である．ローレンツ変換によれば，相対速度によって時間が遅れ，長さが縮む．これにより，これまで存在したガリレイ変換は退けられて，ローレンツ変換が正しい変換に位置付けられた．だが，このことは，双子のパラドックスなど，時間と長さにまつわる各種のパラドックスを派生させることとなった．物理学界がこれまでに行ったおよそ全ての実験結果は，アインシュタインの相対性理論の正しさを実証するものとなっている．今日，アインシュタインの相対性理論は，疑う余地もないものとして物理学界に受け入れられるに至っている．

物理学実験結果のおよそ全てが，アインシュタインの相対性理論の正しさを示すものであったとしても，パラドックスの存在を主張する者達が後を絶たない状況は，これまで続いてきた．これに，現代物理学界は，物理学離れした単なる「言い掛かり」として，切り捨ててきた．

しかし，ついに，アインシュタインの相対性理論の誤りがここに明らかにされる．アインシュタインの相対性理論の問題点は，やはり，双子のパラドックスなど，それに伴う各種のパラドックスにその片鱗を垣間見せていた．

結局のところ，アインシュタインの相対性理論は，その前身であるフィツジェラルドやローレンツ，そしてポアンカレらが想像したものでしかなかった．その結果，ガリレイ変換はローレンツ変換で置き換えられ，時間や長さはそれによって相対的なものとして定義された．その結果，ニュートン力学で位置付けられていたガリレイ変換に基づく不変的な時間及び長さの概念は，物理学から退けられた．

2014 年，本書の著者である仲座は，ガリレイ変換を相対性理論構築の基盤として位置付け，物理学から退けられていた不変的な時間と長さの概念を再び物理学に位置付けた．逆に，アインシュタインが導入した光速度不変の原理が，相対性理論構築の過程から退けられた．ガリレイ変換に基づく時間と長さの概念が，新たな相対性理論を生み，光など電磁波の伝播に伴う伝播時間及び伝播距離が，相対論的なものとして現れた．

すなわち，新たな相対性理論は，相対速度の存在あるいは重力の作用下の電磁気理論として現れた．新たな相対性理論は，いかなる状況に対しても相対性原理を満たし，パラドックスの類が派生する隙を与えない．

また，アインシュタインが想像した４次元の時空は，数学的な取り扱いの便宜上導入される単なる架空の４次元時空となった．実在するのは，三次元の空間とそれに独立した時間となる．

したがって，実際に存在する空間に質量の存在による歪みが現れることはない．空間は，三次元のデカルト座標をもって表すことができる．すなわち，我々が計測する時間や長さは，物理学的に定義される時間の単位及び長さの単位をそれぞれ不変的なものとして用いて測られるものである．光の伝播は，相対速度の存在あるいは質量の存在によって，その振動数や波数に redshift（二次シフト）を受ける．このことが，これまで測定されてきた時間遅れや長さの短縮，そして光が不変となって観測されることの物理学的なメカニズムである．

質量の存在は，粒子の運動軌道のみでなく，光など電磁波の伝播軌道をも曲げる．それは，光の伝播に重力赤方偏移が現れることが要因である．一般相対性理論において，特筆されるべき点は，質量の存在による重力の作用も光など電磁波の伝播と同様に，光の速さを持って波として伝播するものであることを明らかにしていることである．そのことの証は，彗星の近日点の移動に具体的に見ることができる．

従来のアインシュタインの相対性理論で，最も知られる式として$E = mc^2$がある．これまで，この式は物質の持つ静止エネルギーと位置付けられてきた．しかし，新相対性理論では，質量mの粒子が光速度を有する場合の運動エネルギーとしてその定義を改められ，光や粒子の相対論的エネルギーを議論する上での基準として位置付けられる．それは時間や長さの計測に光など電磁波を用いていることによるものであり，相対性理論が光の伝播を基準として構築されていることによる．

また，光の速度は粒子速度の限界を意味しない．光の速度は，光など電磁波を用いた計測に対する測定限界速度，あるいは一般相対論的に重力の及ぶ限界速度を意味するのであって，相対性理論が粒子速度の限界に関与することはない．

ここに，従来のアインシュタインの相対性理論とはおよそ真逆となる相対性理論が誕生する．それに物語的な要素はなく，物理現象の一切を物理学の探究対象として位置付ける内容となっている．我々は，こうしてパラドックスに悩まされることはもう無くなった.

この書には，こうした物理学における相対性理論の革命の歴史概要，従来のアインシュタインの相対性理論の問題点，そして新たな相対性理論の概要と演習が説明されている.

本書では，第Ⅰ部において，パラドックスの解決の視点から相対性理論の歴史的概要について述べる．第Ⅱ部においては，ガリレイ変換やそれに基づくニュートンの運動法則の修正について説明する．第Ⅲ部においては，従来のアインシュタインの相対性理論及びその問題点について説明する．第Ⅳ部においては，アインシュタインの相対性理論を論駁し，新たな相対性理論について説明する．第Ⅴ部は，新相対性理論をどのように使うかの演習に当てている．第Ⅴ部で展開される演習については，その多くの計算対象を，解説書『一般相対性理論入門―ブラックホール探査―』，エドウィン・F・テイラー，ジョン・アーチボルド・ホイーラー著（牧野伸義訳）を参考にしたものとなっている．しかし，その計算過程や議論の内容は，すべて新相対性理論に従うものとなっている.

アインシュタインの相対性理論では，相対速度の存在や重力の存在で短縮や歪んだ時空を想像し，それに無条件に従う力学が議論される．新相対性理論を対象とする第Ⅳ部，そしてその演習を行う第Ⅴ部では，粒子の運動，光の伝播が，それぞれ静止系におけるニュートンの運動法則及びマクスウェルの電磁場理論など力学法則に基づいて定義される．その上で，光の伝播を含め動いている物や重力場の力学が，光など電磁波計測に基づいて解析される．このことが，新相対性理論を成す.

本書では，相対性理論を特殊相対性理論と一般相対性理論とに大別した形で説明している．しかし，一般相対性理論は特殊相対性理論を包括したものとなっているため，それらを２つに分けることは好ましくない．しかしながら，初学者向けに相対性理論を説明するとなると，紙面の都合などから重力源となる質量の存在しない場合に限定せざるを得ない．したがって，本書が質量の存在に触れない特殊相対性理論的な説明とその存在を考慮した説明とに分けるのは，たんに説明の都合上の問題にある．本書を最後まで読み通されると，相対性理論の中での特殊相対性理論と呼ばれる部分の位置付けが，よりよく理解されることになると思う.

本書は，各部および各章において，それぞれの内容が完結する形となっている．したがって，式番号や図表の番号は各章毎に新たに割り振られている．それぞれの章や部を越えて式の参照を行う場合，例えば，式(Ⅲ.2.3)という具合に表した．これは，第Ⅲ部第２章中の式(3)を意味する．同部内での式の参照のときには，例えば，式(2.3)とし，第２章の式(3)を意味することとした．

相対性理論については，一般相対性理論まで議論するには，通常はテンソル解析を必要とする．本書では，それらの一切を後回しにして，物理的思考に焦点を絞った議論にまとめてある．それがゆえに，本書は「物理的思考編」となっている．テンソル解析を含め数学的な取り扱いについては，続編となる「テンソル解析編」にて議論する予定である．

人間と動物との違いとして，１）言葉を使うこと，２）道具をつかうこと，３）火を使うことなどと学んだものである．しかし，それらいずれをも動物も使う．それでは，何が人間と動物との違いを分かつものとして挙げられるのだろうか．考え続けた結果，自ら「**なぜか？を問うことができる**」こと，という結論に至った．最近その発達の著しいAI等と人間との違いも同様であると考える．

アインシュタインの相対性理論に関するパラドックスについて，そして相対性理論の構築過程について，「**なぜか**」を問いに問い続けた結果が，本書の内容を成している．

常に「**なぜそうなるのか？**」を問い続ける精神，そして「**解いただけでは解いたことにはならない．なぜそうなるのかを示してはじめて解いたことになる**」その信念は，恩師である日野幹雄先生からご指導頂いた賜物である．恩師の津嘉山正光先生・山川哲雄先生（享年76才）には大変長きに亘ってご指導ご鞭撻を頂いた．また，本書の編集・校正にあたってはボーダーインクの池宮紀子さんにご協力を頂いた．ここに記し感謝の意を表すと共に，感謝の意を捧げる．

コラム1　月にいる永遠のかぐや姫

アインシュタインの相対性理論は，静止系の時間に対して運動系の時間が遅れると説明している．このような科学的根拠を拠り所として，以下のような物語を作ってみた．

再会を約束し，カメの背中に乗って一定速度で旅を続けて帰って来た浦島太郎の年齢は8歳であった．しかし，地上で太郎との再会をずっと待ち続けたかぐや姫の年齢はすでに80歳を過ぎていた．失意の内にかぐや姫は月へと帰る．地上に残された太郎は，一定速度で地球を回る月を見上げながらいつしか，100 歳を過ぎた．月に帰って若さを取り戻したかぐや姫は，一定速度で地球を回る月に居て時はゆっくり進み，永遠に『月が私の心を映している』と歌い，現在もなお生き続けているという．（作：著者）

アインシュタインの相対性理論は，相対性原理の下に構築されている．相対性原理は，いずれの側から見ても，現象は相対的であり，互いにまったく同じ現象が観察されていなければならないことを規定する．したがって，カメの背中に乗る太郎から見ると，一定速度で運動していたのは，太郎の帰りを待ち続けたというかぐや姫の方となる．しかし，先の話で，すでにかぐや姫は 80 歳となっている．この話を若い太郎から見たからといって，太郎は 80 歳で，かぐや姫は 8 歳ということにはならない．すなわち，視点を変えたからといって，両者の歳の取り方が変わるようなことにはなり得ない．この話は相対性原理を満たしていない．このことが時間のパラドックスと呼ばれる．

再会を約束し太郎は去った

太郎の帰りを待って 80 年の歳月

太郎は若いままで帰ってきた

月のかぐや姫を見上げる太郎は年老い、
かぐや姫は永遠の若さを保つ

アインシュタインの相対性理論を科学的根拠とする浦島太郎とかぐや姫の歳の取り方の物語（作：著者、絵：睦月）

目次

コラム

第Ⅰ部

新相対性理論歴史概観

パラドックスとは？

これは，アインシュタインの相対性理論にまつわるパラドックスのことである．パラドックス（paradox）とは，正しいように説明されるが，それに何らかの矛盾が存在し，「納得できない」というような疑念が湧く問題に対して与えられる言葉である．アインシュタインの相対性理論には，その誕生から今日に至るまで，その妥当性に疑義が投じられてきており，数多くのパラドックスが派生している．中でも，「双子のパラドック ク（twin paradox）」は，特に広く知られている問題の一つで，「時間の遅れ」に関するパラドックスである．

時間の遅れとはどういうことか？

アインシュタインの相対性理論は，静止している者の時間に対して，一定速度で運動（移動）している者の時間の方がゆっくり進む（時間が遅れる）と説明している．このことを検証する実験も数多く行われており，動いている原子時計などは確かに時間が遅れることを示している．その結果，一定速度で移動し続けている者は，静止している者よりも時間がゆっくり進むことになるため，その分若さを保持できることになる．すなわち，何かを食べるとか，なにか特段の健康運動をするとかを必要とすることなく，一定速度で移動し続けるだけで万人が等しく歳をとるのがゆっくりとなるというような，相対論的（物理学的）若さ保持法が存在することになる．

例えば，浦島太郎物語では，カメの背中に乗って一定速度で旅して来た太郎は，村で静かに彼の帰りを待っていた村人よりも若くなって帰って来ることができる．その理由は，アインシュタインの相対性理論が主張する一定速度で移動している者の時間が，静止している者の時間よりも遅れるということによる．西洋では，サンタクロースがいつまでも年老いていかないのは，彼がプレゼントを運ぶために日々疾走している（高速で移動し続けている）からだと，アインシュタインの相対性理論を用いて説明されたりしている．また，タイムマシンを題材にした映画やマンガなどがあるが，これらは，アインシュタインの相対性理論の時間の遅れを科学的な知識のベースにして，タイムマシンで過去や未来に自由に行き来する設定となっている．そのためか，タイムマシンは車や空飛ぶジュータンなど移動するものとなっていることがほとんどである．

なぜ，時間の遅れがパラドックスなのか？

アインシュタインの相対性理論は，実は，「相対性原理」と「光速度不変の原理」の２つの原理の下に構築されており，相対性理論の適用に当たっては当然ながら，これら２つの大原理に問題が適っているかどうかが問われる．相対性原理とは，「二人の観測者がいて彼らの何れか一方から見て，他方が一定速度で移動して見えているとき，その二人の内で，いずれが絶対的に静止し，いずれが絶対的に運動しているものかを決めることはできない」と説明される．したがって，相対性原理によれば，A 及び B の二人の観測者に対して，A から B の時間経過が遅くなって見えても，逆に B から A を見ると A の時間経過が遅くなって見えることになる．こうして，いずれが絶対的に静止し，いずれが絶対的に運動しているものかを，決定することができないことになる．このようなことから，相対性原理は，絶対的に静止しているものの存在，あるいは絶対静止空間の存在を探究することは無用な企てであるということを，物理学的に厳しく規定している．

例えば，教室内を想定しよう．椅子に座っている学生達に対して，先生一人が黒板の周りをうろうろと動き回っている場面を想定する．このとき，誰が動いているのか？と問うと，学生達は決まって，「先生の方である」と答える．なぜ，そう判断したのか，と問うと，「足が動いている」「我々は全員椅子に座っている」だから「先生が動き，我は静止している」と答える．しかし，そのような回答は，相対性原理に照らせば間違っていることになる．先生の言い分はこうである．「私が足を上げ下げすると，皆さんが一斉に移動し出す」「動いているのは，皆さんの方だ」と．相対性原理は，こうして，何れが絶対的に運動していて，いずれが絶対的に静止しているものかを決定することはできないと，厳しく規定するのである．

浦島太郎の話のように，一定速度で移動してきた者が若いということであれば，絶対的に運動（移動）していた者は太郎の方であり，対して村人は絶対的に静止していた者であるということになる．この話では，若いままの浦島太郎の方から見ると，逆に村人の方が移動しているように見えるので，村人の方が太郎よりも若かった，ということにはなっていない．すなわち，物事が相対的（いずれ側から見ても状況が同じということ）になっていないのである．

アインシュタインは，相対性理論を作り上げて，その理論によって「動いている者の時間が遅れる」ことを見出し，地球の赤道位置に置かれた時計と極点に置かれた時計とでは，赤道位置に置かれて高速で移動していることになる時計の方が，時間経過は「実際に遅れる」と説明している．これでは，動いていたものは赤道位置の時計であると一方的に（絶対的に）決めつけられることになる．よって，「二者の内で何れが絶対的に静止し，何れが絶対的に運動しているものかを決定することはできない」ということを規定する相対性原理に背くではないか？という問が生じてしまう．この話では，一旦時間が遅れてしまった時計から見て，遅れていない他方の時計の方が実際に「遅れている」ということにはならないというところが問題となっている．

以上のような議論によって，アインシュタインの相対性理論が主張する「運動している側の時間の遅れ」は，パラドックスを生む（前提条件に反する）のではないか？というような疑義が投じられているのである．

双子のパラドックスとは何か？

こうした議論は，物理学者のみでなく，一般市民をも巻き込んで熱を帯びて行った．1950年代頃になると，科学誌の中でも最高権威と言われるネイチャー（Nature）やサイエンス（Science）でも取り上げられて，この議論は長々と数十年間にも亘って続く．議論は，いつしか双子の兄弟の歳の取り方の議論となり，「双子の兄弟がいて，地上に弟が残り，兄がロケットで旅して帰って来たとき，ロケット内の兄は地上の弟よりも若いことになるのか？」というような議論内容となっている．このことが「双子のパラドックス」と呼ばれている．

アインシュタインの相対性理論の正しさを信じる者は，「ロケットで旅する兄の方が歳の取り方が遅れて，地上の弟よりも若いことになる」と主張し，逆に，パラドックスを主張する者は，「両者の歳の取り方にそのような差異が現れては，相対性原理に背く」と主張している．議論は堂々巡りとなり，いつまでも平行線で，長らくだらだらと続いた．そして，議論に飽き飽きとなった者達は「だれかこの問題に決着をつけてくれ」と言うようになった．

この問題に実験的に決着をつけようと試みた者はだれか？

1971年，Hafele（ハッフル）とKeating（キーテイング）は巨額の寄付を集め，商用のジャンボジェット機をチャーターして，地球の周りを1周することで，実験的にこの問題に決着をつけようと試みた．彼らは，チャーターしたジャンボ機のファーストクラスの客席に，選び抜かれた精度の良い4台の原子時計を積み込み，地上に時間経過の基準となる原子時計を残して，地球を東へ1周した後に地上に戻り，さらに今度は西向きに1周して地上に戻った．こうして，旅を続けたジャンボ機に搭載させた原子時計4台の時間経過は，地上の原子時計の時間経過と直接比較された．結果は，アインシュタインの相対性理論の予測とほぼ同様に，ジャンボ機に搭載した4台の原子時計の時間経過の方が，地上の原子時計の時間経過よりも確かに遅れていたのであった．この実験結果は，データの公開など，いろいろと物議を醸しだしたのだが，結果としては，双子のパラドックスの問題に直接的に決着を付けるものとして受けとめられた．同様な実験は，精度を高めてその後も繰り返し行われ，それらの結果は全て理論的な予測値と良い一致を示し，今日，アインシュタインの相対性理論の正しさは，疑う余地もないとまで言わしめている．最近では，GPS衛星の周波数調整など，アインシュタインの相対性理論なしでは，宇宙技術開発はあり得ないとまで説明されるようになっている．

パラドックスを主張する者達は，それで納得したのか？

事体はさらに最悪となる．議論はさらに白熱を増した．パラドックス主張者らは，「そのような結果では，相対性原理に背く」という主張をさらに強めた. いずれかの時間が遅れたということであっては,「いずれが絶対的に動いているものかを決定することはできないとする相対性原理に背く」と, 一貫して主張している. これに対して, 現代物理学界の一般的な説明は,「この実験にトリックはない. 時計は正真正銘に遅れている」「この問題を説く鍵は, 地上を飛び立つロケットや飛行機が, 加速, U ターン, そして減速という物理過程を経るのに対して, 地上の原子時計はそうした現象を経験することなく, 終始静止した関係にあったことにある」と説明し, この問題は最初から互いの状態が非対称な関係（一方は静止し, 他方は移動しているという関係）にあると指摘している. こうして, この問題は加速や減速など加速度を伴う問題であり, 特殊相対性理論では解決できない問題であると説明する. したがって, 物理学界の一般的な認識では,「双子のパラドックスはパラドックスではない」となっている.

確かに, GPS 衛星や飛行機に搭載した原子時計の計測時間が遅れていることは疑いようのない事実である. このような事実を前にして, 物理学者らは, 相対性理論の妥当性を主張し, その説明を擁護するしか術はなかろう. 対して, パラドックス主張者らは, いかような説明をもってこの計測時間の遅れの事実を論駁することになるのかが問われる. だが, 後者に対しての救いは, 厳密に言えば, いまだ慣性運動としての実験（一定速度で飛行しての実験）は行われていない, ということに尽きよう. これまで行われている実験は, 一定の速さで飛行といっても GPS 衛星と同様に, 地球の周りを一定の速さで移動しているような周回運動によるものであり, 加速度運動を伴い, 厳密にいえば一般相対性理論で議論すべき内容となっているのである.

物理学者らの高慢かつ高飛車な物言いは何の根拠によるものか？

もちろん, 物理学実験結果が示すところに頼っている. これまで物理学界が行って来た物理学実験結果のおよそ全ては, アインシュタインの相対性理論の正しさを示すものとなっている. これだけの根拠が揃っていることが, 異論を唱える者に有無を言わせぬものとなっており, 物理学者らの論拠となっている. 対して, パラドックス主張者らは, 未だアインシュタインの相対性理論が矛盾をきたすような実験結果の類を提示できていない．思考実験を繰り返すのみである．一般常識でいうのなら，もはや決着はついていることになる．なぜなら，現代科学においては，理論的予測が実験的に支持されるとき，その理論は証明されたと言って良いと信じられているからである．

アインシュタインの相対性理論は，特に天文学の分野において，次々と輝かしい成果を挙げている．現代天文学にとって，相対性理論は必要不可欠な存在となっており，特に最近の重力波観測結果はノーベル賞を受賞するなど，物理学者らの誉れとするところとなっている．こうした事実が，彼らに確固たる自負をもたらせていることは容易に想像できよう．

学会等での取り扱いはどのようになっているのか？

最近の物理学会の発表会などでは，アインシュタインの相対性理論に否定的な内容の発表は殆どなくなってきている．論文等で掲載されるようなことは勿論ない．一時期，年次大会等でいくつかの発表が行われる時期もあったが，総じて冷ややかな対応を受けている．その理由は，そうした発表の多くが，一見して初歩的な誤りに基づくものである，というような判断によるものである．また，これまでの長い論争に，物理学者らの多くは辟易していることや，面倒な議論に時間を割くのを嫌がっているということもあるが，本問題は数多くの実験事実によってすでに解決済であるとの認識によって，こうした議論からは身を避けた方が賢明であるというような判断によるものである．

双子のパラドックスの問題は，国内では，H. Dingle による議論を受けて，日本物理教育学会においても議論となった経緯があるが，これもまた，端からそうした見解には誤りがあると決めつけたような議論であって，著者から見ると，木に竹を接ぐような説明に終始し，的を射ない高飛車的な説明を最後に議論が無くなってしまっている．その後には，関連するような議論は皆無となり，著者はこれまでに，腑に落ちるような説明を目にする機会を得ていない．

アインシュタインの相対性理論の誤りを主張した物理学者

これまでにパラドックスの存在を主張した物理学者らを取り上げると枚挙にいとまがない．著名な物理学者らもパラドックスの存在を主張している．中でも，英国の物理学者で王立天文学会長を務めた H. Dingle（ディングル）や英国の NPL（国立物理学研究所）で原子時計の実用化に大きく貢献した L. Essen（エセン）らの名を上げることができる．H. Dingle は先に述べたように，Nature や Science などの誌上で，アインシュタインの相対性理論の誤り，特に相対性原理に対しての矛盾を指摘し続けた一人である．Hafele と Keating の実験は，こうした指摘を直接的に論破するための検証実験でもあった．L. Essen は，原子時計の開発者としての立場から，一定速度で運動する原子時計が遅れるようなことは原子時計の原理上あり得ないと主張し，1905 年のアインシュタインの論文における説明展開の問題点を指摘している．それによれば，「アインシュタインは，論文の最初の部分において，現象は相対的であり，いずれが絶対的に運動しているものかを決定できないことを相対性原理として位置付けた上で理論構築を始めている．しかし，その最終的な段階では，動いているものの時計が実際に遅れているなどと説明している」という点を深刻な問題として挙げている．また，時計が実際に遅れるのではなく，互いに時間が遅れているように観測されるだけであり，観測結果は相対的でなければならないとしている．

しかしながら，これまでに行われた物理学的実験結果は，飛行機や GPS 衛星に搭載した原子時計の時間が実際に遅れており，絶対的に動いていたことになると説明している．こうした実験結果に加えて，一般相対性理論で説明できる天文学的観測事実の数々が現代物理学を発展させていることを受けて，理論の正しさはもはや疑う余地も無いという判断が与えられ，本問題に関して物理学者らを思考停止状態にしている．一方で，パラドックスを主張する立場からは，物理学者など専門家でなくとも，本問題に興味を持った者達の多くが，この問題解決に挑み続け，そして解決することなく，この世を去っている．

地上の原子時計は，いずこの原子時計に対して時を刻むものか？

地上を飛び立ったロケットや飛行機搭載の原子時計が，地球に置かれた原子時計に対して時間経過が遅れているというのであれば，それでは，地球上の原子時計はこの宇宙の中のどこの誰の原子時計に対して遅れているのか？という問が当然ながら生まれてくる．このことは，まさしく絶対的に静止している原子時計を探し求めることを許し，絶対静止空間の探究を許してしまうことになる．

さらに，双子のパラドックスの問題が，最初から非対称となっていることを主張するのなら，状態が対称となっていることを大前提として成り立っている特殊相対性理論を，なぜにそのような非対称な実験へ適用して，それらが一致していることをよしとしたのか？などなど，よく考えてみると，パラドックス主張者らの説明に妥当性があるようにも思えてくる．対して，物理学界の一般的な見解は，「木に竹を接ぐ説明」のようにも思えてくる．

遠隔作用としての時間の遅れ

アインシュタインの相対性理論の本質を成すローレンツ変換は，静止系の時間と空間を運動系の時間と空間とに結びつけるものであり，静止系の時間及び長さに対して運動系のそれらが遅れ・短縮することを規定するものとなっている．したがって，慣性系間が無限のそのまた無限の距離を隔てていても，ローレンツ変換を書き記したその瞬間に，両系の時間と空間の対応は互いに及ぶことになる．その結果，時間の遅れや長さの短縮は，いわば遠隔作用として存在することになる．この宇宙に存在するすべての慣性系の時間が地球を中心に時間が遅れ，またその作用が遠隔的なものとして及ぶということを許すことは，まさに天動説への回帰と言えよう．

重力による時間の遅れは４次元の歪んだ時空によることの証か？

これまで説明してきたことは主に，アインシュタインが 1905 年に発表した特殊相対性理論にまつわるパラドックスの話である．アインシュタインは，それから 10 年の時を経て，1915 年に重力の効果を考慮した一般相対性理論を発表している．これによれば，時間や空間は重力の存在によって歪み，そしてそれらは独立したものでなく，一体となって4次元の時空を成すものと定義されている．アインシュタインの相対性理論によれば，質量の大きい太陽などの周りでは，その重力で時空が歪み，時間は遅れ，光の伝播経路は曲げられるとしている．こうした4次元の時空の歪みによって，太陽をまわる彗星はその近日点がわずかながら移動し，1 世紀で約 43 秒角の移動をもたらせることを説明できるとされている．また，光の彎曲に関する観測は 1919 年の皆既日食の際に行われ，アインシュタインの予言どおりに，太陽の近くで光の彎曲が観測されたと広く報じられた．この出来事が，アインシュタインをニュートンを越えた者として一役有名にしたと言われている．重力による時間の遅れは，前に述べた 1971 年の Hafele と Keating による実験によって最初に確かめられたことになっている．この実験では，ジャンボジェット機で約1万メートル上空を飛行したことから，地上と上空とで行った原子時計による計測時間が直接比較されている．実験では，高度差が一般相対性理論による効果を与え，一定速度で地上を水平飛行した効果が特殊相対性理論による効果として計算されている．GPS 衛星搭載の原子時計の遅れもこれと同様に説明される．

その他，アインシュタインの一般相対性理論に拘わる実験は数多く行われており，アインシュタインの相対性理論の予測に明らかに矛盾するとする実験結果は，未だ報告されていない．天文学分野における輝かしい成果は，先に説明した通りである．

一般相対性理論に関しては，こうして，実験室レベルでの実験から天文学的な観測に至るまで，数多くの実証実験結果が，アインシュタインの相対性理論の正しさを示すものとなっている．このような実態からは，科学界における常識的な判断としては，アインシュタインの相対性理論の妥当性はもはや疑う余地もないという結論が下される．

だが，しかし，今日現在において，日本物理学界のホームページを開いてみると，そこには「物理学における 70 の不思議」というのがリストされており，その中に，「時空はなぜ4次元か」と問われている．上で述べたように，アインシュタインの相対性理論は，疑いの余地もなく実験や観測事実と整合するものであることが分かっているとしても，その理論の礎となる時空がなぜ４次元かという，一般相対性理論の根源的なところは未だ不明となっている．

「時空がなぜ４次元か」この問が存在することそのものに，実は，アインシュタインの相対性理論の妥当性を未だに問わざるを得ない理由が存在すると言えよう．実際，アインシュタインの相対性理論を基にした計算値が実験結果と一致していることは疑いの無い事実である．しかしながら，計算値が実験値や観測値と一致したからといって，その理論が正しいものとなっているのかどうかは疑う余地はある．なぜなら，ガリレイの時代において，天動説から導かれる予測値は，当時の精度において，観測事実と極めてよく一致していたという教訓を我々は学んでいるからである．

ガリレイの振り子時計の時間の進みと，精密な原子時計の時間の遅れとが教えるものとは？

ガリレイの振子時計の周期（時を刻むテンポ）が，理論的には，重力の強さ及び振子の紐の長さによって決定されることは，中学の理科の時間や高校の物理の時間でも説明されることなので，今日ではその事実を誰しもが知っている．これによれば，標高が高く重力が弱くなる所では，振子時計の計測時間は遅れる．逆に，標高が低く，重力が強くなるところでは，計測時間は進む．こうした結果からは，標高の低いところよりも標高の高いところで暮らす人々の歳の取り方が遅れて，若さが保持できるのはないかという発想が浮かぶことになろう．アインシュタインの相対性理論を待たずとも，振子時計の理論と実験とによって，時間は重力の強さによって歪んだものとなっている，とする判断も与えられることになる．

しかしながら，我々は，このような判断に対して，直ちに反論を与えて，それはその振子時計の時を刻むテンポの原理（メカニズム）が，重力の強さや紐の長さに基づいていることによるものであって，時間は，我々が定義した時間単位に基づいて，標高に（重力の強さに）無関係に，一定に経過するものであると説明することになる．

ところが，我々は，原子時計の計測値に対して，そのような判断を与えていない．原子時計の計測値が標高の差によって異なる時間を示すことをもって，時間が標高に依存していることの実証であると判断している．

それでは話が不公平ではないか？と問われよう．

確かに，ガリレイの振り子時計の時間の進みは古典的な力学効果によるものである．対して，原子時計の遅れは古典的な理論からは得られない相対論的な予測値である．しかしながら，後者の場合については，原子時計の時を刻む原理（メカニズム）に無関係に，あたかも天の声に従って，時間が遅れるように解釈している．振子時計と同様に，原子時計には遅れる物理的メカニズムがあるのであって，物理的なメカニズムを不問とする時間の遅れであっては，時間は物理で取り扱えないような概念となってしまう．こうして我々は，物理現象が哲学的な概念によって決定されてしまうという隙を与えてしまっているのである．

物理学実験の一切を説明し，パラドックスの類の発生しない，そして腑に落ちる理論の探究という選択肢はないのか？

これまでの物理学界の認識には，このような問が現れていない．理論的な予測値が物理学的実験結果と一致しているのであるから，その理論は全面的に信頼できるというものとなっている．現代物理学界は，アインシュタインの相対性理論に疑義を投じることは，物理学の基本的な常識すらも知らない者の仕業である，あるいは，単なる言い掛かりに過ぎないと，これまではねつけてきたことは否めない．

アインシュタインの相対性理論が世に現れてから 1 世紀以上を経てもなお，教育現場ではそれが正しいものとして教え続けられており，その正しさを解説する解説本の山は現在でも築かれ続けている．こうしたことがもたらしてきた教育的な罪は大きい．このことは，ガリレイの牢獄の教訓を我々はまったく学んでいないことの象徴と言えよう．

「理論的予測値が実験事実と一致したからといって，その理論が正しいものと認識してはならない」ガリレイから 400 年の時を経て，これまでの我々の科学的な慣れを戒める教訓が，ここに再び打ちつけられる．

新相対性理論着想の瞬間はいつ現れたか？

著者は，当初，アインシュタインの相対性理論を正しいものと信じる信者の一人であった．そして，大学における講義などでも長年，その正しさを力説する立場にあった．だが，双子のパラドックスの問題を考えれば考えるほどに，本問題を深刻に捉えるようになった．著者は，疑念を持った最初の頃，アインシュタインの相対性理論の数学的な展開のどこかに何らかの誤りが潜んでいるのではないかと考えた．このことに関して，様々な方向から思考し，さらに思考を続けて，この問題の糸口を探し求めた．ある時は，ついに解けたと喜び，しかしすぐにそうではないと気づき，さらに思考を繰り返すという日々が続いた．こうした中，2014 年 4 月 27 日に, ついに解決の糸口をつかむことになる. そのとき，何かが頭のてっぺんからつま先へと「す〜と」降りていった．数学的展開が問題ではなかった．理論展開の始点に問題があった．相対性理論の根幹を成すローレンツ変換式の左辺に見る時間t'や空間座標x'は，運動系の時間や空間座標を指すのではなく，静止系から放たれた光が運動系を伝播する際に見せる伝播時間や伝播距離に対応するというものであった．そして，ガリレイ変換こそが相対性原理を成立させる鍵であるとする結論に至った．これは，静止系でも運動系でも共に，計測のための土台として，まったく同じ時間及び同じ空間座標を持っていなければならないとするものであり，その上で，先の時間t'や距離x'が計測されるというものである．

こんなことがあってよいものか？

「これまで幾人もの高名な物理学者らや数学者らがこの問題解決に参入してきた．だが，彼らによる問題解決の願いは叶わなかった．そのような状況において，問題解決が貴方によって行われたというようなことがあってよいものか」と，失笑されていることを想定しての問である．確かに，問題解決がこれまでに誰もが見つけようとした数学的な展開の誤りであったならば, その問いかけは正しいと言えよう. しかしながら, 問題解決はそのような所から現れたのではない.「定義」の問題から現れたのである．だからこそ，この話は有り得るのである．

周知のとおり，アインシュタインの相対性理論が現れる以前に，ガリレイの相対性理論というのが存在した．ガリレイの相対性理論は，中学の理科や高校の物理でも触れることがあるので，理系の学生でなくとも大概の者が一度くらいは目にしたことがあろう．ガリレイの相対性理論は，次のような4つの式で与えられるのが一般的である．

$$t' = t \tag{1}$$

$$x' = x - vt \tag{2}$$

$$y' = y \tag{3}$$

$$z' = z \tag{4}$$

ここでは，難しい話はできるだけ避けることにして，これらの式において，t'やtは時間を表し，(x', y', z')や(x, y, z)は空間座標を表している．それらの中でも“t'”や“x'”のように式の左辺にあってプライム（ダッシュ）の付く変数は，動いている者（運動系）の時間や空間座標に対応する．また，式の右辺にあってプライムの付いていない変数は静止している者（静止系）の時間や空間座標に対応する．vは移動しているものの相対速度を表す．式(1)に示すように，ガリレイ変換によれば，動いているものの時間や長さは，静止しているものの時間や長さとまったく同じとなる．

アインシュタインは，彼の相対性理論を作り上げる際，このガリレイ変換を正しい変換式ではないと否定し，それを修正することで，今日ローレンツ変換と呼ばれアインシュタインの相対性理論の根幹を成す4つの式〔式(1′)～(4′)〕を導いたのである．

$$t' = \frac{1}{\sqrt{1 - v^2/c^2}}\left(t - \frac{vx}{c^2}\right) \tag{1′}$$

$$x' = \frac{1}{\sqrt{1 - v^2/c^2}}(x - vt) \tag{2′}$$

$$y' = y \tag{3′}$$

$$z' = z \tag{4'}$$

そしてその４つの式から，一定速度で移動しているものの時間が遅れ，長さが縮むことを表す重要な２つの式が導かれている．これが，アインシュタインの相対性理論の本質を成し，時間と空間の相対論と呼ばれている．こうして，アインシュタインのローレンツ変換は，静止系の時間及び空間と運動系のそれらとの対応関係を表すものとなっている．

動いているものの時間や長さは，静止しているものの時間や長さとまったく同じとなっていなければならないとするガリレイ変換に基づくニュートンの力学的思想は，こうして大変革されることとなった．また，この瞬間に，双子のパラドックスなど，様々なパラドックスも派生されることとなった．

ガリレイ変換を修正し，静止系の時間及び空間を運動系の時間及び空間に対応づけるというアインシュタインの相対性理論に対して，著者（仲座）は，そのようなことでは相対性理論になっていないということに気づいたのである．アインシュタインの相対性理論の問題解決に本格的に取り掛かってから９年目のことである．

アインシュタインの相対性理論のどこに問題があったか？

アインシュタインの相対性理論の根幹を成す４つの式（ローレンツ変換）から導きだされる２つの式は，次のように与えられる．

$$t' = \sqrt{1 - v^2/c^2}\,t \tag{5}$$

$$l = \sqrt{1 - v^2/c^2}\,x' \tag{6}$$

これらの式において，t'は移動している者の時間，tは動いている者を観測している観測者（静止している者）の時間を表す．また，x'は移動している者が自分自身の運動方向の長さを直に測定した場合の長さで，それが静止している者から観測されるとき，その長さはlで表される．また，vは運動しているものの相対速度であり，cは光の速さを表す．

式(5)及び式(6)は，運動しているものの時間経過の速さや長さが一定値ではなく，相対速度に応じて変化することを規定している．このことが時間及び長さの相対論と呼ばれている．式中に√￣（ルート）記号が入っていることから，以下では，混乱をさけるために，例えばということで，$\sqrt{1-v^2/c^2}=0.1$に設定して，式(5)及び式(6)を次のように書くことにする．

t'（移動している者の時間）$=0.1\times t$（静止している者の時間）(5′)

l（移動している者の長さ）$=0.1\times x'$（静止している者の長さ）(6′)

これらの関係式に従って，例えば，移動している者の時間経過は，静止している者の時間経過の1割ほどとなり，静止している者が100歳の時間経過をむかえたとしても，一定速度で移動している者の時間経過はその1割ほどとなり，たった10歳ほどの時間経過でしかないということになる．

仲座は，これらの左辺に現れているプライムの付く変数が，移動している者の実際の時間や長さを表すものではないことに気付いたのである．そしてさらに，移動している者の長さ及び時間経過の速さは，それが静止していたときの長さや時間経過の速さとまったく同じなければならないことに気づいたのである．時間や長さは，静止している者に対しても，また彼に対して一定速度で移動している者に対してもまったく同じとなっていなければならないことは，相対性原理の要請に従うものであり，これによって相対性原理は成立することになる．

アインシュタインは，ニュートン以来連綿と信じられてきた「静止系と運動系とで時間と空間とはまったく同じものである」とするガリレイ変換による定義を退けて，それらは相対的なものであるとして時間と長さの相対論を物理学に位置付けた．これによって，物理学の根底が変えられることとなった．動くものの時間が観測者を中心に相対的に決められるという意味においては，これはまさに地動説から天動説への逆転換と言えるようなものであった．仲座の新相対性理論は，そうしたアインシュタインの相対性理論による定義を誤ったものであるとし，アインシュタインが退けたガリレイ変換に基づく時間と長さの概念を，再び物理学に位置付けるものとなっている．

プライムの付く時間t'や長さx'は，どのようにして静止している者の時間や長さと関連づけられたか？

アインシュタインの相対性理論の式(5)や式(6)には，相対速度vに加えて，光の速さcが関係している．アインシュタインの相対性理論は，例えば時間に関して，運動している者の時間t'と，それを静止して観測している者の時間tとの関係をどのように結び付けたのであろうか？という問に，問題解決の糸口はあった．

アインシュタインは，相対性原理と光速度不変の原理とを理論構築に当たっての大前提として位置付け，その下で４つの式を導いている．その結果，運動している者の時間t'と，それを静止して観測している者の時間tとの関係は，その光速度不変の原理を通じて結ばれることとなっている．

アインシュタインは，ここに大きな誤りを犯したのである．だが，当のアインシュタインにとっては，光の速さを普遍的なものとして物理学に位置付けたことこそが彼の誉れであったと著者は推測している．なぜなら，当時の人々の世界観からは，特にキリスト教を信じる立場からは，「神は『光あれ』と言われた．すると光があった．神はその光を見て，よしとされた.」と説明する旧約聖書の文言が，人々に光に対する何らかの意味合いを与えていたと推測されるからである．

アインシュタインの相対性理論の式(5)や式(6)には光の速度が現れている．運動している者の時間と静止している者の時間とを結ぶものが，光の伝播を用いた時間（時計）の調整となっている．仮に，それが音波の伝播を利用するものであったなら，運動している者にとって，その音波の伝播は運動の方向によって，その周波数にドップラー効果と呼ばれる変化が観測されることになる．

動いている者と静止している者との間に光など電磁波をやり取りすると，その振動数に音波と同様なドップラー効果（一次シフト）が現れることや，レッドシフト（redshift）と呼ばれる二次の振動数シフトが現れることはすでに実験的にも分かっている．これらのことから，静止している者が運動系に向けて放った光の振動数νとそれを運動系の観測者が観測するときの振動数ν'との関係は，古典的なドップラー効果と二次シフトを考慮すると，次のように与えることができる.

$$\nu' = \frac{1}{1 \pm v/c} \sqrt{1 - v^2/c^2}\, \nu \tag{7}$$

ここに，$1/(1 \pm v/c)$は古典的なドップラー効果を表し，$\sqrt{1 - v^2/c^2}$は振動数の二次シフトを表す．±は，運動しているものの運動方向と光の伝播方向との組み合わせによって決められる.

さて，仲座が気づいたことは，時間の関係式(5)に見る$\sqrt{1 - v^2/c^2}$が光の伝播に伴う二次シフトの効果を表すものであり，距離の関係式(6)に見る$\sqrt{1 - v^2/c^2}$は，光の伝播距離に現れる二次シフトの効果を表すものではないか，ということであった．このとき，静止しているものの時間や長さと運動しているもののそれらとの関係は，相対性原理に基づいて，互いにまったく同じものとなっていなければならない．いやむしろ，振動数のドップラー効果や二次シフトを観測できることが，観測者の用いる時間の単位は，常に基準時に基づいていることの証でもある.

振動数のドップラー効果や二次シフトの存在は，いまや広く知られた観測事実となっている．また，通常の波動理論が示すように，光の速度は物理的に決められて，波数と振動数とによって決定される．したがって，古典的ドップラー効果と二次の振動数シフトが波数と振動数との両方に等しく現れることになれば，光の伝播速度は，運動している者が観測したとしても，静止している者の観測値とまったく同じとなって観測されることになる．すなわち，光の速度が静止系でも運動系でも一定値となって観測されることは物理的に決定されるものであって，「原理」によって縛れるものではないということになる．そうであれば，我々は，光という物理を特別扱いすることの必要性はなくなったことになる.

こうした考察の後に，「アインシュタインが与えたプライムの付く時間や長さは，運動している者の実際の時間や長さを表すものではない」とする判断が得られたのである．その結果，移動している者の時間が遅れたり，長さが縮んだりしてしまう必要性は無くなった．また，このことによって，両者間で，時間，長さ，そして観測値の一切に，相対性原理は常に満たされることとなった.

４次元の時空とは何であったか？

これまでの説明において，アインシュタインが運動系の実際の時間や長さを表すと定義したことは誤りであり，実際には運動系で観測される光など電磁波の伝播に現れる伝播時間や伝播距離のことを表すことが説明された．静止系で観測される光の波（伝播波）の位相と運動系でその光が観測されるときの位相とは，同じ伝播波を見ているので，それらの位相は互いに同じ値となっていなければならない．これは，波の山は山，谷は谷として互いに観測していなければならないことを意味する．このことを式で表すと，次のように書ける．

$$k'x' - \sigma't' = kx - \sigma t \tag{8}$$

$$k''x' + \sigma''t' = kx + \sigma t \tag{9}$$

これらの関係式では，x軸の正の方向に伝播する光と負の方向に伝播する光の場合を表している．k'及びk''，σ'及びσ''は，それぞれ静止系の放った光が運動系の観測者に観測されるときの波数と角振動数を表す．対して，k及びσは静止系の放った光が静止系の観測者に観測されるときの波数と角振動数を表す．

式(8)と(9)とを辺々掛け合わせると，次式を得る．

$$k'k''x'^2 - \sigma'\sigma''t'^2 = (kx)^2 - (\sigma t)^2 \tag{10}$$

ここで，$c = \sigma/k$となることから，

$$k'k''\{x'^2 - (ct')^2\} = k^2\{x^2 - (ct)^2\} \tag{11}$$

よって，

$$x'^2 - (ct')^2 = \frac{k^2}{k'k''}\{x^2 - (ct)^2\} \tag{12}$$

ここに，$k'k''/k^2 = 1$であることを考慮すると〔このことは後に説明される．式(IV.6.7～6.15）を参照)，

$$x'^2 - (ct')^2 = x^2 - (ct)^2 \tag{13}$$

すなわち，静止系及び運動系で光の速度は一定であることが示される．また，この関係を満たす解として，次なる関係が与えられる．

$$t' = \frac{1}{\sqrt{(1 - v^2/c^2)}}\left(t - \frac{vx}{c^2}\right) \tag{14}$$

$$x' = \frac{1}{\sqrt{(1 - v^2/c^2)}}(x - vt) \tag{15}$$

これらの関係式は，ローレンツ変換を成す．但し，式(8)から式(13)に至る過程から明らかのように，t'やx'は，運動系の観測者に観測される光の伝播時間及び伝播距離を表す．ここに，従来のローレンツ変換との根本的な相異を見る．

以上から，光の伝播で振動数及び波数に古典的ドップラー効果及び２次のシフトを生じることが，両系で光の速度を一定にさせ，ローレンツ変換を成立させる物理的メカニズムであったことが示される．

次に，式(13)に示す関係を，三次元空間座標に対する光の伝播に拡張すると，次のように表せる．

$$x'^2 + y'^2 + z'^2 - (ct')^2 = x^2 + y^2 + z^2 - (ct)^2 \tag{16}$$

また，伝播距離や伝播時間が十分に小さい場合を想定すると，次のように微分量をもって与えられる．

$$dx'^2 + dy'^2 + dz'^2 - (cdt')^2 = dx^2 + dy^2 + dz^2 - (cdt)^2 \tag{17}$$

ここに見る関係式は，数学的には，時間をも含めた４次元の時空の線素の式と呼ばれ，通常左辺は二乗距離を表す形にds^2と書かれる．

したがって，次式が与えられる．

$$ds^2 = dx^2 + dy^2 + dz^2 - (cdt)^2 \tag{18}$$

あるいは，

$$ds^2 = (cdt)^2 - dx^2 - dy^2 - dz^2 \tag{18'}$$

ここで導入した時間と３次元の空間とを一体化した４次元の時空は，単に数学的取扱いの便宜上のために導入したものであって，式(8)から式(18)に至るまでの過程から明らかのように，架空の時空である．この数学的便宜上導入される架空の時空を相対論的時空と呼ぶことができ，これがアインシュタインの相対性理論で定義されるミンコフスキー時空に対応する．しかし，アインシュタインの場合には，この時空が実在の時空として定義されている．

以上より，アインシュタインの相対性理論において，実際の４次元の時空とされてきたことは実は誤りであって，正しくは，観測される時間や空間を表すために導入される数学的便宜上の架空の時空の事であったと結論される．また，運動系でも静止系でも光の速さが一定値cとなって観測されることは，伝播波の波数及び振動数のそれぞれにまったく同じシフトを受けることによるものとして説明される．すなわち，アインシュタインが導入した光速度不変の原理は，物理学においてまったく不必要なものであったと結論される．

新相対性理論において，重力が作用する場合を取り扱う一般相対性理論はどうなるか？

ここでは，結果のみを示すことにする．重力が作用する場合のアインシュタインの重力場の方程式を満たす解に対する一般の座標系の線素は，球対称な一般の座標系を導入して，次のように与えられる．

$$ds^2 = (1 - M/r)(cdt)^2 - \frac{1}{1 - a/r}dr^2$$
$$-r^2\{d\theta^2 + \sin^2\theta\, d\varphi^2\} \quad (19)$$

これは，シヴァルツシルトの解（外部解）に基づく線素である．ここに，観測の基盤となる座標系は，極座標系(r, θ, φ)が用いられている．aは重力源の質量Mに関係し，$2GM/c^2$で与えられ，シヴァルツシルト半径と呼ばれる．Gは万有引力定数を表す．

重力が作用する場で光など電磁波の伝播を計測すると，その伝播軌跡は，局所的には一般の座標系上の測地線を持って表すことができる．その一般の座標系の線素が式(19)で与えられる．すなわち，式(19)は４次元時空の存在が実際のものであることを表すのではなく，重力場で計測される光など電磁波の軌跡が一般には曲がったものであり，その軌跡を局所的に表すために導入される一般の座標系の線素が，数学的取扱いの便宜上架空の４次元時空をもって表されることを意味する．

一方，アインシュタインの一般相対性理論においては，このことが実際の４次元時空として取り扱われ，重力場ではその作用によって実際の時間及び空間が歪んだものとして取り扱われている．ここに，新一般相対性理論との根本的な相異がある．

重力の作用がなければ，式(19)は次のように与えられる．

$$ds^2 = (cdt)^2 - dr^2 - r^2\{d\theta^2 + \sin^2\theta\, d\varphi^2\} \tag{20}$$

このような場合の架空の４次元時空は，平坦な時空と呼ばれる．

式(19)と式(20)とを対比して見ると，重力の作用によって，光など電磁波を用いて観測される半径方向の距離は平坦な場合に比較して，$1/\sqrt{1-M/r}$倍に引き伸ばされ，伝播時間は$\sqrt{1-M/r}$倍に短縮することが分かる．

式(19)は，座標軸の計量が場所によって異なり，歪んだ一般の座標系の線素を表すことから，４次元の歪んだ時空の線素と呼ばれる．しかしながら，この４次元の時空は，あくまでも重力の作用する場において光など電磁波の伝播が描く局所的な軌跡を表すために導入される数学的便宜上の架空の（想像上の）時空を表すことに注意を要する．

アインシュタインの相対性理論においては，静止系と運動系とが無限に離れていたとしても，両系をローレンツ変換で結んだ瞬間に，運動系の時間及び空間は系間の相対速度に応じて短縮するものとなる．また，重力場の時空（時間と空間）も無限に至るまで重力源の質量に応じて歪んだものとなる．このことから，アインシュタインの相対性理論は，いわば遠隔作用として働く．これに対して，新相対性理論は，静止系と運動系との間で光をやり取りするとその伝播がどう観察されるものとなるかを説明するものであり，また，重力場において光の伝播がどう観測されるものとなるのかを表すので，近接作用としての相対性理論の働きがある．

結局，双子の年齢差はどのように解決されたか？

新相対性理論においては，座標系間の相対性原理を表すものとしてガリレイ変換が導入される．したがって，静止系及び運動系において，時間及び空間は永遠に同じものであり，双子の年齢差が一方の旅によって変化することにはならない．その結果，双子の兄と弟の年齢は常に同じものとなる．よって，新相対性理論から双子のパラドックスが派生されることはない．すなわち，パラドックスの類が派生されることはない．また，これまで行われてきた物理学実験の全ては，新相対性理論によって，物理的なメカニズムをもって矛盾なく説明される．

しかし，新相対性理論を用いて，浦島太郎物語に現れる太郎の歳の若さやサンタクロースが歳を取らないことなどの理由を説明することはできない．また，動くものの時間が遅れることなどを科学的な根拠として語られてきたタイムマシンの開発可能性を肯定することにもならない．

重力波については，アインシュタインによる時空の歪みの波の伝播としての説明ではなく，不変的な時間及び空間をもって測られる重力の作用の伝播として説明される．すなわち，重力の作用は光など電磁波の伝播と同様に光の速度で伝播し，その振動数と波数に二次シフトを起こすものとして説明される．このような重力の作用の伝播を重力波と呼ぶことができる．

ニュートンの運動法則はどのように説明されるか？

新相対性理論においては，ニュートンの運動法則は，観測者に対して静止している物体が動き始める瞬間までの静止力学法則として定義される．静止系及び運動系のいずれにおいても，観測者の目前に静止している物体が静止していることの要因が物質の（静止）慣性として定義されてそれが質量を持って測られる．そのような慣性を持つ物体が，力の作用を受けて動き出す瞬間までの力学，すなわち静止物体が微小速度をいかに獲得するのかを規定するのがニュートンの運動法則として位置付けられる．したがって，ニュートンの運動法則は厳として存在することになる．ただし，それは静止力学として存在する．力の作用に相対性原理を認めるのが，作用・反作用の法則となる．

以上のように定義される静止力学としてのニュートンの運動法則の下に，静止系の観測者から一定速度で運動している物体に力が作用してその運動状態が変化して観測されるとき，その運動状態の変化を静止系の観測者はどのように観測するものとなるのか，が問われる．これに答えるのが，光測量に基づく（特殊）相対性理論となる．

静止系の観測者は，光測量に基づく相対性理論を用いて，運動系の静止物体が微小速度を獲得する際の微小時間や微小移動量を遠隔的な立場となって知ることができる．このことは，運動物体の電磁気理論を規定する新ローレンツ変換によって達成される．それによって，ニュートンの静止力学法則が相対論的な力学法則に変換される．このときに現れる運動の法則が，相対論的運動法則となる．

一般の座標系における運動方程式

一般相対性理論におけるニュートンの運方程式は，重力の作用を時間と空間の歪み（すなわち，架空の４次元時空の歪み）に置き換えて，局所的な一般の座標系における測地線方程式として取り扱われる．その結果，重力の作用による物体の運動は，測地線上をその接線に沿って平行移動する運動，すなわち自由運動として扱われる．重力場における物体の運動が，自由運動となるのは，局所的に設定される一般の座標系上の測地線方程式が座標変換によって平坦な座標系上に移される数学的な根拠に基づいている．このとき，運動の法則は，一般の座標系上の最短距離の選択法則に代わる．こうして，重力場における相対性理論は，数学的に見れば，局所的に設定される一般の座標系上の測地線の接線方向の慣性運動に対して成立することになる．

局所的に設定される一般の座標系の曲がり具合は，リーマンの曲率テンソルを用いて表現される．リーマンの曲率テンソルの縮約を取ることで，リッチテンソルが現れ，リーマンの曲率テンソルの共変微分の持つピアンキの恒等式によってリッチテンソルで構成されるアインシュタインの重力場の方程式が導かれる．局所的に設定される一般の座標系の曲がり具合は，アインシュタインの重力場の方程式を解くことで決定される．

アインシュタインの重力場の方程式を，定常状態，球対称性の仮定を持ち込んで解析的に求めたのが，シヴァルツシルトの解（外部解及び内部解）である．シヴァルツシルトの解は，一般の座標系の計量を与え，これによって様々な重力の作用が解析可能となる．

新相対性理論の解釈によれば，シヴァルツシルトの解が，重力の作用を明らかにした最も重要な点は，重力の作用が光など電磁波と同様に波動として伝わり，その振動数及び波数に二次のシフト（レッドシフト：redshift）を伴うということの発見にある．このことが，彗星の近日点移動，あるいは太陽の周りで光の伝播が彎曲することなどの物理的メカニズムとなる．光の重力による振動数シフト（重力赤方偏移）など，原子時計の時間の遅れもすべてこの二次シフトによって説明される．すなわち，アインシュタインが，実在する時空の歪みによる光の彎曲，彗星の近日点移動，原子時計の遅れなどと説明したことはすべて，重力の作用の二次シフトの効果としてその物理的メカニズムを説明することができる．

万物は我々に物理的探究を要請する

これまで説明してきたように，アインシュタインの定義による歪んだ４次元の時空あるいは平坦な４次元の時空というものは実在しない．それは，あくまでも数学的な取り扱い上現れた架空の４次元時空である．すなわち，光など電磁波（重力波も含む）による観測結果が数学的に４次元の時空をもって表された想像上の時空である．

実際に存在するのは，時間とそれに独立した３次元の空間である．それらは，相対性理論を成立させるための基盤となる．全ての物理現象は，我々が物理学的に設定する時間及び空間の単位に基づいて観測される．いったん設定された時間及び空間の単位は，一定速度で運動する運動系にあってもまた，重力が作用する空間においても，不変的なものとして設定される．そうした時間及び空間をもって，光など電磁波の観測を行うと，その伝播に波数及び振動数の一次シフト及び二次シフトを観測することになる．それらの効果が観測される時間及び長さに短縮をもたらす．数学的な取り扱いの便宜上，観測される時間及び空間に４次元の一般の座標系を導入することができる．したがって，「なぜ，４次元の時空か」という問は愚問となる．こうして，架空に設定される４次元の時空が，アインシュタインの相対性理論においては，誤って実在の４次元時空として設定されている．その結果，アインシュタインの相対性理論では，いわば天の声に従うかに，万物はその４次元時空の指示に無条件に従うこととなった．

新相対性理論は，こうしたアインシュタインの相対性理論のドグマから我々を開放するものとなる．新相対性理論によれば，万物の運動や変形には，それなりの物理的メカニズムが必ず存在することを主張する．また，時間の流れや空間の広がりは，我々が物理的に定義する時間及び長さの単位を不変的なものと位置付けて測られる．その結果，原子時計の遅れや光の伝播には，それらを物理的に説明するメカニズムが見いだされる．したがって，万物の存在は，常に我々に物理的探究を要請するものとなる．

新相対性理論は，浦島太郎やサンタクロースの若さの要因を科学的に説明することにはならない．物語はあくまでも物語であるということを説明するものとなる．

コラム2　ニュートンよ，私を許したまえ

別冊日経サイエン　Scientific American　日本語版，日経サイエンス社（2005年）に，A.ライトマン（物理学者，小説家）は，次のように書いている（一部引用）．

… 例えば，生まれてこのかた，私たちの体験からは，時間が等速度で流れているとしか思えないが，これは真実ではない．現代物理学はついに，人の感覚的な認知や経験を超えた自然理解にまで到達し，私たちの一般常識的な世界理解は間違いかもしれないと教えるまでになった．アインシュタインは，数世紀にもわたって続いた，実証的研究と経験は理論研究に優るという考えを覆した．また，ニュートンの，自分はアリストテレスのような机上の哲学者ではなく，観察可能な事実を理論の根拠とする科学者であるという意味の有名な言葉「われ，仮説を立てず」を否定することにもなった．

アインシュタインは自伝の中でニュートンからの脱却について，こう述べている．「ニュートンよ，私を許したまえ．あなたは，あなたの時代における最高の思考力と想像力の持ち主のみが到達しうる唯一の方法を見つけ出した．あなたが創り出した概念は，今日でも物理学の思考の指針となっている．だが，今やわれわれはあなたの概念を直接経験の領域から遠く離れた概念に置き換えなければならない」．

ニュートンの1931年版『光学』の序文で，アインシュタインはニュートンについて，「彼にとって自然は開かれた本だった，…彼という1人の人間の中には，実験者，理論家，機械工，そして芸術家が融合して表れていた．…彼はわれわれの前に，力強く，確信に満ちて，孤高を保っている」と書いた．ニュートンが将来，禁断のタイムマシンを使って現れたとしたら，アインシュタインについておそらく同じようなことを言うことだろう

これは，相対性理論の発表（1905年）から，100年を記念しての記事であるが，アインシュタインに対する人々の畏敬の念が表れている．

コラム3　アインシュタイン日本を去る

1929年11月17日から12月29日の間の日本滞在の後に，アインシュタインが日本を離れる際の状況が，次のように説明されている（石原純著：アインシュタイン講演録，東京図書株式会社）

…福岡の講演後に，教授は数日を門司に送って関門海峡の美しい風光に心ゆくまで親しまれました．12月29日，教授夫妻を乗せて去ろうとする榛名丸はすでにこの海峡のまんなかに碇泊していました．…九州大学の三宅，桑木両教授も一緒に会されていました．午後3時の出航までは船の上でお互いに今までの名残りが惜しまれました．歳晩の午後の曇り日が関門海峡にうすら寒い風をふかせているなかで，船室から甲板へとでながら私たちは幾度別れの握手をかわしたことでしたろう．夫人の眼にまず涙が流れ落ちました．そのうちに教授ももう赤く眼を腫らせておりました．見送る人たちもみんな別れを寂しむ涙を誘いだされました．最後の握手をして私たちがランチへ降りてからは，教授夫妻は寒い甲板に立って帽子を振り，ハンケチを振られました．ランチが本船を半周して反対の側にくると，船の上でも甲板を回ってそちら側に出られました．そして手の動きは私たちのランチが遠のく姿をかくすまで続きました．私たちの敬愛するアインシュタイン教授はかようにしていま帰国の途に就かれました．ジャワ，パレスチナ，スペインを経てドイツに帰られるはずです．私たちが教授を思って懐かしさに堪えない如く，恐らくは教授も日本の旅を思い出して多くの好感を保たれていることであろうと信じます．私はともかくも教授のなされた講演やその人格が私たちに与えた少なからぬ賜ものに対して，ここに満腔の感謝を言い表わさなければなりません．そして，教授の招来の研究に等しく僥倖あらんことを希望して止みません．「敬愛する親しいアインシュタイン教授よ，願わくば私たちささやかなるものに対しても，その懐かしい思い出の中の温かいこころを長く保って教え導いてください」

当時の日本国の人々が，アインシュタインの来日をいかに歓迎したものであったかが，いやがおうにも伝わってくる．また，アインシュタインに対する人々の畏敬の念をうかがい知ることが出来る．

第Ⅱ部

ガリレイ変換と物体の静止力学法則

ニュートンの運動法則の修正

ガリレイ変換

ガリレイ変換については，中学の理科や高校の物理でも教えられており，理系の方でなくとも一度くらいは目にしたことがあると思う．ガリレイ変換では，二人の観測者を想定し，その内の一方から見ると他方が一定速度で運動して見えることを，まずは想定する．ガリレイ変換がしばしば相対性理論と呼ばれるゆえんは，逆に，その一定速度で運動している側から見ると，今度は他方が一定速度で運動して見えることによる．このように両者間で対称性が成立していなければならいことは，アインシュタインによって相対性理論構築に当たっての前提条件として取り上げられ，今日では相対性原理と呼ばれる．

ここでは，説明の都合上，図–1 に示すように，まずは観測者 A の座標系を静止系とし，観測者 B の座標系を運動系と設定する．ただし，このことは，単なる呼び名の上での区別に過ぎず，これから議論される力学になんらの違いをももたらさない．

ガリレイ変換は，図–1 に示すような静止系と運動系の時間及び空間座標を，次のように 4 つの式で結んでいる．

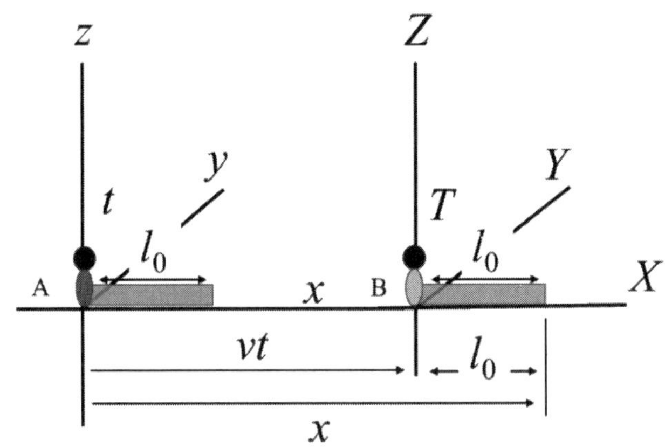

図–1　ガリレイ変換による静止系と運動系の関係

$$T = t \tag{1}$$

$$X = x - vt \tag{2}$$

$$Y = y \tag{3}$$

$$Z = z \tag{4}$$

ここに，t及びTは，それぞれ静止系及び運動系の時間を表す．また，左辺に見る(X, Y, Z)や右辺に見る(x, y, z)は，それぞれ運動系及び静止系の空間座標を表す．速度vは静止系に対する運動系の移動速度，すなわち相対速度を表す．

式(1)〜(4)に示すガリレイ変換によって，静止系の観測者 A は観測者 B の座標系（運動系）に乗り移ることができる．観測者 B の座標系に乗り移った観測者 A が目にするものは，時間においても空間においても以前に静止系の世界で見ていたものとまったく同じ光景を見ることになる．したがって，観測者 B の座標系に乗り移った観測者 A がふり返って自分がかつていた元の座標系を見ると，今度は元の座標系が運動系となって観測される．その結果，観測者 A には，観測者 B の座標系が絶対的に運動しているものか，あるいは逆に元の自分の座標系が絶対的に静止しているものかどうかを決定することが出来ないという事態が起こる．

慣性系で静止している物体の運動法則

ここで，観測者 A が元の座標系，すなわち静止系に戻って，物体の運動について力学的実験を行うことを想定しよう．

静止系で静止している質量mの物体に力fを作用し続けると，静止していた物体が微小時間Δt秒後に微小速度Δvを獲得していることが確認できた．このとき，静止系における運動方程式が，ニュートンの運動方程式にならい，次のように与えられる．

$$m\Delta v = f\Delta t \tag{5}$$

次いで，観測者 A が，以前行ったと同様に，式(1)〜(4)に示す座標変換によって，観測者Bの世界に移ってみると，そこに繰りひろげられている力学は，先に自分が静止系で静止している物体をΔt秒間にΔvだけ加速させた時とまったく同じ実験が繰り広げられているのを目にする．したがって，観測者Aは，運動系においても，運動方程式はニュートンの運動方程式(5)で与えられることを知る．

運動系においては，式(5)は次のように与えられる．

$$m\Delta V = f\Delta T \tag{5'}$$

ここで，大文字のV及びTは，運動系における速度及び時間を表す．ここで，質量m及び作用力fはいずれの系でも同じものになっていなければ，両系間での比較ができない．すなわちそれらは，両系でまったく同じものであることが比較の前提条件である．

以上のように，静止系と運動系とで時間や空間，そして運動方程式など物理法則が互いにまったく同じ形となっていなければならないこと，すなわち，静止系と運動系とで，互いに物理現象が全く対称となって観測されることは，相対性原理の要請となる．

我々が，次に知りたいことは，静止系の観測者Aから見て，一定速度vで運動している質量mの物体が力fの作用を受けるとき，その物体に対する運動方程式はどのように書けるかである．このことを明らかにすることが相対性理論となる．

これまでの議論で分かったことは，静止系，運動系のいずれにおいても，観測者に対して静止している物体が動き出す瞬間に対する運動方程式のことであり，それらは共に式(5)の形で与えられることである．

運動している物体の運動法則の検討

中学や高校などにおいて，我々がニュートンの運動法則として学んできたことは，静止しているかあるいは，一定速度で運動している物体が，力の作用を受けるとき，ニュートンの運動方程式は，次のように書けるというものであった．

$$ma = f \tag{6}$$

ここに，aは加速度を表す．

このニュートンの運動方程式は，時間と速度の微小量を用いて，次のように書ける．

$$m\Delta v = f\Delta t \tag{7}$$

したがって，我々が今日まで連綿と学んできたニュートンの運動法則によれば，観測者に対して一定速度$\boldsymbol{v}$で運動している質量$\boldsymbol{m}$の物体の運動方程式も，観測者に対して静止している質量$\boldsymbol{m}$の物体が動き出す瞬間の運動方程式も，それらは互いにまったく同じものとなっていなければならないということになる．

こうして我々は，観測者に対して一定速度で運動している物体に対しても，ニュートンの運動方程式が当たり前に適用できるものと考えている．しかしながら，相対性理論が議論されている今日，そのような考え方は誤っている．

式(7)の成立は，「静止系の観測者 A は，一定速度$\boldsymbol{v}$で運動している物体が$\boldsymbol{\Delta t}$秒間に$\boldsymbol{\Delta v}$の加速を得たことを，正しく測定している」ことが前提となっている．そして我々は，そのようになっていることを暗黙の了解としてきた．

ここで，静止系の観測者 A は，一定速度で運動している物体が$\boldsymbol{\Delta t}$秒間に$\boldsymbol{\Delta v}$の加速を得たことを，どうやって計測したかが問われる．さらに基本的なこととして，観測者 A は彼に対して一定速度で運動している物体が，$\boldsymbol{\Delta t}$秒間に移動した距離$\boldsymbol{\Delta x}$をどうやって測定したか？ということも問われる．

ガリレイ変換は，式(1)～(4)で与えられるのであるが，それは，静止系の時間及び空間と運動系の時間及び空間とを結ぶものであって，上のような問に対して答えるものとはなっていない．すなわち，ガリレイ変換は相対性原理を具現化するものではあるが，相対論的力学を与えるものにはなっていない．

観測者に対して一定速度で運動する物の長さの計測

我々は，静止している物体の長さを測定することは容易なことである．例えば，物体の両端をものさしで同時におさえて，両端間のものさしの目盛を読む事で問題なく測定できる．しかしながら，観測者に対して一定速度で運動している物体の長さを，先の方法で測定しようとすると，ものさしのゼロ点をその物体の始点にあてがって，さらにその物体の終点位置のものさしの目盛を読み取ろうとすると，すでにその物体の始点はものさしのゼロ点位置から離れている．すなわち，動いている物体の始点と終点との位置に,「同時」にものさしの目盛をあてがうことができないのである．こうして我々は，一定速度で運動しているものの長さを測定することが，一般には不可能であることを知る．

こうしたものさしを用いた測定は原始的である．音波や光を用いた方法でなら，たとえ動いている物体であったとしても，その長さを測定することは容易なことと思えるものである．しかしながら，音波を用いても，光を用いても，動いているものの一端と他端とを同時におさえることは厳密にいうと不可能なことである．すなわち，相対性理論なしに動いている物の長さを測定することは不可能である．

その結果，我々は，動いている物が加速したことやその際の経過時間を測定することも不可能となり，ニュートンの運動法則に必要となる速度変化量や経過時間を与えることができないという事態に陥る．

科学技術に満ちた現代社会を生きる我々にとって，力学の基本法則となるニュートンの運動法則を運動物体に対して書き記すことができないということは深刻な問題であり，理系文系を問わず，相対性理論を学ばなければならない理由の一端がここにあると言えよう．

運動方程式のガリレイ変換が意味するもの

観測者に対して一定速度で運動している物体の運動法則に対して，従来の物理学はいかように説明してきたか，このことについて，ここで確認しておこう．

式(5′)に示すように，運動系における運動方式は，微分量を用いるとき，次のように書ける．

$$mdV = fdT \tag{8}$$

ここに，dVは運動系で観測者 B が測定する静止していた物体の微小速度獲得量である．dTは微小経過時間を表す．式(5)と同様に，質量及び作用力は，それぞれm及びfで表される．

運動系で観測者 B が測定する物体の微小移動量をdXと与えて，式(8)は，次のように書ける．

$$md(dX/dT) = fdT \tag{9}$$

あるいは,

$$m\frac{d^2X}{dT^2} = f \tag{10}$$

あるいは,

$$m\frac{dV}{dT} = f \tag{11}$$

ここで，dVは観測者 B の測る微小速度変化量である．

式(1)及び式(2)に示すガリレイ変換によれば, 次のような関係式が与えられる．

$$\frac{dX}{dT} = \frac{d(x-vt)}{dT} = \frac{d(x-vt)}{dT} = v + \frac{dx}{dt} \tag{12}$$

$$\frac{d}{dT}\left(\frac{dX}{dT}\right) = \frac{d}{dT}\left(v + \frac{dx}{dt}\right) = \frac{d}{dt}\left(v + \frac{dx}{dt}\right) = \frac{d^2x}{dt^2} \tag{13}$$

ここに，速度vは一定である．

式(13)を式(10)に代入して，次式を得る．

$$m\frac{d^2x}{dt^2} = f \tag{14}$$

すなわち，

$$m\frac{dv}{dt}=f \tag{15}$$

あるいは，

$$mdv=fdt \tag{16}$$

従来の物理学においては，例えば，式(10)よりガリレイ変換を通じて式(14)が得られることが，ガリレイの相対性理論と呼ばれ，式(14)あるいは式(15)は，一定速度$\boldsymbol{v}$で運動している物の運動方程式を表すと理解されている．しかし，そうした理解は誤りである．確かに，数学的な展開のみを見れば，式(8)～式(16)に至る過程の展開は正しい．

しかしながら，我々が知りたかったことは，静止系から一定速度で運動している物体の速度変化を静止系から直に測り，運動方程式がいかように書けるものとなるかであった．すなわち，相対論的運動方程式がいかように表されるものとなるのかを知ることにあった．上の展開ではそのことが全く確認されていない．

こうして我々は，ガリレイ変換では相対論的な運動方程式を知ることはできない，という結論に至るのである．ここに，我々のガリレイ変換に対するこれまでの解釈は誤っていたと結論付けられる．

こうした我々の勘違が生まれた要因は，動いているものの長さや時間を直接測定できるものと，アプリオリに（先見的に）考えてきたことにある．厳密にいうと，我々は，一定速度で運動している者の長さや時間を直接的に測定することは，一般に不可能である．したがって，ニュートンの運動法則という古典的な力学においてさえも，相対性理論抜きにしては，力学の議論が不可能となってしまう．このことは大変深刻な問題と言える．

静止物体の運動の法則（ニュートンの運動法則の修正）

以上のことから，理科や物理の教育において，今日まで連綿と教えられてきたニュートンの運動法則は静止物体が運動を開始する瞬間までの運動法則（静止力学法則）として，以下のように修正しなければならない．

1） **慣性の法則**：静止している物体は，力が作用しない限り静止し続けるという慣性を持っている．その慣性の大きさは（慣性）質量mをもって測られる．

2） **作用・反作用の法則**：物体が静止し続けるのは，力の作用とそれに対する反作用とが釣り合っているからである．

3） **運動方程式**：静止している物体が力の作用で動き出すとき，作用力fと物体の（慣性）質量m，そして力の作用時間dtと物体の獲得速度dvとの間に，次の関係が成立する．

$$mdv = fdt \tag{17}$$

以上のように，ニュートンの運動法則は，物体が静止していて動き始める瞬間までの力学現象にのみ適用される．このことは，物体が静止している場合に限り，我々は，その長さや時間を直接測定可能であるということによるものである．ところで，式(17)は，$f - mdv/dt = 0$を与える．このとき，左辺の第二項は慣性力（inertia force）と呼ばれる．この関係により，微小速度の獲得期においても静止力学が成立することが保証される．このことは，ダランベールの原理（d'Alembert's principle）として知られている．

式(17)は，力の作用に向きと大きさを指定するとき，ベクトルを用いて次のように書かれる．

$$m d\boldsymbol{v} = \boldsymbol{f} dt \tag{18}$$

ここに，$\boldsymbol{f}$は作用力ベクトル，$d\boldsymbol{v}$は静止状態から獲得した速度ベクトルを表す．また，左辺は，運動量の獲得量を表し，右辺は物体に作用した力積を表す．

質量mが慣性の法則で定義されたのに対して，力fについては，運動方程式をもって定義される．一方で，力は物質の変形という観点からフックの法則でも定義される．このことについては，コラム 19 にて述べる．

ニュートンが想定した一定速度で運動している物体の運動法則に関しては，速度変化及びその間に要した時間の測定に，相対性理論が必ず必要となるため，相対性理論の確立を待つ必要がある．これについては，第Ⅳ部にて，新相対性理論として議論される．

まとめ

我々がこれまで見聞きしてきたガリレイ変換について考察し，それが，静止系と運動系との時間及び空間を互いに繋ぐものであることを確認した．次いで，ガリレイ変換を利用して，静止系から運動系へと移り，そこに現れる力学的光景が元居た静止系の場合とまったく同じものであることを，相対性原理の下に確認した．さらに，ガリレイの相対性理論として従来から説明されてきたことについて考察した．静止している観測者に対して一定速度で運動している物体の長さや時間を，静止系から直接測定することが一般に不可能であることを確認した上で，従来のガリレイの相対性理論に対する我々の解釈が誤っていたという重大な問題を明らかにした．このことから，従来，ガリレイの相対性理論を拠り所にして成立していると想定されてきたニュートンの運動法則の修正を行った．ニュートンの運動法則を，ガリレイ変換の下に，静止している物体が動き出す瞬間までの，静止物体の力学法則として修正した．このことによって，（慣性）質量が静止慣性の大きさを測る物理量として，慣性の法則に位置付けられた．

しかし，真空の空間において，物質に慣性質量がなぜ現れるのか．静止していると仮定してもまた，一定速度で運動していると仮定しても，慣性質量がまったく同じものとなって現れなければならないことは，ガリレイ変換による相対性原理によって理解できることではあるが，その物理的メカニズムについては，謎のままに残されている．すなわち，慣性の物理とは何かが問われる．

コラム4　ガリレイ変換とローレンツ変換の相異

1）アインシュタイン〔文献 7)〕は，次のように述べている．

… ローレンツ変換において，光速がみな等しく無限大になるとすると，ガリレイ変換が得られる．

2）須藤靖〔文献，11)〕〕は，次のように述べている．

… 光速度は座標系によらず一定であり，電磁気学を不変にする変換（ローレンツ変換）がニュートン力学をも不変にしているはずである．つまりニュートン力学は $v/c \to 0$における近似理論である．

3）高原文郎〔文献 9)〕は，次のように述べている．

… ローレンツ変換で，座標系の間の相対速度の大きさが光速に比べて小さい場合は（ガリレイ変換の式）となって，ニュートン力学におけるガリレイ変換に帰着する．すなわち，特殊相対性理論は，極限としてのニュートン力学を包含しているのである．ニュートン力学は光速に比べて遅い現象を正しく記述するが，速度が光速度に近づくと正しい理論とはならない．

ここに例示した説明は，それぞれほぼ同じ内容を意味している．その他の解説書などの説明も，上記の説明とほぼ同様なものとなっている．これら従来の説明においては，ある極限において，ガリレイ変換とローレンツ変換とを同一視している．したがって，これら従来の解説はすべて誤りである．

ガリレイ変換は電磁波の伝播の式を正しく変換できない．対して，ローレンツ変換は電磁気理論に対する変換式である．したがって，$v^2/c^2 \to 0$の極限においても，ローレンツ変換はガリレイ変換を与える訳にはいかない．よって，従来の説明は誤りであると結論される．

相対性原理によって，ニュートン力学及びマクスウェルの電磁気学は，静止系及び運動系のいずれにおいても，座標変換とは無関係に，厳として成立していなければならない．

コラム5　ニュートンの運動方程式は，アインシュタインによって書きかえられているか？

時間及び長さの相対論を規定するアインシュタインの相対性理論においては，慣性系毎に時間及び長さが異なることになる．時間と長さの相対論に基づけば，静止系に対して相対速度を有する運動系における運動方程式は，次のように与えられる．

$$md\left(v/\sqrt{1-v^2/c^2}\right)=fdt \tag{i}$$

これは，ニュートンが与えた運動方程式，

$$mdv=fdt \tag{ii}$$

とは異なる．

アインシュタインの相対性理論では，電磁波の方程式がガリレイ変換では共変な形にならず（同じ形に変換されず），ローレンツ変換は同じ形に変換することから，ガリレイ変換ではなく，ローレンツ変換が正しい変換であると見なされることとなった．しかし，そのローレンツ変換では，ニュートンの運動方程式は同じ形に変換されない．したがって，ニュートンの運動方程式は正しい形になっていないと判断された．すなわち，相対論的には式(i)の形が正しいとされて，ニュートンの式(ii)は，式(i)の形に書き換えなければならないとされた．そして，元のニュートンの運動方程式は，式(i)において，$v^2/c^2\leq 1$の場合に当たると判断された．

しかしながら，新相対性理論では，そのような結論にはならない．

新相対性理論では，第IV部で説明するように，ガリレイ変換が静止系と運動系との時間及び座標を結びつける正しい変換則となる．その上で，両系間の光のやり取りに，ローレンツ変換が拘わる．静止系からガリレイ変換を経た観測者は，運動系で，静止系とまったく同じ物理的光景を目にする．そこには，静止系とまったく同じニュートンの運動方程式が厳として存在しているのである．

第Ⅲ部

アインシュタインの相対性理論の論駁

1.　アインシュタインの相対性理論の概要

この章では，アインシュタインの相対性理論の概要が説明される．しかし，このことはアインシュタインの相対性理論を肯定するものではなく，この後に説明される新相対性理論の登場が必然的なものであることをより浮かび上がらせるために，その問題点を明らかにすることにある．

アインシュタインは，1905 年に特殊相対性理論を発表し，それから 10 年の時を経て，1915 年に重力が作用する場合をも取り扱える一般相対性理論を発表している．特殊相対性理論とは，運動系が一定速度で運動しているような慣性運動に対してのみ適用できる相対性理論である．対して，一般相対性理論は，重力の作用する場や加速度を伴う場合をも想定した相対性理論である．

ローレンツ変換

特殊相対性理論に関して，アインシュタインの相対性理論とは？という問に，「4つの式です」と簡潔に答えることができる．その4つの式は，以下のように与えられる．

$$t' = \frac{1}{\sqrt{1 - v^2/c^2}}\left(t - \frac{vx}{c^2}\right) \tag{1}$$

$$x' = \frac{1}{\sqrt{1 - v^2/c^2}}(x - vt) \tag{2}$$

$$y' = y \tag{3}$$

$$z' = z \tag{4}$$

式(1)～式(4)は，今日では一般にローレンツ変換と呼ばれている．図-1 に示すように，これらの式において，t'及び tは，それぞれ運動系の時間及び静止系の時間を表す．また，(x', y', z')及び(x, y, z)は，それぞれ運動系の

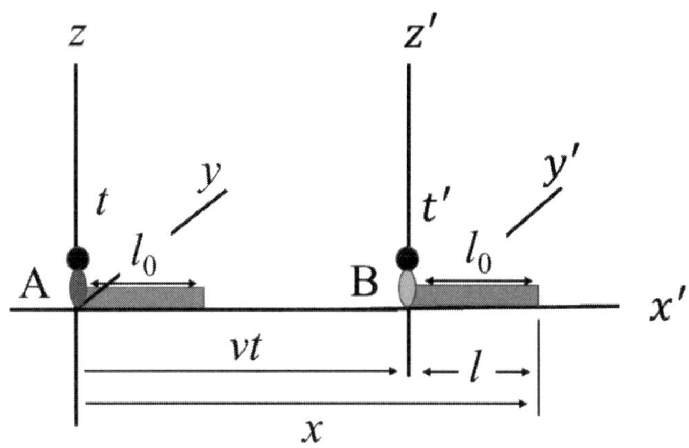

図 1　静止系と運動系の関係

空間座標及び静止系の空間座標を表す．vは相対速度であり，cは光の速さを表す．

ここに示すローレンツ変換がどのように導かれたかについては，後に触れる．初学者にあっては，以下の説明の理解を助けるために，上に示す４つの式をしっかり暗記することと，図-1 に示す関係をしっかり対応付けておくことが求められる．すなわち，アインシュタインの相対論とは何か？と問われるとき，「４つの式です」と答えられて，上の４つの式を書き示すことができ，また変数の関係を表す図-1 を明確に示すことができることが，以下の説明の理解に必要となる．

４つの式の意味

上に示す４つの式，すなわち相対性理論とは，何を意味するのか？ここで，この問に簡潔に答えておく．４つの式と言っても，実質的には２つの式が問題となる．これらは，時間と長さに関する式である．まず，式(1)は，時間に関するものであるが，一定速度で動き出した者（運動系）の時間t'（左辺）と静止している者（静止系）の時間t（右辺）との関係を表している．我々の一般的な常識によれば，静止している者に対してもそして運動している者に対しても，時の流れは等しく流れて行くものである．しかしながら，式(1)は，そうした我々の時間に関する常識は誤りであり，正しくは，式(1)に照らして理解すべきであると説明している．式(2)は，運動方向の長さについても同様であると説明している．

したがって，相対性理論は，例えば相手が 1mm/s という非常にゆっくりとした速度で移動しているとしても，厳密に言えば，相手の時間や長さを静止系の観測者が直に測定することは不可能であり，我々は，相対性理論を通じてのみ，それらのことが理解できるという驚くべき事態を説明するものとなっている．

アインシュタインのローレンツ変換と相対性理論

ローレンツ変換式(1)〜(4)は，ガリレイ変換式を正しい変換式ではないとした上で，それを修正する形に構築されている．その結果，式中に現れる(x', y', z', t')及び(x, y, z, t)の関係は，ガリレイ変換がそうであるように，運動系の時間及び空間座標と静止系の時間及び空間座標とを結ぶ関係となっている．

すなわち，アインシュタインのローレンツ変換は，観測者が静止系から運動系へと飛び移るための変換式となっている．したがって，アインシュタインのローレンツ変換は，ガリレイ変換と同様に，相対性理論を成すものとはなっていない．静止系の観測者が，運動系に繰りひろげられる力学を，静止系から直接観測することが，相対論的力学をなすことから，アインシュタインのローレンツ変換を相対性理論と呼んではいけないことになる．

相対性理論とは，相対性原理に基づいて，運動系の時間及び空間座標と静止系の時間及び空間座標とがまったく同じとなっている（対称となっている）ことを確認した上で，静止系から運動系に繰りひろげられている力学現象や電磁気現象を観察するとき（あるいは逆に，運動系から静止系を観察するとき），それがいかように観測されるものとなるのかを説明するものとなっていなければならない．

しかしながら，アインシュタインのローレンツ変換は，ガリレイ変換と同様に，運動系の時間及び空間座標(x', y', z', t')と静止系の時間及び空間座標(x, y, z, t)とを結ぶ関係となっている．その証は，$v^2/c^2 \ll 1$となる場合に対しては，ローレンツ変換はガリレイ変換を与えると説明されているところにある．

こうして，アインシュタインの相対性理論では，相対性理論を構築する際の土台となるべきガリレイ変換を，相対性理論へと変質させたものとなっている．その結果，その利用の際には，それが本来のガリレイ変換の用を成したり，また相対性理論を成したりと，大変奇妙で木に竹を接ぐような説明となっている．

以上のような問題点の存在を理解した上で，以下においては，とりあえず従来の説明に準じて，アインシュタインの相対性理論を説明すると共に，その問題点を明らかにしていく．

相対性原理，光速度不変の原理

アインシュタインは，上で示した４つの式を構築するに当たり，２つの重要な原理を導入している．その内の一つは「相対性原理」であり，物理学上，いずれの系が絶対的に静止し，いずれの系が絶対的に運動しているものかを決定することはできない，ということを規定する．もう一つは「光速度不変の原理」であり，光の速度は，静止している者に対しても，また一定速度で運動している者に対しても一定値を示す，ということを規定している．したがって，アインシュタインの相対性理論の適用に当たっては，いかなる場合に対しても，物事がこれら２つの原理に適っていることが大原則となる．

静止系と運動系との対応関係は，図-1 に示すとおりである．図-1 に示すように，プライムの付く変数は運動系に対する物理量を表し，プライムの付いてない変数は静止系の物理量を表す．図-1 においては，左側の座標系を静止系と見なし，右側の座標系を運動系と見なしている．しかし，見方を変えて，逆に右側の座標系が静止しており，左側が一定速度で運動している場合を想定すると，今度は右側の座標系が静止系と呼ばれ，左側の座標系が運動系と呼ばれる．このようになっていなければならないことは，相対性原理が要請するところとなる．

静止系あるいは運動系という位置付けは絶対的に定まっているのではなく，単に呼び名の上での区別であり，いずれの系であってもその系を中心として物事を判断していく場合においては，その系は静止系と呼ばれる．対して，そのような静止系から一定速度で運動しているものとして設定される系は運動系と呼ばれる．光速度不変の原理は，静止系及び運動系の何れにおいても，観測される光の速度は不変的で一定値となることを規定する．

ローレンツ逆変換

式(1)～(4)は，図-1 に示すように，静止系から運動系を見た場合であるが，逆に運動系から静止系を見た場合については，ローレンツ逆変換と呼ばれて，次のように与えられる．

$$t = \frac{1}{\sqrt{1 - v^2/c^2}}\left(t' + \frac{vx'}{c^2}\right) \tag{5}$$

$$x = \frac{1}{\sqrt{1 - v^2/c^2}}(x' + vt') \tag{6}$$

$$y = y' \tag{7}$$

$$z = z' \tag{8}$$

よって，ローレンツ変換とローレンツ逆変換とは，互いに逆関係にあり，式中の左辺と右辺の変数を入れ換え，同時に相対速度$\boldsymbol{v}$の符号を±入れ換えることのできる関係にある．

時間と長さの相対論

図-1 に示す条件設定の下において，運動系内の観測者が足元に静止しているものさしの長さを測定するとき，その始点が座標原点にあり，その先端が，

$$x' = l_0 \tag{9}$$

の位置にある場合を想定すると，その長さを静止系の観測者が静止系から測

るとその長さは,

$$l = x - v\,t \tag{10}$$

で与えられ，これらの関係を式(2)に代入すると，次なる関係を与える.

$$l = \sqrt{1 - v^2/c^2}\, l_0 \tag{11}$$

すなわち，運動系の観測者がl_0と計測している運動方向の長さは，それが静止系から一定速度で運動して観測されるとき，長さlとなって短縮して計測される.

アインシュタインのローレンツ変換は，先に説明したように，運動系の時間及び空間座標(x', y', z', t')と静止系の時間及び空間座標$(x, y, z, t\,)$とを結ぶ関係となっている．したがって，その関係から得られる長さの関係は,本来，運動系にあるものさしの長さと静止系にあるものさしの長さとの関係であるはずである．しかし，式(11)は，静止系から測られる運動系のものさしの長さ〔式(10)〕と運動系で直に測れるものさしの長さ〔式 (9)〕との比較が行われている．こうして，アインシュタインの相対性理論による説明は大変奇妙なものとなる.

時間については，静止系の原点（$x = 0$）に置いてある時計の時間と運動系の原点($x = vt$)に置いてある時計の時間とを比較するために, 式(1)に$x = vt$を代入して,

$$t' = \frac{1}{\sqrt{1 - v^2/c^2}}\left(t - \frac{v^2 t}{c^2}\right) = \frac{1}{\sqrt{1 - v^2/c^2}}\left(1 - \frac{v^2}{c^2}\right)t$$

$$= \sqrt{1 - v^2/c^2}\; t \tag{12}$$

すなわち,

$$t' = \sqrt{1 - v^2/c^2}\,t \tag{12$'$}$$

を得る．ここで与えられる時間t'は運動系の原点に置かれている時計の示す時間を表し，時間tは静止系の原点に置かれている時計の示す時間を表す．すなわち，ここでは２台の時計の示す時間の比較となっている点に注意を要する.

以上をまとめると，式(11)及び式(12′)より，静止系から測られる運動系の運動方向の長さは，それが運動系内で静止して観測される長さl_0よりも短縮して観測され，運動系の時計は静止系の時計に対して遅れる．こうした関係が，アインシュタインの時間及び長さの相対論と呼ばれている．

ここに説明する時間と長さの相対論は，アインシュタインの相対性理論の本質を成し，ニュートン以来信じられて来た絶対的な時間及び長さの概念からの大転換を物理学にもたらせたことになっている．

アインシュタインの相対性理論が示す奇妙な説明の一端について，以下に具体的な事例を示しておく．

例えば，式(12′)によれば，$\sqrt{1-v^2/c^2}$が 0.1 となる場合を想定すると，静止系の観測者が 100 年（100 歳）の時を重ねたとしても，一定速度で移動してきた者はたった 10 年しか時間が経過していないことになる．すなわち，日本国で有名なおとぎ話である浦島太郎物語で，太郎がなぜ若いままで村人達が年老いていたのかが，科学的に説明できることになる．また，サンタクロースがプレゼントの配達に疾走することで若さを保持できているという説明も科学的に納得できることになる．

アインシュタインの相対性理論を信じる立場においては，こうした類の説明を科学的な説明としてこれまで受け入れてきたことになる．おとぎ話がおとぎ話ではなくなるという事態を，現代の物理学界が認めてきたという事実は深刻である．1 世紀以上にも亘ってこのような思想が受け継がれてきたことの事実は，今後科学における教訓として記されていくことになろう．

同時の相対論

静止系において，その原点となる$x=0$及び，$x=l$に置いてある時計が，同時に 0 時（$t=0$）を指しているとき，運動系ではそれらに対応する場所x'及び時間t'がどのように観測されるものとなるのかについて，以下に具体的な計算によって示すことにする．

まず，静止系における原点$x=0$における 0 時（$t=0$）は，式(1)及び(2)より，運動系では，

$$t' = \frac{1}{\sqrt{1 - v^2/c^2}}\left(0 - \frac{v \times 0}{c^2}\right) = 0 \tag{13}$$

$$x' = \frac{1}{\sqrt{1 - v^2/c^2}}(0 - v \times 0) = 0 \tag{14}$$

と与えられることから，$x' = 0$及び$t' = 0$が対応する．

次に，$x = l$における０時（$t = 0$）は，式(1)及び(2)より，運動系では，

$$t' = \frac{1}{\sqrt{1 - v^2/c^2}}\left(0 - \frac{v \times l}{c^2}\right) = -\frac{1}{\sqrt{1 - v^2/c^2}}\frac{vl}{c^2} \tag{15}$$

$$x' = \frac{1}{\sqrt{1 - v^2/c^2}}(l - v \times 0) = \frac{1}{\sqrt{1 - v^2/c^2}}l \tag{16}$$

と与えられることから，$x' \neq l$及び$t' \neq 0$を与える．

以上の結果から，静止系で離れた２点において$t = 0$で同時であっても，運動系では同時でない（非同時，離れた２点において，一方では$t' = 0$，他方では$t' \neq 0$）という事になる．すなわち，静止系における同時は，運動系においては同時ではない．こうしたことが，アインシュタインの同時の相対論と呼ばれている．

また，長さにおいても，静止系における長さlが伸びた関係にあり，$l/\sqrt{1 - v^2/c^2}$が運動系における長さl_0に対応する．長さに関しては，式(11)に示す関係では運動系の長さが静止系からは縮んで観測されるという関係にあるため，静止系から観測される運動系の長さと比較すると，運動系の実際の長さは「伸びている」ことになる．

アインシュタインは，1905年の論文において，その最初の時点では，相対性原理によって，静止系でも運動系でも長さは共に同じ長さl_0となっていなければならないと明示している．しかし，その後半においては，ローレンツ変換から式(11)が与えられるので，運動しているものの長さはその運動方向に，それが静止時の長さよりも収縮したように見える，と述べている．そして，相対速度vが大きいほど，この収縮する度合いは，いっそう，強烈となる，と説明している．

ここで，収縮したように見えると言う意味は，式(10)に基づくものであり，$t=0$時には，$l=x$であり，$l=l_0$である．静止系では，運動系が運動し出した後も，その長さの単位や時間の単位に変動は一切ないので，$l=x-vt$で与えられる長さlは，それが$t=0$時に示した長さ，$l=l_0$のままでなければならない．

このような要請を堅持すると，式(11)からは，運動系で測る長さl_0が静止時の長さよりも伸びた長さ$l_0/\sqrt{1-v^2/c^2}$になっていなければならない．このとき，運動系の長さ$l_0/\sqrt{1-v^2/c^2}$が静止系からは長さl_0として測られているので，静止系に対しては運動系の長さは縮んでいることになって，「矛盾はない」と説明される．

しかしながら，相対性原理からは，運動系を静止系として位置付けることもできるので，その場合は，運動系の長さは，終始一定値となっていなければならない．だとすると，先に述べた，「式(11)からは，運動系で測る長さl_0が静止時の長さよりも伸びた長さになっていなければならない」とする要請に背くことになる．

こうしたアインシュタインの相対性理論の説明は大変奇妙な説明と言えるが，これらの事は後にパラドックスの説明のところで詳細に議論される．ここではこれ以上深入りしない．

ミンコフスキーの４次元時空と不変量

アインシュタインの相対性理論が発表された後，アインシュタインの数学の教授であったミンコフスキーは，相対性理論の数学的取扱いを発展させて，4次元の時空の概念を導入している．それによれば，時間及び座標について，

$$x^0=ct,\ x^1=x,\ x^2=y,\ x^3=z \tag{18}$$

と書き，x^0～x^3をベクトル成分x^i $(i=0\sim3)$で表している．ここに，時間と空間とを一つにした座標，４次元の時空座標が定義される．相対性理論におけるこのような座標系は，ミンコフスキーの４次元（あるいは４元）時空と呼ばれている．こうしてアインシュタインの相対性理論においては，静止系及び運動系の時空が共に４次元の時空として定義される．

もちろん，ミンコフスキーが提示した4次元の時空は，相対性理論の数学的取扱いにおいて便宜上導入された概念であり，実際の時間及び空間が4次元を成して存在していることを説明するものではない．その証拠は，静止系の時間と空間座標とは独立しており，空間座標は3次元の座標を用いた上で，運動系の時間及び空間が式(1)~(4)で表されると設定されていることに見られる．このことについてのさらなる詳しい説明は，新相対性理論の説明において与えられる．

相対性理論の数学的取扱いにおいて，ミンコフスキーにならって4次元の架空の時空を定義するとき，その線素dsは次のように与えられる．

$$ds^2 = {dx^0}^2 - {dx^1}^2 - {dx^2}^2 - {dx^3}^2 \tag{19}$$

テンソルを用いた表記では，

$$ds^2 = \eta_{ij} dx^i dx^j \tag{20}$$

ここに，η_{ij}は計量テンソルを表し，その対角成分については，$\eta_{00} = 1$，$\eta_{11} = -1$，$\eta_{22} = -1$，$\eta_{33} = -1$と与えられ，その他の成分についてはすべてゼロとなる．計量テンソルがこのような成分を持つとき，この4次元の時空は一般に平坦であると説明されている．添字については，同じ項に同じ添字が繰り返す場合，その添字について和を取るというアインシュタインの和の規約が用いられている．

ローレンツ変換を式(19)に代入して，次なる関係の成立を確かめられる．

$$ds^2 = {dx^{0'}}^2 - {dx^{1'}}^2 - {dx^{2'}}^2 - {dx^{3'}}^2 \tag{19$'$}$$

ここに，

$$x^{0'} = ct',\ x^{1'} = x',\ x^{2'} = y',\ x^{3'} = z' \tag{18$'$}$$

である．

したがって，式(19)及び式(19′) より，線素dsはローレンツ変換に対して不変量を成す．

4元ベクトル

ミンコフスキーの数学的取扱いにおける時空において，位置ベクトル$\boldsymbol{r}$は，４元ベクトルとして，次のように与えられる．

$$\boldsymbol{r} = (ct, x, y, z) \tag{21}$$

すなわち，次のように表される．

$$\boldsymbol{r} = x^i \boldsymbol{e}_i \quad (i = 0\sim 3) \tag{22}$$

ここに，x^iは，４元位置ベクトルの成分，$\boldsymbol{e}_i$は４元時空の基本ベクトルを表す．

式(22)にローレンツ変換を施すと，次なる変換関係が与えられる．

$$x^{i'} = \begin{pmatrix} \gamma & -\gamma\beta & 0 & 0 \\ -\gamma\beta & -\gamma & 0 & 0 \\ 0 & 0 & 1 & 0 \\ 0 & 0 & 0 & 0 \end{pmatrix} x^i \tag{23}$$

ここに，$\gamma = 1/\sqrt{1 - v^2/c^2}$，$\beta = v/c$であり，特に，$\gamma$はローレンツ係数と呼ばれる．

式(23)に示すローレンツ変換を表す行列を，変換行列$\alpha^i_{\ k}$によって表すと次のように与えられる．

$$\alpha^i_{\ j} = \begin{pmatrix} \gamma & -\gamma\beta & 0 & 0 \\ -\gamma\beta & -\gamma & 0 & 0 \\ 0 & 0 & 1 & 0 \\ 0 & 0 & 0 & 0 \end{pmatrix} \tag{24}$$

このとき，式(23)に示す変換式は次のように表される．

$$x^{i'} = \alpha^{i'}_k x^k \tag{25}$$

変換行列の逆行列を表す変換テンソルを$\alpha^i_{\ k'}$によって表すと，式(25)は次のように表せる．

$$x^i = \alpha^i_{\ k'}\, x^{k'} \tag{26}$$

よって，変換テンソルに対して次なる関係が与えられる．

$$\alpha^{i'}_{k}\,\alpha^{k}_{j'} = \delta^{i'}_{j'} \tag{27}$$

ここに，$\delta^{i'}_{j'}$はクロネッカーのデルタを表す．

ミンコフスキーの４元ベクトルが不変量を成すことについては，式(19)及び式(19′)に示すとおりである．

４元速度

４元ベクトルに対して，

$$v^0 = cdt/dt',\ v^1 = dx/dt',\ v^2 = dy/dt',\ v^3 = dz/dt'$$

が定義されるので，これをv^i ($i = 0\sim3$)と書く．ここで式(12′)の関係を導入して，次なる関係が与えられる．

$$u^i = \gamma v^i \tag{28}$$

ここに定義されるu^iを４次元時空における４元速度と呼ぶ．これが不変量を成すことについては，式(19)及び式(19′)に示す４元ベクトルの不変性から明らかである．

４元運動量

式(28)に，質量m_0（物体が静止時の質量）を乗じて，次なる４元運動量p^iの関係を得る．

$$p^i = \gamma m v^i \tag{29}$$

４次元時空に対する４元運動量が不変量を成すことについては，式(28)より明らかである．

４元運動方程式

詳しくは，後に導かれるが，４次元時空に対する４元運動方程式は，次のように与えられる．

$$\gamma \frac{dp^i}{dt} = f^i \tag{30}$$

ここに，f^iは４元力を表す．

よって，

$$\frac{dp^i}{dt} = f^i \sqrt{1 - v^2/c^2} \tag{31}$$

ここに，$K^i = f^i \sqrt{1 - v^2/c^2}$と置き，$K^i$はニュートン型の力，$f^i$はミンコフスキー型の力と呼ばれる．

相対論的エネルギー

式(29)に示す４元運動量の第０成分，p^0成分は次のように与えられる．

$$p^0 = \frac{m_0 c}{\sqrt{1 - v^2/c^2}} = \frac{E}{c} \tag{32}$$

ここに，Eは相対論的エネルギーを表し，次のように定義される．

$$E = \frac{m_0 c^2}{\sqrt{1 - v^2/c^2}} \tag{33}$$

ここに，相対論的質量

$$m = \frac{m_0}{\sqrt{1 - v^2/c^2}} \tag{34}$$

を導入して，式(33)は次のように書ける．

$$E = mc^2 \tag{35}$$

このエネルギーの式は，アインシュタインの相対性理論から派生される式の中でも最も有名な式と言われている．

ここで，相対速度vをゼロとおくことで，次式を得る．

$$E = m_0c^2 \tag{36}$$

式（36)で与えられるエネルギーは，$v = 0$（静止時）に対応するエネルギーを表すことから，静止エネルギーと呼ばれている．式(36)において，光の速度は不変量であることから，エネルギーと質量とは等価と見なされている．このことから，アインシュタインの相対性理論では，質量が膨大なエネルギーを生み出すことの根拠とされている．しかし，この説明が誤ったものであることは，第IV部の新相対性理論において詳しく議論される．

一般相対性理論

重力が作用する場で光など電磁波の伝播あるいは物質の運動を観測すると，その伝播軌跡や運動軌跡は一般に曲線的なものとなる．そこで座標系として，直交直線座標系ではなく，一般の座標系を導入すると，それら曲線的な軌跡を局所的に一般の座標系上の測地線方程式で近似することができる．局所的に測地線方程式で近似される軌跡は，さらにその測地線上で局所的に見ると，その接線に沿った自由運動の軌跡で近似される．

すなわち，重力場における光など電磁波の伝播軌跡，あるいは物質の運動の軌跡は，その軌跡上のある1点の近傍であれば，一般の座標系の測地線の接線方向に平行移動する自由運動の軌跡で近似できる．

このことから，アインシュタインは，重力場における物質の運動を記述できるような一般の座標系を導入し，その一般の座標系の曲がり具合（歪み）が重力場の強さを表すと考えた．このことは，古典的ニュートン力学において，重力に重力ポテンシャルの存在を仮定したことに対して，一般の座標系の曲がり具合を決めるような曲率を表すポテンシャルが存在すると仮定することに当たる．

ニュートン力学における重力ポテンシャルは，一般に次のようなポアソン方程式で与えられる．

$$\Delta\varphi = \frac{\partial^2\varphi}{\partial {x^i}^2} = 4\pi G\rho \tag{37}$$

ここに，φは重力ポテンシャル，Gは万有引力定数，ρは重力源の質量密度，x^i $(i = 1\sim3)$は空間を表す直交座標系の座標値である

一方，アインシュタインが仮定した重力場の歪みを表す重力場の方程式は，次のように与えられる．

$$R_{ij} - \frac{1}{2}g_{ij}R = \kappa T_{ij} \tag{38}$$

この式の左辺は一般に次のように与えられて，

$$G_{ij} = R_{ij} - \frac{1}{2}g_{ij}R \tag{39}$$

G_{ij}はアインシュタインテンソルと呼ばれている．ここに，R_{ij}はリッチテンソル，g_{ij}は計量テンソル，Rはスカラー曲率，T_{ij}はエネルギー運動量テンソル，κは係数であり，次のように与えられている．

$$\kappa = \frac{8\pi G}{c^2} \tag{40}$$

ここに，cは光の速さを表す．

アインシュタインは，係数κを求めるに当たり，弱い重力場を仮定して，式(38)に次なる近似が与えられるとした．

$$R_{00} = \frac{1}{2}\kappa T_{00} = \frac{1}{2}\kappa\rho c^2 \tag{41}$$

さらに，リッチテンソルの性質から，次なる関係を得た．

$$R_{00} = \frac{1}{c^2}\Delta\varphi \tag{42}$$

この関係式と，式(37)より，式(40)に見る係数κが決定されている．

式(42)のより一般的な形は，式(38)より，次のように与えられる.

$$R_{ij} = \frac{1}{2}\left(T_{ij} - \frac{1}{2}g_{ij}T\right) \tag{43}$$

ここに，Tは次なる関係式で与えられる.

$$R = \kappa g^{ij}T_{ij} = \kappa T \tag{44}$$

以上に示すアインシュタインの重力場の方程式を満たす解は，アインシュタインの一般相対性理論の発表の後にすぐにシヴァルツシルトによって与えられている．それによれば，定常（静的な）状態を仮定し，球対称な座標を導入して，その線素が次のように与えられる.

$$\begin{aligned} ds^2 = (1 - a/r)(cdt)^2 - \frac{1}{1 - a/r}dr^2 \\ -r^2\{d\theta^2 + \sin^2\theta\, d\varphi^2\} \end{aligned} \tag{45}$$

これは，シヴァルツシルトの解（外部解）に基づく線素である．ここに，重力の存在しない場合の背景座標として，極座標(r, θ, φ)が用いられている．aは重力源の質量Mに関係し，$2GM/c^2$で与えられ，シヴァルツシルト半径と呼ばれる．Gは万有引力定数を表す.

重力が作用しない場合の線素については，式(45)で重力の作用を落として，次のように与えられる.

$$ds^2 = (cdt)^2 - dr^2 - r^2\{d\theta^2 + \sin^2\theta\, d\varphi^2\} \tag{46}$$

これを直交直線座標系で表すと，次のように書ける.

$$ds^2 = (cdt)^2 - dx^2 - dy^2 - dz^2 \tag{47}$$

式(47)すなわち式(46)で与えられる線素を持つ一般の座標系は，平坦な4次元の時空（ミンコフスキー時空）と呼ばれることについては以前述べたとおりである．これに対して，式(45)で与えられる曲がった4次元の時空がアインシュタインの時空と呼ばれる.

アインシュタインの時空においては，重力の作用は，4次元の時空の歪みによって表される．すなわち，重力は時空の歪みにその根源があるとする説明になっている．アインシュタインは，こうした 4 次元の歪んだ時空を実在する時空と考えた．したがって，この 4 次元の時空の歪みに万物が従い変形するとされている．その結果，一定速度で運動する物体に対しては，その運動方向に長さが縮み，時間も縮むと考えた．さらに，重力場については，重力の作用の根源を 4 次元時空のひずみの存在にあると定義している．

さらにアインシュタインは，時間的に変動する時空の歪みは，波動となって光の速さで伝播するとし，重力波の存在を予言した．その予言から約 1 世紀を経て，2016 年，その実在が検証されたと報告されている．また，その成果は 2017 年度ノーベル物理学賞を受賞している．

式(45)の線素を持つ定常な時空は，座標軸の計量が場所によって異なり，歪んだ一般の座標系の線素を表すことから，4 次元の歪んだ時空と呼ばれている．4 次元の時空の着想は，特殊相対性理論のミンコフスキーの 4 次元の時空に習っている．アインシュタインは，時空の短縮や歪の存在を実在のものと定義し，それを相対性理論の根幹に位置付けている．

後に示す新相対性理論によれば，この 4 次元の時空は，相対速度の存在，あるいは，重力の作用する場において，光など電磁波の伝播が描く局所的な

Selected for a Viewpoint in *Physics*
PRL 116, 061102 (2016)　PHYSICAL REVIEW LETTERS　week ending 12 FEBRUARY 2016

Observation of Gravitational Waves from a Binary Black Hole Merger

B. P. Abbott *et al.**
(LIGO Scientific Collaboration and Virgo Collaboration)
(Received 21 January 2016; published 11 February 2016)

On September 14, 2015 at 09:50:45 UTC the two detectors of the Laser Interferometer Gravitational-Wave Observatory simultaneously observed a transient gravitational-wave signal. The signal sweeps upwards in frequency from 35 to 250 Hz with a peak gravitational-wave strain of 1.0×10^{-21}. It matches the waveform predicted by general relativity for the inspiral and merger of a pair of black holes and the ringdown of the resulting single black hole. The signal was observed with a matched-filter signal-to-noise ratio of 24 and a false alarm rate estimated to be less than 1 event per 203 000 years, equivalent to a significance greater than 5.1σ. The source lies at a luminosity distance of 410^{+160}_{-180} Mpc corresponding to a redshift $z = 0.09^{+0.03}_{-0.04}$. In the source frame, the initial black hole masses are $36^{+5}_{-4} M_{\odot}$ and $29^{+4}_{-4} M_{\odot}$, and the final black hole mass is $62^{+4}_{-4} M_{\odot}$, with $3.0^{+0.5}_{-0.5} M_{\odot} c^2$ radiated in gravitational waves. All uncertainties define 90% credible intervals. These observations demonstrate the existence of binary stellar-mass black hole systems. This is the first direct detection of gravitational waves and the first observation of a binary black hole merger.

DOI: 10.1103/PhysRevLett.116.061102

図-1　重力波の観測に成功したことを伝える論文
(Physical Review Letters, 12 Feb. 2016)

軌跡を表すために導入される数学的な取り扱いの便宜上の架空の時空であると定義される．すなわち，実際には，時間と空間とは独立しており，空間は 3 次元の空間として存在し，時間は 1 次元的に表される．こうした実在の空間と時間をもって観測される物質の運動，光など電磁波の伝播，そして重力の作用の伝播が，数学的な取り扱い上の便宜性によって架空の 4 次元時空をもって取り扱われる．

アインシュタインの相対性理論は，こうして数学的取扱いの便宜上導入される架空の 4 次元時空を実在の時空として定義していることから，それからは，時間及び空間にまつわる様々なパラドックスが派生されることになった．この結論については，次章にて詳しく議論される．

コラム 6　転倒の相対性

『アインシュタイン講演録』石原純著・岡元一平画，東京図書株式会社（1971）に，アインシュタインが日本滞在中におきた面白い話が紹介されている．それは，アインシュタインが相対性原理の意味をどのように考えていたかを探る貴重なエピソードと思えるため，引用して以下に紹介する．

雪の山中は寂莫，山の頂は白く，裾は澱んだ薄墨色に隅が取ってある．吹雪の混ざる栖の落葉のみ触れ合ってかさこそと音を立てて居る．凍った道に博士は滑り転ぶ．外人の転びようは不器用だ．助け起こして新垣氏言う．「相対性原理で申すと先生が転んだのじゃないですね．地球が傾いたのですね」．博士「俺もそう思うが，感じはおなじだ」

このとき，アインシュタインは，「相対性原理に拠れば，いずれが転んだ（傾いた）か，を決定することはできない」ということを意味していたと言える．そして，「感じはおなじだ」という意味は，両者の間に観測される物理量「感じ」は，いずれにしてもまったく同じである，と説明しているものと解釈される．

1905 年に発表された相対性理論を説明する論文の「序論」に，アインシュタインは，磁石と導体との組み合わせで発生する電流を測定すると，導体が静止して磁石が移動したとする場合と，逆に，磁石が静止していて導体が移動したとする場合とで，両者間に「観測される電流」はその大きさ，方向のいずれにおいてもまったく同じであると述べている．上で，アインシュタインが「感じは同じだ」と説明したことは，ここでいう「観測される電流の大きさと向きは，いずれの場合でもまったく　同じである」ということと同じ意味を成す．すなわち，アインシュタインと地球の内で，いずれが滑った（傾いた）のかを絶対的に決定することはできないが，いずれにしても，「痛い」という「感じ」（観測結果）に相異は無い，ということを意味しているのではなかろうか？

2. アインシュタインによるローレン変換の誘導法の確認

前章においては，アインシュタインの相対性理論の概要が説明された．ここでは，アインシュタインがローレンツ変換をいかように導いたか，そしてその物理的意味をアインシュタインはいかよう考えていたかの確認を行い，その問題点を明らかにする．ここでは，内山龍雄訳・解説『アインシュタインの相対性理論』（岩波文庫，1988 年）に従って，展開を進める．なお，式番号は著者によるもので，説明の都合上付してある．

長さと時間の相対性

アインシュタインは，観測者に対して静止しているものの長さの測定と，一定速度で運動しているものの長さの測定とに違いがあることについて，次のように説明している．

a) 観測者と，上に述べた物指が一体となって，長さを測ろうとしている問題の棒と一緒に動いているとする．この方法では，棒，観測者および物指の三者がすべて静止している場合とまったく同じように，物指を直接，棒の上に当てがうことによって，棒の長さを測ることができる．

b) 静止系に静座している観測者が，§1の定義に従って互いに同一の時間を示すように調整された（静止系のいろいろの場所に固定されている）多数の時計の助けをかりて，それらが示すあるひとつの定まった時刻tに，動いている棒の両端が，それぞれ静止系の中のどの点に合致するかを，まず見さだめる．このようにして見つかった2点の間の距離を，既に述べたような物指（ただしこの場合には静止系に静止している物指）を用いて測定した結果も，また同じように“棒の長さ”と呼ぶことのできるものである．

相対性原理によれば，操作 a)によって求めた長さ（これを“棒の並走者からみた，その長さ”と名づけよう）は静止している物指の長さlに等しいはずである．

一方，操作 b)によって求められた長さ（これを“静止系に対して動いている棒の長さ"と呼ぼう)がいくらになるか，われわれは二つの原理を用いてこれを求めてみよう．なおそれがlとは異なった値となることが分かるであろう．

著者コメント：ここにでは，一定速度で運動している物の長さがどのように計測されるかが示されている．注目すべきは，運動している棒の長さを運動系の観測者が互いに静止した関係となって測るときそれは，相対性原理によって，静止系で静止して測定される棒の長さlと同じであるとしている点にある．すなわち，同じ棒であれば，それが静止していても，一定速度で運動していても，その長さは相対性原理によって同じ長さであると定義している．

しかしながら，それ以降のアインシュタインの説明を成立させるためには，上の説明の理解に，以下のような工夫を余儀なくされる．

まず，運動系の観測者は，手に持つものさしで，互いに静止した関係にある棒の長さを測定している．したがって，棒の長さが静止時の長さよりも縮んでいるとすると，観測者が手に持つものさしの長さもまったく同様に縮んでいなければならない．しかしながら，運動系の観測者は，棒が縮んだこと，さらにものさしが縮んでいることを知る余地はない．そのような関係で測った長さが，棒が静止時に測定した長さと同じ値を示しているということが，上では説明されていると理解しなければならない．

このような理解の上で，b) で述べるような方法によって，一定速度で運動している棒の長さやそれと共に運動しているものさしの長さを，静止系のものさしで測ると，それはそれらが静止時に示した長さとは異なったものとなっている（短縮している）と，理解しておく必要がある．

アインシュタインの相対性理論においては，静止系に対して一定速度で運動している物体の運動方向の長さはそれが静止時の長さよりも縮むと定義されるので，上で述べるような長さの関係になっていなければアインシュタインの相対性理論は成立しない．時間については，運動系の時間が静止系の時間よりも遅れる．

相対性原理の要請を素直に解釈すると，静止系でも運動系でも共にものさしの長さや時計の指し示す時間は，互いにまったく同じであると理解できそうなものである．しかしながら，前章で議論した同時の相対論の説明を成立させるためには，ここに述べるような大変奇妙な解釈を必要とする．

アインシュタインの説明は，今日においては古臭い方法による計測と言えよう．しかし，この説明が今から1世紀以上も前に与えられたことに鑑みれば，その成否は抜きにして，許容することはできよう．

同時の相対性

アインシュタインは，一定速度で動いている運動系の離れた2点に置かれた時計の示す時間について，次のように考察している．

棒の両端(先端がB，後端がA)に，それぞれ1個の時計を取り付けたとしよう．これらの時計はいずれも(静止系の或るひとつの瞬間において)静止系に置かれた時計と合わせてあるとする．もっと厳密にいえば，A及びBに取り付けた時計の示す時間は(静止系から見ると)，常にそれらの目の前にある静止系に置かれた時計の示す"静止系の時間"に対応するように調整されているものとする．それゆえこれら二つの時計は静止系から見たとき互いに合っている．

ここでさらに，A，Bそれぞれの時計のそばに，これらの時計と一緒に走っている観測者が1人ずついるとする．いま，この2人の観測者が，§1に確立した，時計の合っているか否かを調べるための判定法を，これら2個の時計に適用したとしよう．まず，時刻t_Aに，Aから光線が発射され，時刻t_Bに，点Bで反射され，時刻t'_Aに，この光線はAに立ち戻ったとする．光速度不変の原理を用いれば，次の関係が成立する(これは静止系から見た場合の関係式である)：

$$t_B - t_A = \frac{r_{AB}}{c - v} \tag{1}$$

および

$$t'_A - t_B = \frac{r_{AB}}{c + v} \tag{2}$$

ここでr_{AB}は，走っている棒を静止系から眺めた場合の長さを意味する．上の関係式をみると，棒と一緒に走っている観測者から見るとき，A，B二つの時計は合っていない．一方，静止系に静座している観測者から見れば，両方の時計が同時刻を示していることは，既に述べたとおりである．

そこで，同時刻という概念に，絶対的な意味を与えてはならないことがわかる．すなわち，ある座標系から見たとき，二つの事件が同時刻であるとしても，この座標系に対して動いている他の座標系か見れば，それらの事件を互いに同時刻に起きたものと見なすわけにはいかにということがわかる．

著者コメント：アインシュタインの相対性理論誘導過程の検討において，著者が最も理解に苦しんだのはここの説明にあった．内山龍雄訳・解説（アインシュタインの相対性理論）においても，「静止系の時間」及び「時刻t_A」などの解釈に，訳者内山龍雄による補足説明を必要としている．

著者が問題とするのは，まず，運動している時計に並走している観測者が持つ時計（すなわち，並走者の持つ腕時計）は，いかような時間を指しているかが示されていない点にある．ここに，観測の土台となる時間の定義が抜け落ちている．第Ⅳ部で説明する新相対性理論においては，この時点で，ガリレイ変換が適用され，時間及び長さの相対性原理が満たされることが確認される．

次に，「時計と一緒に走っている２人の観測者が，時計の合っているか否かを調べるための判定法を，これら２個の時計に適用したとしよう」と説明しており，棒と一緒に運動している２人の内の一人 A が，他の観測者 B の側の時計に向けて光を発射し，観測者 B 側で反射されて戻って来るまでの時間計測を行ったことになっている．そして，式(1)及び式(2)は，そのような運動系で行われる光計測を静止系から眺めた場合の関係式を表すと設定されている．

アインシュタインのこの説明は，完全に誤りである．詳細は第Ⅳ部にて説明されるので，ここでは簡潔に説明するに留める．まず，アインシュタインが根本的に誤っていると言えるのは，光は光源かあるいは，受け手かのいずれかが相対的に運動しているとき，ドップラー効果が発生することについて考慮していない点にある．

こうした点に注意すると，式(1)及び式(2)の関係は，静止系から放たれた光が運動系の離れた２点間を往復した際の計測時の関係を表す．このとき，静止系の観測者の計測する到達時間は，非同時である．一方，そのような光の伝播を運動系で観測する観測者には，光のドップラー効果によって，光の到達時間は往復において同時と計測される．すなわち，「棒に並走する２人が光をやり取りしたのを静止系から見た場合に当たる」というアインシュタインの説明は，まったくの彼の想像であり，実際にはそうはならないということである．

後に，新相対性理論の構築の際に明らかにされることであるが，アインシュタインのこうした時計の時刻合わせは，相対性理論とは無関係のことであり，むしろいかなる場所にあってもまた，いかなる慣性運動状態にあっても計測に必要な時計はいずれの系においてもすべて正確な時刻を示していなければならないことは，思考実験においては，議論の大前提条件として設定されていなければならない．

静止系から，これに対して一様な並進運動をしている座標系への座標および時間の変換理論

ここでは，アインシュタインがローレン変換をいかように導いたかを，順を追って見ていくことにする．アインシュタインは次のように説明している（但し，説明を適宜部分的に抽出している）．

ひとつの事件を静止系から眺めたとき，それの起きた場所と時刻を完全に規定する1組の数値をx, y, z, tとする．ひとつの組x, y, z, tには，同じ事件を運動系から眺めた場合の（それの場所と時刻を示す）数値の組ξ, η, ζ, τが対応する．これら二つの数値の組を結びつける関係式を発見するということが，ここの課題である．

著者コメント：アインシュタインのこの設定は，静止系の時間及び空間が運動系の時間及び空間にどのように対応付けられるかということになっている．すなわち，ガリレイ変換と同様な変換則の発見が目標と設定されており，観測者の腕時計どうしの関係，そして観測者の手に持つものさしどうしの関係を求めることが目標とされている．このことは，この節のタイトルにも現れている．しかしながら，「相対性理論」とはそういうことではない．アインシュタインはここでも，致命的な誤りを犯している．このことに関しての詳細は後に新たな相対性理論で説明される．

いま$x-vt$をx'と書くことにすれば，κ系に静止している任意の点は，x', y, zという3個の数値の組によってその位置が規定される．κ系に静止している物については，これらは時間の経過に関係なく一定である．ところで，まずτをx', y, zおよびtの関数として表してみよう．そのためには，§1に与えられた時計の合わせ方の規則に従って，同一の時刻を示すように調整された，κ系（に固定されているすべて）の時計の示す時間そのものがτであるということを，数式を用いて書き表せばよい．

いまκ系の原点から，κ系の時刻τ_0に，κ系のX軸（むしろΞ軸という方が適切であろう）にそって，その軸上に固定された1点に向かい光が発射されたとする．光がこの固定点に到達，同時に反射された時刻をτ_1，さらに反射光が，再びκ系の原点に立ち戻った時刻をτ_2とする．なおκ系の原点と，そのΞ軸上にある，上に述べた固定点との間の距離をK系から見た数値をx'〔=定数l'〕とする．κ系に固定された時計の示す時刻τはすべて，κ系から見たとき同時刻となるように調整されているから

$$\frac{1}{2}(\tau_0+\tau_2)=\tau_1 \tag{3}$$

が成立するはずである．静止系Kで，光速度不変の原理を用い，また独立変数x', y, z, tを用いてτを，$\tau(x', y, z, t)$の形に書くと，上の関係は次のようになる：

$$\frac{1}{2}\left\{\tau(0,0,0,t)+\tau\left(0,0,0,t+\frac{l'}{c-v}+\frac{l'}{c+v}\right)\right\}$$
$$=\tau\left(l',0,0,t+\frac{l'}{c-v}\right) \tag{4}$$

いまl'を無限少量とすれば，この関係式は

$$\frac{1}{2}\left(\frac{1}{c-v}+\frac{1}{c+v}\right)\frac{\partial\tau}{\partial t}=\frac{\partial\tau}{\partial x'}+\frac{1}{c-v}\frac{\partial\tau}{\partial t} \tag{5}$$

（著者注：ここでは，関数τについて，偏微分の関係式

$$\tau(0,0,0,t+dT)=\tau(0,0,0,t)+\partial\tau/\partial t dT$$

が用いられている）

という微分方程式となる．あるいは

$$\frac{\partial \tau}{\partial x'} + \frac{v}{c^2 - v^2}\frac{\partial \tau}{\partial t} = 0 \tag{6}$$

と書きかえられる．

ここで次のことを注意しておこう．すなわち，k系の座標原点のかわりに，他の任意の点を光源としても，それゆえまたx', y, zの値を，任意の値におきかえても，上とまったく同じτの方程式が成立するということである．

今まで述べた議論と同じことをHおよびZ軸の方向に適用すれば，τに関して次の方程式が導かれる：

$$\frac{\partial \tau}{\partial y} = 0, \qquad \frac{\partial \tau}{\partial z} = 0 \tag{7}$$

この式を導くにあたり，注意すべき点は，K系から眺めたとき，HあるいはZ軸方向への光の伝播速度が$\sqrt{c^2 - v^2}$であるということである（H，Zはそれぞれη，ζの大文字である）

以上3個の方程式，およびτが，独立変数x', y, z, tの1次式であるということから，

$$\tau = a\left(t - \frac{v}{c^2 - v^2}x'\right) \tag{8}$$

が導かれる．ここでaは，いまのところ，vの1個の未知関数$a(v)$を表すとする．また簡単のために，k系の原点に対して，$t = 0$のとき，$\tau = 0$となるものと仮定した．

… $\tau = 0$の瞬間に，ξの増加する方向に向けて光が，k系の原点から発射されたとしよう．この光に対しては

$$\xi = c\tau \tag{9}$$

が成立する．これに，上に求めたτの形を代入すると

$$\xi = ac\left(t - \frac{v}{c^2 - v^2}x'\right) \tag{10}$$

となる．一方，K系から見れば，k系の原点に対する光の先端の相対速度は$c - v$

である．そこで，

$$\frac{x'}{c-v}=t \tag{11}$$

この関係を用いて，ξの中のtをすべてx'を使って書きかえると

$$\xi=a\frac{c^2}{c^2-v^2}x' \tag{12}$$

上に述べたと同じような考えを，HおよびZ軸の方向に進む光に適用することにより

$$\eta=c\tau=ac\left(t-\frac{v}{c^2-v^2}x'\right) \tag{13}$$

ここで光の先端に対するK系から見た関係式

$$\frac{y}{\sqrt{c^2-v^2}}=t,\quad x'=0 \tag{14}$$

を使ってtを消去すると

$$\eta=a\frac{c}{\sqrt{c^2-v^2}}y \tag{15}$$

まったく同様に次の関係も導かれる：

$$\zeta=a\frac{c}{\sqrt{c^2-v^2}}z \tag{16}$$

τおよびξに対する式の中のx'を$x-vt$と書けば

$$\tau=\varphi(v)\beta\left(t-\frac{v}{c^2}x\right) \tag{17}$$

$$\xi=\varphi(v)\beta(x-vt) \tag{18}$$

$$\eta=\varphi(v)y \tag{19}$$

$$\zeta=\varphi(v)z \tag{20}$$

ここで

$$\beta = \frac{1}{\sqrt{1 - v^2/c^2}} \tag{21}$$

$$\varphi(v) = \frac{a(v)}{\sqrt{1 - v^2/c^2}} \tag{22}$$

である.

… いま時刻$(t = \tau = 0)$に, 一致している両座標系の共通の原点から光の球面波が発射されたとする. K系から見れば, この波は速さcで, 次第にひろがっていく. この球面波が, 時刻tに点(x, y, z)に到着したとすれば

$$x^2 + y^2 + z^2 = c^2 t^2 \tag{23}$$

が成りたつ.

この関係式に, 既に求めた(ξ, η, ζ, τ)と(x, y, z, t)の間の変換公式を用いると, 簡単な計算の後に

$$\xi^2 + \eta^2 + \zeta^2 = c^2 \tau^2 \tag{24}$$

という関係式が導かれる.

この式を見ると, ここで考えた光の波は, k系から眺めても, 速さcでひろがる球面波であることがわかる. これは, われわれの二つの基本原理が互いに矛盾なく両立し得ることを示すものである.

… 第3の座標系K'を考えよう. これはk系に対して, 三軸に平行な並進運動をしているとする. K'系の原点はk系に対して$-v$の速さで三軸の上を運動しているとする. さらに$t = 0$の瞬間には, 三つの座標系の原点は, すべて一致し, その時, 原点では, つまり$t = x = y = z = 0$に対して, K'系の時刻t'も$t' = 0$になるとする. そこでK系からk系へ, さらにk系からK'系へと2回の変換を重ねることにより, 以下の関係が導かれる.

$$t' = \varphi(-v)\beta(-v)\left(\tau + \frac{v}{c^2}\xi\right) = \varphi(v)\varphi(-v)t \tag{25}$$

$$x' = \varphi(-v)\beta(-v)(\xi + v\tau) = \varphi(v)\varphi(-v)x \tag{26}$$

$$y' = \varphi(-v)\eta = \varphi(v)\varphi(-v)y \tag{27}$$

$$z' = \varphi(-v)\zeta = \varphi(v)\varphi(-v)z \tag{28}$$

…　K系とK'系は互いに相手に対して静止していることがわかる．それゆえ，KからK'への変換は恒等変換でなければならない．したがって

$$\varphi(v)\varphi(-v) = 1 \tag{29}$$

…また，

$$\frac{1}{\varphi(v)} = \frac{1}{\varphi(-v)} \tag{30}$$

あるいは

$$\varphi(v) = \varphi(-v) \tag{31}$$

である．この関係と，さきに求めた式から

$$\varphi(v) = 1 \tag{32}$$

でなければならないという結論に達する．そこで変換公式は

$$\tau = \beta\left(t - \frac{v}{c^2}x\right) \tag{33}$$

$$\xi = \beta(x - vt) \tag{34}$$

$$\eta = y \tag{35}$$

$$\zeta = z \tag{36}$$

ここで

$$\beta = \frac{1}{\sqrt{1 - v^2/c^2}} \tag{37}$$

である．

著者コメント：ここでアインシュタインが与えた関係式は，本節の最初にアインシュタインが挙げた目標のところで説明されているように，「静止系の時間及び座標の組(x, y, z, t)と運動系の時間及び座標の組(ξ, η, ζ, τ)との対応関係となっている．しかしながら，本節でアインシュタインが構築した関係式は，そのようなものではなく，例えば式(23)及び(24)の関係〔あるいは，式(8)及び(10)の関係〕に見るように，静止系で観測される光の伝播が，運動系でいかような光の伝播となって観測されるものとなるか，すなわち実際には相対論的な電磁気理論となっている（このことは，後に新たな相対性理論で具体的に説明される）．そのようなことから，最終的に得られるローレンツ変換式は，結果として，マクスウェル方程式を共変な形に変換するものとなっている．

アインシュタインは当初，運動系が静止系で静止している時に確認し合った運動系の観測者の持つ腕時計の時間とものさしの長さ（静止時の時間及び長さ）が，静止系に対して一定速度で運動している場合には，静止系のそれらと比較していかように短縮したものとなるのかを示すことにあった．しかしながら，運動しているものさしの両端の時計の時間を調整する時点から，話が，2 点間を往復する光の伝播の問題にすり替えられている．しかもそれは，実際には，静止系から光を発射し，それを運動系で受けるという関係になっている．そして，最終的には，次節に示すように再び運動している時計及びものさしの長さの話に戻り，それらが静止時に見せた長さ及び時間と比較して，それらがいかように短縮しているかを説明する内容となっている．

この節で説明されているアインシュタインのローレンツ変換の演繹過程を，第Ⅳ部にて説明される新ローレンツ変換の演繹過程と比較してみると，アインシュタインが，フィッツジェラルドやローレンツらが当時すでに導いていた時間や長さの短縮説をいかに導くかに苦心していたかがよく理解できる．結局，アインシュタインは，フィッツジェラルドやローレンツ，そしてポアンカレらがすでに導いていた時間や長さの短縮説のドグマに縛られ，一般相対性理論においてすらも，歪んだ時空を想像することとなったと言える．

動いている剛体，ならびに時計に関する変換公式の物理的意味

半径Rの剛体の球を考えよう．この球は，運動系kに対して静止しており，球の中心はk系の座標原点に固定されているとする．これは静止系Kに対して速さvで走っている．その表面を表す方程式は（k系から見れば）

$$\xi^2 + \eta^2 + \zeta^2 = R^2 \tag{38}$$

K系の時刻$t = 0$の瞬間に，この方程式をK系からみれば

$$\left\{\frac{x}{\sqrt{1 - v^2/c^2}}\right\}^2 + y^2 + z^2 = R^2 \tag{39}$$

この式を見れば分かるように，静止状態では球の形をしている剛体でも，走っている状態では――つまりK系から眺めれば――3軸の長さが

$$R\sqrt{1 - v^2/c^2}, \quad R, \quad R \tag{40}$$

という回転楕円体の形になる．

すなわち，球（だけでなく，どんな形の剛体でも）のY，およびZ方向の大きさには，剛体が走っていることに基づく変化はない．これに対してX方向の大きさは$1 : \sqrt{1 - v^2/c^2}$の割合で，収縮したように見える．vが大きいほど，この収縮する割合は，いっそう，強烈となる．特に$v = c$のときは，すべての走っている物体は――静止系Kから眺めるとき――扁平な形に圧縮されてしまう．vが超光速となる場合は，われわれの考察は無意味なものとなる．なお，われわれの理論においては，光速cが，物理学的にみて，無限大の速さと同じ役目になることが，これ以後の議論を見れば，理解されよう．

“静止系”Kに静止している物体を，一様な速さで走っている他の座標系から眺めたとき，上に述べたことと同じ結果が観測されることは，明白であろう．

次に，静止系に固定されたときは，時間tを示し，運動系に固定されているときは，時間τを与えるという時計を考えよう．このような特性を持つ1個の時計がk系の座標原点に固定され，時間τを示すように調整されているとしよう．いま，静止系からこの時計を眺めたとき，それはどのようなテンポで時を刻むように見えるであろうか？

静止系から眺めた場合，静止系の時刻がtのとき，k系の原点に固定されている時計の示す時刻をτ，またそれのいる場素をxとすれば，変換公式により

$$\tau = \frac{\left(t - \frac{v}{c^2}x\right)}{\sqrt{1 - v^2/c^2}} \tag{41}$$

またxとtの関係には

$$x = vt \tag{42}$$

という関係がある．これを上の公式に代入すれば

$$\tau = t\sqrt{1 - v^2/c^2} = t - \left\{1 - \sqrt{1 - v^2/c^2}\right\}t \tag{43}$$

となる．それゆえ，静止系で考えると，静止系の時間の1秒ごとに，走っている時計は$\left\{1 - \sqrt{1 - v^2/c^2}\right\}$秒ずつ——あるいは$v/c$の4乗以上を無視すれば，$(v/c)^2/2$秒ずつ——遅れることになる．

上で述べたことから，ここに次のような奇妙な結果が導かれる．いまK系の2点 A，Bに静止している2個の時計があるとする．これらは，K系から見たとき，互いに相手と同じ時刻を示すように調整されているとする．いまわれわれが A にある時計を速さvで，A，Bを結ぶ直線にそって，Bに向かって移動させたとする．この時計がBに到着した以後は，これら二つの時計はもはや，等しい時間を示さない．A から B に到着した時計は，もともとから B にあった時計よりも$t(v/c)^2/2$秒（v/cの4乗以上を無視した場合）だけ遅れている．ここでtは，時計が A から B まで移動するのにかかった時間である．

なお次のことも容易にわかることであろう．すなわち，1個の時計が A から B まで，任意の折線にそって運搬された場合にも，上述の結論と同じことが成立する．さらに A と B とが一致し，移動のコースが閉多角形となる場合でも同じ結論が成りたつ．

ここで，任意の折線にそった移動に対して導かれた上述の結論が，任意の連続曲線にそって移動させた場合にも，同様に成立すると仮定するならば，次の定理が導かれる．いま点 A に，同じ時刻を示す2個の時計があるとする．その内の1個の時計を，一定の速さvで，A を通る任意の閉曲線にそってt秒かけて一周させ，再び A に戻ったとする．この時計が A に帰着したとき，それの示す時刻は，A に留まっていたもうひとつの時計に比べて$t \cdot (v/c)^2/2$秒だけ遅れている．この定理から次のことが推論されよう．地球の赤道上に固定され，自転する地球に伴って，動いている平衡輪式時計

は，地球の南北いずれかの極点に置かれたまったく同じ構造や性能をもつ時計（置かれた場所の違いを別にすれば，これら二つの時計はまったく同じ条件のもとにあるとする）に比べて，非常にわずかではあるが，遅いテンポで時を刻むということである．

著者コメント：ここで，アインシュタインは，「*K*系から見れば」「*k*系から見れば」あるいは「眺めれば」，「静止系で考えると」等々の表現を用いている．このような表現は，読者に誤った解釈を与える．アインシュタインの動いているものの長さの測定方法とは異なり，これらはすべて，実際には光など電磁波を用いた観測について説明している．したがって，例えば，式(38)及び(39)の説明に対しては，*k*系において式(38)で表される光の伝播は，*K*系においては，式(39)で表されるような光の伝播となって計測される，という形に説明されなければならない（後に説明されるように，光源がいずれ側に存在するかを明示する必要性からは，見え方はその逆で，*K*系の光の伝播を*k*系から見ると，となる）．しかし，これらはすべて光の伝播に関することであるので伝播方向を持ち，何れの系が光の放出源で，何れの系がその受け手となっているのか，また反射される系がいずれであるかなどの明確な位置づけが必要である．

著者コメントの結論：一定速度で運動している運動系の時間や長さは，相対性原理に照らして，静止系のそれらとまったく同じとなっていなければならない．このことを具現化するのが，ガリレイ変換である．ガリレイ変換で結ばれる共通の時間及び長さを用いて両系内でそれぞれに観測される力学現象及び光など電磁気現象も，互いにまったく同じとなっていなければならない．このようなことは相対性原理の要請するところとなる．

ガリレイ変換で結ばれる共通の時間及び座標を用いて，互いに相手から届く光など電磁波を計測すると，それには光のドップラー効果が現れて観測される．このような相対論的電磁気現象を説明するのが，相対性理論となる．一般相対性理論においては，重力の作用する場における光など電磁波の伝播が議論される．

アインシュタインの相対性理論においては，光の伝播に現れるドップラー効果による伝播時間や伝播距離の変化が，誤って，相対論的な時間や長さとなって定義されてしまっている．このことは，アインシュタインがガリレイ変換を修正する形にローレンツ変換を得たことに根源を持つ．

さらに，光の伝播速度cについて，アインシュタインは物質の運動速度の上限として位置付けている．しかしながら，相対性理論は，光など電磁波を利用した運動系の力学計測に拘わるものとなっていることから，光の伝播速度cは計測に光など電磁波を用いたことによる観測可能な速度の上限を表すのであって，なんら物質の速度の上限を与えることにはならない．

以上の議論をまとめると，アインシュタインの相対性理論（ローレンツ変換）の構築は，紆余曲折しながらも，結果的には静止系で放たれた光が運動系でいかような伝播形態となるのを表す数式内容となっている．しかしながら，アインシュタインの理解と解釈は，その数式の主張する内容とはなっていない．

アインシュタインが相対性理論構築に取り掛かった時代においては，マイケルソンとモーリーの実験結果を受けて，ローレンツやフィジェラルドがエーテルによる運動物体の長さの短縮と時間短縮の議論を行い，ポアンカレがそれらの議論を支持していた．このような状況において，アインシュタインは，これまでの議論に，「相対性原理」と「光速度不変の原理」を被せて，そのような議論が不必要なものであると封じた．

アインシュタインの二つの原理からは，ローレンツやフィジェラルド，そしてポアンカレらが提示していた運動物体の長さの短縮と時間の遅れを説明するローレンツ変換が導かれることとなった．

その結果，アインシュタインの特殊相対性理論は，アインシュタインの創造物ではなく，その前身であるローレンツやフィジェラルド，そしてポアンカレらの相対性理論の枠内におおよそ収まることとなってしまった．そのような相対性理論からは，時間と長さのパラドックスが派生し，その問題点（誤り）の片鱗を現し続けていたと結論される．

さらに，アインシュタインの特殊相対性理論における誤った理解は，一般相対性理論の構築にまでも及び，結局，アインシュタインによって構築された一般相対性理論も実際の時間や時間が歪み，歪んだ４次元の時空を形成させるものとなって構築されている．

コラム7　アインシュタインが判らなかった問題とは

『アインシュタイン講演録』（石原純著，東京図書株式会社）に紹介されているアインシュタインが日本滞在中におこなった京都大学における演説に，以下のようなことが説明されている．

「…マックスウェル・ローレンツの電気力学の方程式が確かなものであり，正しい事実を示すことを信じました．しかもこの式が運動座標系に於いても成り立つということは，いわゆる光速度不変の関係を私たちに教えるものです．けれどもこの光速度不変はすでに私たちが力学で知っている速度合成の法則と相容れません．

なぜこの二つのことがらはお互いに矛盾するのであろうか，私はここに非常な困難に突き当たるのを感じました．私はローレンツの考えをどうにか変更しなければならないことを期待しながら，ほとんど一年ばかりを無効な考察に費やさねばなりませんでした．そして私には容易にこの謎が解けないものであることを思わずにはいられませんでした」

「ところがベルン（スイス）に居た一人の私の友人が偶然に私を助けてくれました．或る美わしい日でした．私は彼を尋ねてこう語りかけたのです．『私は近ごろどうしても自分に判らない問題を一つ持っている．きょうはお前のところにその戦争をもち込んで来たのだ』と，私はそしていろいろな議論を彼との間に試みました．私はそれによって翻然として悟ことが出来るようになりました．次の日に私はすぐもう一度彼のもとにいって，そしていきなり言いました．『ありがとう，私はもう自分の問題をすっかり解いてしまったよ』私の解というのは，それは実に時間の概念に対するものであったのでした．つまり時間は絶対に定義されるものではなく，時間と信号速度との間に離すことの出来ない関係があるということです．以前の異常な困難はこれで初めてすっかりと解くことが出来たのでした」

アインシュタインの相対性理論の根幹をなす「時間と長さの相対論」は，こうして出来上がっている．

3. アインシュタインの相対性理論から派生されるパラドックス

物理学界によってこれまで行われてきたおよそ全ての実験結果や観測結果は，アインシュタインの相対性理論の正しさを主張している．したがって，現代物理学界の一般的な認識は，アインシュタインの相対性理論はいまや疑う余地もないということになっている．しかしながら，アインシュタインの相対性理論は，様々なパラドックスを生むという主張も，その理論が提示されて以来，存在し続けているのも事実である．これに対して，　アインシュタインの相対性理論の正しさを支持する物理学者らは，こうした指摘を単に「言い掛かりである」と考えているようである．

アインシュタインの相対性理論にまつわるこうした議論は，その誕生以来100年以上にも亘って続けられているのだが，両派の議論は平行線のままにある．以下においては，どのようなパラドックスがあげられて，その主張はいかようなものであるか，そしてそれに対してアインシュタインの相対性理論の正しさを支持する物理学者らの見解はいかようなものであるかについて説明する．

双子のパラドック

これは，式(1.1)あるいは式(1.12)から生み出される時間に関するパラドックスのことである．アインシュタインの相対性理論は，「相対性原理」と「光速度不変の原理」の下に構築されている．したがって，相対性理論の適用に当たっては当然ながら，これら２つの原理に問題が適っていることが厳しく求められる．相対性原理とは，「二人の観測者がいるとき，彼らの何れか側から見ても，全ての物理現象の観測結果は常に対等（対称）になっていなければならない」ことを規定する．

したがって，相対性原理によれば，観測者Ａ及びＢの存在を仮定するとき，Ａから見るとＢが一定速度で移動して観測され，逆にＢからＡを見ると今度はＡが一定速度で移動して観測されなければならない．したがって，相対性原理によれば，A から見て B の時間経過が遅くなって観測されるとき，逆にBからAを見ると今度はAの時間経過が遅くなって見えなければならない．こうして，相対性原理は，いずれ側から見ても，物理現象はまったく同じになって観測されなければならないことを厳しく規定する．

以上のことから，相対性原理は，「いかような物理現象の観測を行ったとしても，二者の内でいずれが絶対的に静止しているもので，いずれが絶対的に運動（移動）しているものであるかを決定することはできない」ということを規定している．

アインシュタインの相対性理論では，静止系及び運動系にあるそれぞれの時計の指し示す時間そのものを互いに比較するとき，運動系の時計の示す時間に遅れが実際に生じていると説明している．したがって，静止系と運動系とで時間に対称性が成立していないのではないか，と指摘されることになる．

時間が遅れているとはどういうことなのか，我々の経験的な判断では，私の腕時計の指し示す時間に対して，相手の腕時計の指し示す時間が遅れていることを意味する．しかし，それでは，相手から見た私の腕時計の時間は進んでいることになり，互いに対称な形にはならない．そこで，実際には時間経過は同じだが，「遅れて見えるだけ」というような説明が与えられている場合もある．「遅れて見えるだけ」とは，またこれがなんとも理解しがたい．また，「実際には時間経過は同じだが，…」と説明するとなると，それは時間に関してガリレイ変換を正しいものとして受け入れることになり，アインシュタインの相対性理論の説明に反することになる．

アインシュタインの相対性理論の式(2.12′)によれば，ローレンツ変換式の$\sqrt{1-v^2/c^2}$の値を例えば0.1 と置いてみると，式(1)を与える．

$$t' = \sqrt{1-v^2/c^2}\,t \qquad \text{再掲(2.12′)}$$

$$t' = 0.1t \qquad (1)$$

ここで，観測者 A（双子の内の弟）を静止している者，観測者 B（双子の内の兄）を一定速度で運動している者と設定すると，式(1)は，兄の時間経過t'は弟の時間経過tよりも遅れ，例えば，弟が 100 歳の時の経過を数えたとしても，兄はたった 10 歳の時の経過でしかないとする判断を与える．すなわち，兄は弟よりも 90 歳も若い．兄と弟の関係が逆転してしまうことになる．

相対性原理よれば，この問題の見方を逆にして，兄から静止している弟を見ると，今度は弟の方が一定速度で運動して見えることになる．したがって，この場合，弟の方が兄よりも 90 歳も若くなっていなければならない．しかしながら，その前の説明ですでに 10 歳となっている兄からみて，すでに 100 歳となっている弟を，自分よりも若いとみなすことはできない．こうして，アインシュタインの説明は，パラドックスを派生させる．

アインシュタインの相対性理論による式(1)において，時間t'やtは実際の時間経過を表し，それぞれ観測者 A の持つ腕時計が指している時間tと観測者 B の持つ腕時計が指している時間t'を表す．そのため，上で述べた双子の兄弟の話のようなパラドックスの議論が発生することになる．見方によって（すなわち，逆からみると），同じ関係になっているということにはなっていないのである．

したがって，我々は，相対性原理の下に，式(1)，あるいはさらにさかのぼって，式(1.1)を書き記すことはできないことになる．なぜなら，式(1)を書き記した瞬間に上で述べたような問題が発生してしまうからである．

以上の議論からは，アインシュタインの相対性理論は，その成立の大前提条件である相対性原理に背いていると結論され，アインシュタインの相対性理論が論駁されることになる．こうした判断が，アインシュタインの相対性理論にパラドックスを主張する者達の言い分である．

一方で，本問題に対する現代物理学界の一般的な見方は，「本問題は最初から運動する者が決定されている問題であり，時間経過に対称性を保つ必要はない」との判断を与えている．これについては，後ほど，再度触れる．こうした状況下，物理学界は，本問題に対して，実験による決着を試みるようになる．

最も分かり易い直接的な時計の比較実験として，1971 年の Hafele と Keating の実験を上げることができる．彼らは，商用ジャンボジェット機を貸し切り，地球を東回りで 1 周，そして西回りで 1 周飛行し，飛行機搭載した原子時計が地上に固定してあった時計よりも時間が遅れることを実証したと報告している．

この実験では，東周りで約 40ns の遅れが現れ，西回りでは 275ns と逆に飛行機搭載の原子時計が進むと予測された．こうした予測値に対して，実測値は，東周りで約 68ns の遅れが観測され，西回りでは 273ns の進みが観測されたと報告されている．これら理論値と実測値との一致度は当時の精度としては非常によいと判断された．その後，実験精度もさらに高まり，同様な検証実験が繰り返されて，理論的な予測値と観測値との一致度は極めて高いことが報告されている．

最近の自動運転技術や自動飛行技術などは，GPS によりその位置情報を取得するものとなっているが，GPS 衛星に搭載する原子時計については，周回軌道上で地上の原子時計の振動数と一致するように，事前に振動数の調整が行われていることが知られている．これも，アインシュタインの相対性理論の妥当性を示す確かな証拠として説明されている．

こうした物理学界による実験結果は，アインシュタインの相対性理論による予測値の妥当性を示す確な事例と言えるのであるが，「一方の時計が他方の時計に対して絶対的に遅れている」とする結果は，そもそも相対性理論の前提条件である相対性原理に背くものとなっている．「理論的予測結果は確かに実験値とよく合っている，だが，それでは相対性理論の成立の前提条件に背く」このことがパラドックス主張派の一貫した論点でもある．

パラドックス主張派に対して，アインシュタインの相対性理論の正しさを主張する物理学界においては，いまだパラドックスを主張する者は実験事実から目をそらす者であり，主張は単なる「言い掛かり」である，と非難されている．

しかしながら，アインシュタインの相対性理論は，その前提条件として相対性原理を掲げている以上は，現象は系間で対称となっていることが要請される．このことはアインシュタインの相対性理論の正しさを主張する物理学界においても無視する訳にはいかない．この問題の対称性に対して，物理学界の一般的な説明は，次のようなものとなっている．

例えば，

1) 戸田盛和（相対性理論 30 講，朝倉書店，1997 年）

第２講において：このパラドックスを解く鍵は，地上君が慣性系にいるのに対し，ロケット君は往きと戻りとで別々の慣性系の間を乗りかえていることにある．一貫した慣性系にいないロケット君を基準にして特殊相対性理論を用いることはできない．したがってロケット君の方が少ししか年をとらないという方が本当なのである．

…

第 11 項において：ロケット君は絶えず加速のために力を感じるが，地上君はそれがないので2人の立場はまったく異なることに注意しておこう．

2) 高原文郎（特殊相対性理論，培風館，2012 年）

…注目すべき点は，B は慣性系に対し一定速度の運動をしていないので，B の固有系は慣性系ではないことである．」「…このＡとＢの非対称性にＢの固有系が慣性系でないことが現れている．双子のパラドックスはパラドックスではなく，慣性系と非慣性系との違いを明示する現象なのである．

上記のような説明は，一方の系に現れる加速・減速，そしてＵターンの存在を主張するものとなっている．この説明は，一見，正しいように思える．しかしながら，こうした説明の決定的な矛盾点は，現象が非対称性となっていることを主張しながらも，実測値と理論値との合致の説明に，現象の対称性を大原則として成立しているアインシュタインの特殊相対性理論を用いているという所にある．このことが，パラドックス主張派のいう「相対性原理に背く」という理由となっている．

落とし穴・ガレージのパラドックス

これは，長さに関するパラドックスである．静止系から観測される一定速度で運動している棒の長さは，その運動方向に，それが静止時の長さよりも実際に縮む．これは，式(1.11)に基づく判断である．

$$l = \sqrt{1 - v^2/c^2}\, l_0 \qquad \text{再掲(1.11)}$$

式(1.11)の解釈にあたって注意しなければならないのは，長さl_0とlの解釈にある．ここに，lは，静止系のものさしを用いて，多数の時計の助けを借りて，一定速度で運動している棒の長さを静止系で測定した時の長さを表す．一方，l_0は，棒と一緒に一定速度で運動しているものさしで互いに静止している関係となって測定した場合の棒の長さを表す．相対性原理によれば，運動系の観測者の測るl_0はそれが静止時の長さと同じとなっていなければならない．しかし，式(1.11)は，静止系で測定した棒の長さが，l_0よりも短くなっていることを主張している．

一定速度で運動している棒が「単に縮んで観測される（実際は静止している時の棒の長さであるが縮んで観測されているだけ）」ということを示している訳ではない．あくまでも，実際の長さは，静止系のものさしで測定した長さlであり，運動している棒と一緒に運動しているものさしは，棒の長さと共に運動によって縮んでいるため，そのものさしで測られる長さは，それが静止時に静止系のものさしで測った時の長さl_0と同じ長さとして測定されている．すなわち，一定速度で運動している棒は，実際にlの長さまで縮んでいると解釈しなければならない．このような解釈に立たなければアインシュタインの相対性理論は成立しないことはすでに前章で説明したとおりである．

しかしながら，式(1.11)によれば，例えば，一直線の線路を一定速度で走ってきた列車は，その運動方向に実際に縮むことになるので，それが静止していた時の長さよりも短い幅の線路の欠損部に落ちてしまうことになる．静止時には，落とし穴の幅がものさしの長さよりも小さいので落ちないものさしが，一定速度で運動している場合，その相対論的な縮みによって，落とし穴に落ちてしまうという説明となっている．

この話は，１台の車がその静止時には，その長さよりも短いガレージ内に納まらないのに対して，それが一定速度で走って来た場合には，ガレージの中に納まってしまうというガレージと車の話として説明される場合もある．

これらの話がパラドックスとなるのは，落ちてゆく列車やものさし側から逆に線路欠損幅や落とし穴の幅を見るとき，今度はその欠損部や落とし穴の方が一定速度で移動して見えることになるため，先の話とは逆に，それらの方の幅が短くなり，列車やものさしは落ちてはならない，という議論になることにある．これらの話において，つじつまを合わせるためには，落ちてゆく列車やものさしからは，欠損部や落とし穴を見てはならないことになってしまう．

この問題に対して，物理学者らの説明は，例えば，次のようになっている．

高原文郎（前出）：物体が静止している慣性系をK'とし，K系では物体はx軸方向に速度vで運動しているものとする．…K系で測った物体の運動方向の長さlはローレンツ因子の分だけ短くなっている．これをローレンツ収縮と呼ぶ．「運動物体の長さは短くなる」と表現されることもあるが，物体が運動しているように見えるK系での物体の「長さ」に物理的意味はなく，あくまで，lは同時に計測される座標の差という量でしかない．このときこの測定はK'系では同時刻ではないが，K'系では物体は静止しているので，同時刻の測定でなくともl_0は意味のある量なのである．このように，物理的に意味のある長さは物体が静止しているような座標系で測った長さであり，この座標系を物体の固有座標系，この長さのことを固有長さという．

ここに例示した高原の説明は，アインシュタインの相対性理論で定義する固有時間や固有長さの観点から論じたものであり，先に著者が説明した内容と逆になっている．すなわち，運動している棒と共にあるものさしで測定した長さl_0が正しい長さであるとされている．これは，式(1.11)の解釈について誤った判断を与えたことから生じたものである．先にも述べたように，固有時間や固有長さが実際の長さであり，観測される長さが見かけ上の長さであると説明してしまうと，時間や長さに対して系間でガリレイ変換が成立することになり，アインシュタインの相対性理論に反することになる．

アインシュタインの相対性理論による長さや時間の相対論からは，一定速度で運動しているものさしや時間は，長さが実際に短くなり，時間は実際に遅れていなければならない．このことは，物理学実験においても，「運動している時計は実際に遅れている」という説明からも理解できることである．したがって，アインシュタインの相対性理論からは，実際に長さのパラドックスが派生するのである．

二人をつなぐ赤い糸の行方

この話は，インターネット上で詳しく紹介されている．例えば，（Wikipedia: Bell's spaceship paradox，2022 年時点）この話を簡単にまとめると，図-1 を参考にして，次のように説明される．

いま，２台のロケット A 及び B が地上で鉛直方向に離れて静止して打ち上げを待っている．これらのロケット間の距離はいまl_0となっている．地上

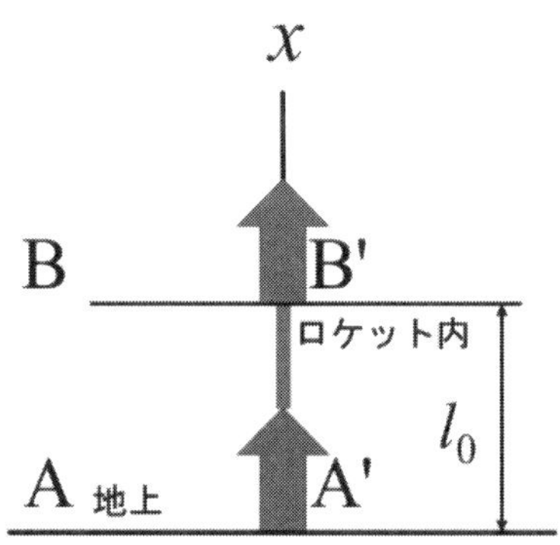

図-1　２台のロケットの同時発射

から鉛直方向にx軸をとり，後方のロケットAの位置を$x = 0$，前方のロケットBの位置を$x = l_0$の地点とする．２台のロケットは，緩みのない赤い糸でしっかりと結ばれている．これら２台が位置する地上の発射台には観測者A及びBがそれぞれ配置されている．地上の発射台に座す観測者A及びBの時計は正確で互いに完全に一致しているものとする．このような状況において，時刻$t = 0$時に２台のロケットは，共に同時に，そしてまったく同じ速度で飛び立ったことがそれぞれ地上の観測者A及びBによって確かめられた．さて，２台のロケットをつなぐ赤い糸は，ロケットが飛び立った後においても結ばれたままにあるか．

当然ながら，我々の日常的な経験によれば，この問題設定において，２台のロケットを結ぶ赤い糸が切れるようなことにはならない．したがって，赤い糸はロケットが飛び立った後においても，未来永劫に，結ばれたままにあると判断される．

しかしながら，量子力学の大家とされる物理学者 Bell のこの問題に対する解答はそうではなかった．Bell の解答は，式(1.11)及び式(1.12')に基づいている．彼の説明では，「発射と同時に切れている」という説明となっている．こうした説明に対して，当時，CERN（欧州原子核研究機構）内の若手の研究者らへのアンケートでは，殆どの者が「切れない」という判断であったが，説明の後には納得してもらえた，というような話が紹介されている．

Bellの説明によれば，式(1.11)及び式(1.12')に示すように，先頭のロケッが，地上の$t = 0$時よりも先に（$(vl_0/c^2)/\sqrt{1 - v^2/c^2}$だけ早めに）発射していた，という判断になっている．地上から見れば，先頭のロケットのフライング発射である．そして，地上で$t = 0$時という時刻にはすでに，先頭のロケットは後方のロケット位置から$l_0/\sqrt{1 - v^2/c^2}$だけ離れた位置に達していることになる．

上のBellの説明には，運動している長さをその長さと共に運動するものさしで測る際の注意点が抜けているが，これについては，深いりしないことにする．

以上の話は，相対性理論に則って厳密に計算されている．したがって，理論的には非の打ちどころもない形にある．しかしながら，それぞれの発射台に座す地上の観測者A及びBの話によれば，両ロケットは共に，確かに$t = 0$時に同時に発射したのである．その証拠に，地上の観測者A及びBは共に，ロケット内のパイロット（船長ら）と発射時まで握手していた手の温もりさえもいまだ感じたままにあると話す．対して，先頭のロケットのパイロットは，握手していた手の温もりはすでに冷め果てていて，いまは旅の途中であると話す．こうした両者の言い分の相異は，まさにパラドックスということになる．

回転できない回転円盤

ここに，２つの平面円盤A及びBがある．それらは，回転軸を共に共有している．いま，円盤Aから円盤Bを見ると，円盤Bが一定速度で回転して見える．このとき，円盤Aは回転していないことになっているので，ものさしを用いて，その円盤の直径と円周を測定し，それらの比を取ると，ユークリット幾何学が教えるところのπという数値が得られる．次に，円盤B上の観測者が同様に，その円盤の円周と直径とを測定すると，その比が先のπよりも大きくなっている．

なぜなら，円周上の接線方向に置いたものさしはアインシュタインの相対性理論によれば，その運動方向に縮むので，そのような長さの縮んだものさしで測られる円周の長さは伸びて計測される．一方，円周の接線方向と直角となる直径方向には運動速度はゼロとなるので，ものさしの長さは不変である．その結果，円周率がπよりも大きくなってしまう．

こうした長さの変化は，相対論的な変化であり，万物がその変化に等しく従うことがアインシュタインの相対性理論の教えるところである【ここにおける説明には，異論が挟まれる余地がある．なぜなら，円周接線方向に置いたものさしが接線方向の速度の存在で縮むというのなら，円周接線方向の微小長さも縮むので，結局，運動系で計測される円周長は，それが静止時と同じ長さに観測されなければならない，と反論されるからである．しかし，この円盤の問題の説明は，アインシュタイン自身が論じていることである〔A. アインシュタイン著（金子務訳）：特殊及び一般相対性理論について，白揚社，216p，2004〕】．

この話で，円盤の円周上の１点に原子時計を設置すると，地上を一定速度で飛行した原子時計や GPS 搭載の原子時計の遅れの話と同じ内容となる．したがって，円周上に設置する原子時計の時間が，回転軸上に置いた原子時計の時間よりも遅れていることになる．しかしながら，ここで，相対性原理を持ち出すと，円周上の原子時計から見れば，回転軸上に置かれた原子時計の方が，一定速度で運動して見えることになる．したがって，回転軸に置かれたものさしも円周上の原子時計の位置から見ると，その運動方向に長さが縮んで観測されなければならない．こうして，相対性原理を成立させるためには，円盤は回転することができなくなってしまう．

この問題を，円周上の円盤は遠心力を受けるという論理（これは，双子のパラドックスで加速・減速，U ターンの存在の論理に当たる）で説明しようとすると，それは特殊相対性理論の問題ではなくなり，一般相対性理論の問題となってしまう．しかしながら，飛行機搭載の原子時計や GPS 衛星の原子時計は，特殊相対性理論による予測値をもってそれらの遅れが予測されている．ここに，やはり矛盾点が現れる．

一般相対性理論が説明する重力の作用によって歪んだ時空

第１章のアインシュタインの相対性理論の説明において，重力の作用（すなわち質量の存在）による時空の歪みが議論された．それによれば，我々が重力を感じるのは，時空の歪みの存在によると説明される．また，２つの質量間で万有引力が作用するのも，それら質量の作用による時空の歪みによるものと説明される．アインシュタインの相対性理論によれば，万物は時空の歪みに無条件に従って運動することになる．

重力が作用する場合であっても，一般の座標系上のある１点の近傍においては（重力場に静止している観測者の近傍において），物体の運動は局所的に慣性運動と見なせる．この場合，時空は重力で歪んだ上に，慣性運動による時間の短縮及び長さの短縮をも受けることになる．歪んだ時空の中で，慣性運動（さらなる時間の短縮及び長さの短縮）が許容されるという設定には矛盾が存在する．

アインシュタインの相対性理論が説明するように，時空の歪みに万物が従い変形するというのであれば，ガラス板などの脆性材料や，超高強度合金などの剛性材料がそれらの剛性に無関係に時空の歪みに従って変形することになる．現代の科学は，古典的にはフックの法則に従って，すなわち応力の存在によって物質の変形が生じると説明するのであるが，相対論的には材料の性質に無関係に材料が変形してしまうという所に大いなる疑問点が浮かび上がる．

アインシュタインの相対性理論によれば，超高精度の原子時計なども，時空の歪みによって，時間経過のテンポが異なることになっている．このとき，原子時計は，時間遅れのみでなく，自身の形状の相対論的変形も同時に受けることになる．例えば，重力の作用しないような空間で時間調整された原子時計が，時空の歪みを受けて変形しながらも，さらにその精度を維持するというのも理解に苦しむところとなる．

日本国における重力波観測用の施設 KAGRA は，その完成以前においては，既存の観測装置の数桁も高い精度（世界最高精度の重力波望遠鏡としての性能）を持つことが期待されて，完成後においては，世界の既存施設の精度を大きく上回ることが想定された．しかしながら，完成後において，その大幅な精度向上を裏付けするような報告は出ていない．このことは，万物が時空の歪みに応じて変形するとしたアインシュタインの一般相対性理論の根源的な問題点をクローズアップさせているのではないかと想像される．したがって，このことに関しては，今後の説明に注視する必要がある．

アインシュタインの一般相対性論に基づく相対論的天文学は，これまでに数多くの素晴らしい成果をあげている．その事例をあげると枚挙にいとまがないくらいである．中でも，彗星の近日点移動，太陽質量による光の彎曲，重力レンズ，重力波観測，重力波天文学，宇宙の膨張問題等々がよく知られている．このような事例は，一般相対性理論が可能ならしめたものであって，そのことからは，アインシュタインの相対性理論の正しさはもはや疑いようもない事実として理解しなければならないということになっている．

しかしながら，そのような事実の存在を認めたとしても，これまで述べてきたようなパラドックの主張は存在し，やはりアインシュタインの相対性理論の妥当性は問われなければならない．

まとめ

これまでに述べたように，アインシュタインの相対性理論に対しては，それを認める派と認めない派とが存在し，それらの主張はまったく平行線のままにある．ただし，アインシュタインの相対性理論を認める派は，圧倒的に多数派を成し，その妥当性を示す実験結果や観測結果は数を増すばかりである．したがって，我々の常識的な判断からは，もはやその可否の議論に意味は無く，問題はすでに決着がついているということになろう．

しかしながら，科学の発展の歴史は発見と革命であることに鑑み，そしてガリレイの牢獄，すなわち天動説から地動説への大転換の教訓に立てば，アインシュタインの相対性理論の大変奇妙な説明からの脱却と発想の変革は求められるところとなろう．

第Ⅳ部において，パラドックスの類が一切派生しない新しい相対性理論が提示される．

コラム8 宇宙線ミューオンが長生きする理由

1） 江沢洋〔文献8)〕は，ミューオンの寿命について，次のように説明している.

湯川秀樹(1907～1981)は，1934 年に中間子の仮説を提出したが，1937 年には，その中間子がひとりでに電子と反ニュートリノにこわれてしまうことに気づき，その平均寿命を計算して，だいたい1億分の1秒(10^{-8}秒)程度という結果を得た．これは陽子や中性子を結びつけて原子核をつくる(核力)の強さをもとにした推定であった．10^{-8}秒というのは大変に短い時間である．かりに光の速さで走ったとしても 3m しか進めない．しかし，動く時計はおくれるはずではないか．中間子に固定した観測者が見た寿命(固有寿命)は短くても，中間子が走るとその時計はなかなか進まないから，したがって寿命がのびたように見えるだろう.

アインシュタインの相対性理論が主張する「動いている時計の時間はゆっくりと進む」ことに対する実験的な検証としては，上で説明される B. Rossi (1941)の宇宙線ミューオンの観測結果が大抵説明されている．他の多くの解説書などの説明も同様である.

しかしながら，相対性原理によれば，いずれが絶対的に動いているのかを決めることはできないと主張されるので，上の説明で，一方的に動いているのはミューオンの方であると決めてしまうと，相対性原理に背くことになる．これに対して，物理学界からは，ミューオンは飛来するのに加速が必要であり，したがって，動いているのはミューオンの方であると主張されそうである．しかし，それは，やはり相対性原理に反する．アインシュタインは，磁石と導体との相対運動を持ち出し，それらの間に観測される物理現象は，相対速度のみに依存すると述べている．すなわち，いずれが絶対的に動いていたかを決定することは不可能である．それでは，ミューオンの寿命の延びはいかなる物理的メカニズムによるか?

第Ⅳ部

新相対性理論

1.　序説

相対性原理を満たし，いかなるパラドックスも派生させず，そしてこれまで物理学界で行われてきた物理学実験のすべてを説明することのできる新たな相対性理論が，ここに紹介される．

アインシュタインの相対性理論は，時間と長さの相対性，同時の相対性，そして時空の相対性で象徴される．物理学界はこれを正しいものとして受け入れてきた．また，これまで行われてきた検証実験の殆どすべては，そのような考え方が正しいものであることを示し続けてきた．しかしながら，アインシュタインの相対性理論は，その発表以来様々なパラドックスを伴うものでもあった．そして，パラドックスの存在を否定する物理学会の説明は，木に竹を接ぐような説明であったことは否めない．

天動説は観測値をよく説明するものであったものの，その説明は難解でまさに木に竹を接ぐようなものであった．天動説が地動説で置き換えられたごとくに，時空の相対論を説くアインシュタインの相対性理論は遂に論駁され，アインシュタインが物理学から葬り去った絶対的な時間と長さの概念が，再びここに，物理学の礎として位置付けられる．

ここに説明される新相対性理論を一読された方は，目から鱗，アインシュタインの相対性理論に対するこれまでのジレンマやもやもや感の一切は一気に掃われて，目前が晴れわたることになろう．ガリレイによる地動説の主張の際にもそうであったように，科学に満ちた現代においてさえも，一旦出来上がった論理が覆ることは容易なことでない．アインシュタインの相対性理論の発表から一世紀以上にもまたがって，その妥当性を疑う者達の声は一切聞き入れられることはなかった．

高精度な原子時計による計測時間に遅れが現れたことが，あるいは重力周りに光の湾曲が理論的予測通りに観測されたことが，また彗星の近日点移動が理論的に説明されたことが，さらに最近ではブラックホールの運動によって発生されるとされる重力波の検出ができたこと，…等々が，物理学界に増々その確からしさを信じ込ませてきた．

仲座の新しい相対性理論では，まず慣性系間で相対性原理を成立させる礎としてガリレイ変換が位置付けられる．これによって，観測者は一つの慣性系から他の慣性系へと飛び移ることができる．このとき，移った先の系内で観測者は以前いた慣性系で見ていたのとまったく同じ光景や物理法則を目にする．周りに見える一切が観測者に対して静止している．ふり返って元の慣性系を見ると，今度はその慣性系が一定速度で移動して観測される．すなわち，運動していたものが座標変換によって静止系となり，そこから見ると今度は逆に静止していたものが運動系となる．こうしてガリレイ変換によって慣性系間で相対性原理が完全に満たされる．

次に，問題となるのが，一つの慣性系から他の慣性系で繰り広げられる物理現象を離れて眺めたとき，それがいかように観測されるものとなるかである．これに答えるのが相対性理論である．ガリレイ変換は，一定速度で運動している座標系を静止系へと換える．したがって，ガリレイ変換はすべての慣性系を静止系へと変換することができて，観測される一切が静止力学で説明されるような場を与える．これによって，すべての慣性系は力学的に同等であることが保証される．これが相対性原理の意味するところとなる．

対して，相対性理論は，観測者に対して運動しているものを運動しているものとして観測する場を与えることになる．これによって，運動しているものの力学法則が規定される．相対性原理はまた，このような場合であっても，観測される物理現象に対称性の成立を要請する．

相対性理論構築にあたって，我々は，一定速度で運動を続ける運動系の物理現象を，静止系からどうやって観測するか，その遠隔的な観測方法をまず決める必要がある．宇宙の観測をも考えるとき，観測法の一案として我々は，光など電磁波による測量を選択できる．これによって，静止系から光を用いて遠隔的に運動系を計測できる．静止系から光を用いて運動系を遠隔的に測定したときの光の伝播時間及び伝播距離と，その光が運動系内で直に観測されるときの伝播時間及び伝播距離との関係を与えるのが，新たなローレンツ変換として定義される．

アインシュタインは，「静止系から運動系を見ると，どう観測されるものとなるか」という相対論的な問に対して，最初ガリレイ変換を持ち出した．しかし，ガリレイ変換は正しいものではないとして退け，ガリレイ変換を修正する形で，それに代わる正しい変換則としてローレンツ変換を位置付けた．その結果，当初「静止系から運動系を見ると，どう観測されるものとなるか」という問は，「静止系の時間と空間，運動系の時間と空間，それらの間の関係はどうなっているのか」という問いへと変質してしまった．こうして，アインシュタインが与えた相対性理論は，「運動しているものの時間は遅れ，その長さは運動方向に縮む」という時間と長さの相対論を与えることとなった．その結果，静止系と運動系との同等性（対称性）は消失してしまった．

こうして，アインシュタインの相対性理理論は，静止系と運動系とが同等であるという共通の観測基盤を失ってしまった．皮肉にも，相対性理論としてアインシュタインのローレンツ変換を書いた瞬間に，それは相対性理論でないことになった．

新相対性理論においては先ず，アインシュタインよって退けられたガリレイ変換を，静止系と運動系とで共通の観測基盤を位置付けるものとして，すなわち両系で相対性原理を成立させるための基盤として位置付ける．次に，それら共通の観測基盤の上に「運動しているものは静止系からいかように観測されるものとなるか」という相対性理論を構築する．このことが，アインシュタインの相対性理論の構築過程と本質的に異なる点となる．アインシュタインのローレンツ変換式が与えるのは，静止系から座標変換を経て運動系に飛び移るとその運動系はどのように観測されるものとなるか，というものとなっている．

新相対性理論（特殊相対性理論）は，座標系間で相対性原理を具現化するガリレイ変換と，動いているものの光測量を規定する新ローレンツ変換の２つの変換をもって構成される．新たな相対性理論においては，こうしてガリレイ変換と新ローレンツ変換とが調和する形で両立する．

新たに構築される一般相対性理論は，例えば重力の作用下での光など電磁波の伝播を規定する．重力の作用下では，質量を持つ物体のみでなく光など電磁波もその影響を等しく受け，運動軌跡や伝播軌跡は一般に曲ったものとなる．その結果，観測される時間や空間に遅れや歪みが現れる．重力の作用下でそのように観測される時間及び空間の歪みが，アインシュタインの一般相対性理論では，実際の時空の歪みに置き換わり，一切の物理現象はその時空の歪みに無条件に従うと定義される．そのため，光の伝播に及ぼす重力の直接的作用など，その物理的メカニズムの存在を問うという着想はこれまで現れてはならなかった．

新相対性理論では，時間及び空間は，ガリレイ変換が示すようにすべての慣性系に対して，また重力作用下においても，等しく共通であり，我々が物理学的に定義する時間単位や長さの単位があまねく絶対的なものとして適用される．こうした共通の時間や長さの単位をもって，高精度な計測に及ぼす重力の影響が測られる．重力の影響は，計測時間の変化や計測距離の変化に現れる．すなわち，実際の時間や空間は不変的な存在であって，それに基づいて高精度な計測に及ぼす重力の影響が計測される．そのような結果を理論的に予測するのが，新しい一般相対性理論となる．これに対して，アインシュタインの相対性理論は実際の時間や空間の相対論となっている．

例えば重力場で高精度な原子時計が示す時間の遅れは，実際の時空の歪の存在を実証するものではなく，その原子時計が重力の影響を受けていることの証である．したがって，我々は，重力場で原子時計などを用いて時間経過を計測するときには，原子時計は重力の作用を受けて遅れるものであることを知っておく必要がある．それが示す計測時を鵜呑みにすることなく，それらの実測時間を適宜修正して正しい時間経過を得なければ，共通の時間経過を示すことにはならない．

さらに，光伝播に関して，アインシュタインの相対性理論の問題点が以下のように指摘される．

アインシュタインの特殊相対性理論においては，光速度不変の原理が導入されて，その下で相対性理論が構築されている．一方で，一般相対性理論においては，重力場において光の速度は変化するものとなっている．これでは，矛盾が生じることになる．この矛盾は，重力場における時空の歪みによって解消されることになっている．すなわち，光そのものは速度を一定に堅持するが，時空の歪みの存在のために，光の伝播はその歪みに無条件に従い，その結果として光の速度が変化して観測されるということになっている．こうしてアインシュタインの相対性理論では，光というものを特別視している．それがゆえに，一般相対性理論では，時間や空間は曲がった存在と化し，万物はその歪みに無条件に従うものと化している．

新たな相対性理論では，光を物理現象の一つに位置付け，これまで光速度不変の原理に支配される存在であったがゆえに問うことの許されなかった「なぜか」というような問いかけを認め，光伝播に関する物理現象解明への扉を開く．

例えば，光の速度は，アンシュタインの相対性理論では物体の相対速度の上限となっていると考えられている．しかし，新相対性理論においてはそうはならない．光など電磁波を用いた計測においては，光速度は観測可能な速度の上限を示すにすぎない．その結果，超高速であるがゆえに，光など電磁波を用いた我々の観測には現れない物理現象の存在が想定されて，我々がこれまで光など電磁波観測からは見たことのないような世界が宇宙に広がっている可能性は大いに有り得る．新相対性理論は，そのような存在を示唆するものとなっている．したがって，新相対性理論は，新たな宇宙観をもたらすことが期待される．

この第Ⅳ部においては，次章以降において，新たな相対性理論の全容が順次説明される．第 10 章では，一般相対性理論の説明が行われるが，一般相対性理論をテンソル解析の基礎から説明していくとなると枚挙にいとまがない，また本書の目的を超えるものとなる．したがって，数学的には必要最小限度の説明で，一般相対性理論の全容が理解できるように工夫を凝らした．続く，第Ｖ部において，相対性理論の演習が行われる．そこで，特に，一般相対性理論の持つ意味が具体的に理解できるようになっている．したがって，一般相対性理論のところで，その理解に困難さを感じた場合，その部分は軽く読み飛ばした上で，第Ｖ部の演習問題を通じて理解を深めることを薦めたい．そこでは，テンソル解析を一切使わずに，一般相対性理論が理解できるようになっている．

コラム9 氷と電気

私が小学校3年生の頃，理科の時間に先生が，アイスケーキができる原理を教えてくれた．当時，村には電気が来たばかりで，冷蔵庫など見たこともない時代であった．先生はバケツに入れた物体（後に，それが氷と呼ばれることを知る）に塩をふって，1本の試験管に水を満たし，割りばしを入れ，物体の入ったバケツに試験管を浸した．少し時間が経って見ると，試験管の中の水がアイスケーキ状態になっていた．驚きと感動の瞬間であった．

授業が終わり，次の時間は体育の授業となり，教室から一斉に皆が運動場に出た．私は，そのバケツの中の冷たい物体が気になり，教室に一人残り，その物体をバケツから取り出し，自分のカバンの中に大事にしまった．帰って家族に見せるためである．

40ワットほどのうす暗い灯りの下の二番座で，ちゃぶ台を囲んだ家族そろっての夕食がすみ，しばらくして，はっと，カバンの中にしまってあったその物体を家族に見せなくてはと思いだした．いそいでカバンの中を探したが，その物体は無くなっていた．それどころか，カバンの中が水でびしょ濡れである．そのカバンを見せながら，私は，「誰かが，カバンにしまってあった物を盗んで，カバンを水びたしにしてある」と話した．父は，「誰が，そんなひどいことをしたんだ」とすごく怒り，家族間の大騒動となった．

それからしばらく，誰がそのようなひどいことをしたのかを考え続けた．だが，中学生になって，その意味がやっと分かるようになった．その頃は，すでに冷蔵庫が見られるようになって，氷というものが水から作られ，そしてそれが溶けると水となることを知った．そして，電気が冷蔵庫なるものを動かすことも知った．

当時，電気と電話とが同じ頃に引かれたが，先生が次のような話をしてくれた．「ある親が，子に荷物を送るために，電信柱に登り，荷物を電話線につるしてあった」と．電話線が，声と同様に，荷物も運ぶと考えたということであった．そのことに，クラス中の我々は大声で笑った．それからというもの，私は，電気や電話とは何かを考えるようになった．

2. 相対性原理とガリレイ変換

相対性原理

相対性理論（特殊相対性理論）においては，自らを静止している者と認識している観測者と，その観測者に対して一定速度で運動している者との間において，いずれが絶対的に静止している者かを決定する手段がないことを，相対性原理として位置付ける．

重力など加速度が存在せず，相対速度が一定で，いずれが絶対的に運動しているものかを決定できないような関係にあるすべての系は，一般に慣性系と呼ばれる．したがって，慣性系間では相対性原理が成立する．

従来の物理学においては，相対性原理は一般に，「物理法則はすべての慣性系に対して同じである」あるいは「物理法則を表す方程式が座標変換によって，変わらないこと（共変であること）」などと定義されている．しかし，新たな相対性理論においては，相対性原理を「いかなる慣性系であっても，それが絶対的に静止しているものか，あるいは絶対的に運動しているものかを決定できない」と定義している．そのため，ある一つの慣性系で見いだされる物理法則は，その他の慣性系でも等しく見いだされなければならない．すなわち，相対性原理の下に，「いかなる慣性系においてもまったく同じ物理法則が成立する」ことになる．

したがって，相対性原理の下では，すべての慣性系においてまったく等しい時間単位，まったく等しい長さの単位が，系間で共通な基本物理量として定義されることになる．ここに，アインシュタインによって物理学から取り払われた絶対的な時間と空間の定義が，物理学に再び位置付けられ，逆に，アインシュタインによって物理学に導入された時間と空間の相対性が，物理学から取り払われる．しかしながら，このことによって，絶対静止空間の存在が再び物理学に位置付けられる訳ではない．ここではあくまでも相対性原理の下に，時間及び空間はいかなる慣性系に対しても同等であることが位置付けられる．

いかなる慣性系においても時間及び空間は同等であるという設定の下に，相対性原理はさらに，ある一つの慣性系でニュートンの運動法則が成立するのなら，その他の慣性系でもそれは等しく成立していなければならないことを要請する．同様に，ある一つの慣性系で，マクスウェルの電磁場の法則が成立するのなら，その他の慣性系でもそれは等しく成立していなければならない．

ガリレイ変換

以上のことから，相対性原理の下に，すべての慣性系にまったく同じ長さのものさしが存在し，時計はまったく同じテンポで時を刻んでいることが要請される．このような条件設定の下に，ある二つの慣性系の存在を考え，それらの内の一つを静止系，他方を運動系と呼ぶ．このように呼ぶのはあくまでも呼び名の上で両者に区別を与えるためであって，相対性原理によってそれらの内のいずれが絶対的に静止し，絶対的に運動しているものかを決定することはできない．

このような関係にある二つの慣性系の時間及び空間を互いに結ぶ変換式として，ガリレイ変換が存在し，次のように与えられる．

$$T = t \tag{1}$$

$$X = x - vt \tag{2}$$

$$Y = y \tag{3}$$

$$Z = z \tag{4}$$

ここに，t及び(x, y, z)はそれぞれ静止系の時間と空間座標を表し，T及び(X, Y, Z)はそれぞれ運動系の時間と空間座標を表す．vは静止系から見る運動系の相対速度を表す．したがって，運動系から静止系を見るとき，相対速度は$-v$となる．

静止系と運動系との位置関係を図-1 に示す．ガリレイ変換の設定によって，静止系の観測者は運動系に乗り移ることができる．このとき，静止系の観測者は乗り移った運動系内で目にするものの一切が元の静止

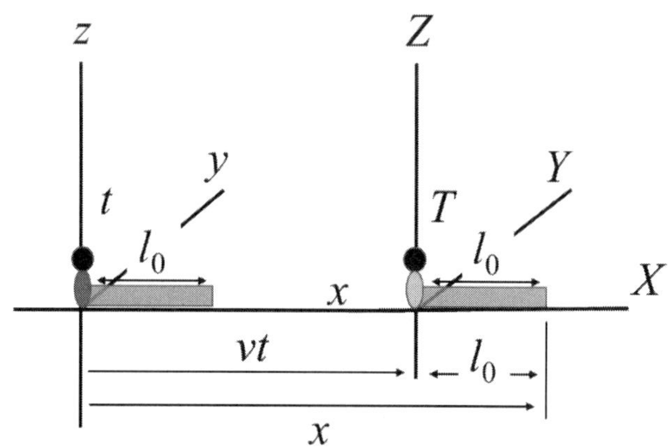

図-1 ガリレイ変換による静止系と運動系の位置関係

系で見ていたこととまったく同じとなっていることや，そこに静止している物体が力の作用を受けて動き出す瞬間を規定する静止力学としてのニュートンの運動方程式が静止系の場合とまったく同じように成立していることを知る．このことは，電磁気現象に対するマクスウェル方程式の成立に関してもまったく同様である．

このような確認の後に，静止系から運動系に乗り移った観測者が振り返って，運動系から元いた静止系を見ると，今度は逆に静止系が一定速度で運動して見える．このようなことは，運動系を静止系と位置付け，逆に静止系を運動系と設定する場合においてもまったく同じである．したがって，いかなる観測者も，運動系が絶対的に運動しているものか，あるいは静止系が絶対的に運動しているものかを決定することはできないことになる．慣性系間でこのようなことになっていることが，相対性原理の規定するところとなる．

以上のことから，次の関係式が成立し，

$$l_0 = x - vt \tag{5}$$

ガリレイ変換の設定によって，慣性系間において時間と空間，そして物理法則の成立に相対性原理が完全に満たされる．ガリレイ変換の詳細については，第Ⅱ部において説明されている．詳しくは第Ⅱを参照して頂きたい．

相対論的な観測

以上のような慣性系の条件設定に対して，ある一つの慣性系から一定速度で運動して見える他の慣性系内に存在するものさしの長さや時間を，あるいはそこに繰りひろげられる力学現象を，遠隔的に計測しなければならないという事態が発生する．結論からいうと，このことが我々に，相対性理論を必要とさせるのである．

例えば，一定速度で運動している物体が力の作用を受けて，加速したとしよう．このとき，我々はガリレイ変換を用いると，物体の運動に伴走することができて，その物体は静止して観測される．このとき，ガリレイ変換を経た伴走者からは，物体は静止状態から力を受けて微小距離だけ移動し，幾分かの速度を得たと観測する．これを静止系から見ると，一定速度で運動している物体が力を受けて加速したと観測される．

ガリレイ変換を経て物体に伴走している観測者が，ガリレイ逆変換によって元の静止系に戻り，先に伴走者の立場で見た運動物体の微小速度獲得の様子を，今度は静止系から直接見るとどのように観測されるものとなるか．この問に答えることが，相対性理論を成す．我々の経験的な判断に基づけば，この際の速度変化は，先にガリレイ変換を経て観測したものと同じ微小距離や微小速度が観測されると考える．このような考え方が，ニュートンの時代にあったガリレイの相対性理論による考え方である．しかしながら，そうした我々の判断は，一般に誤りであることが相対性理論から示される．

ここで今一度確認しておくと，我々がここで知りたいのは，静止系と運動系のそれぞれの時間や長さを互いに対応付けることではない．それらはすでにガリレイ変換によって対応付けられ，それらは互いにまったく同じものとなっている．そのことで，慣性系間に相対性原理が満たされる．我々が知りたいのはそういうことではなく，ガリレイ変換の成立の上で，静止系から直接観測した運動系の時間や長さの観測値が運動系で観測される時間や長さと同じものとなっているかどうかである．すなわち，運動系を観測したことになっている静止系の観測値は，正しいものと考えて良いのかどうかである．

マイケルソンとモーリーの実験

「我々の経験的な判断は正しくなかった」ということに気づく歴史的な実験がある．これは，1887年に行われたマイケルソン（A. Michelson）とモーリー（E. Morley）による実験である．当時人々は，宇宙空間を静かな絶対静止空間であると考えていた．そして，その宇宙空間は，光を伝える媒質（当時エーテルと呼ばれた）で埋めつくされており，それが光をどの方向にも等しく伝播させるものと考えた．

マイケルソンとモーリーらは，地球はこの宇宙に絶対的に静止しているものではないことが想定されるので，地球の運動を追い抜くように伝播する光，あるいは地球の運動に対して対面する方向に伝播する光など，地球から測る光の伝播速度にはその伝播方向によって変化が現れて観測されるはずであると考えた．すなわち，地上で観測される光の速度は，$c' = c \pm v$（cは光の絶対速度，vは地球の絶対運動速度，c'は観測される光の速さ）となっているはずであるという判断であった．しかしながら，実験結果は，予想に反して$c' \approx 0$（すなわち，cは一定，あるいは$v = 0$）を与え，そのような判断を否定するものとなった．

フィッツジェラルドとローレンツの短縮説

マイケルソンとモーリーによる実験結果，すなわち$c' \approx 0$（光の速度が変化して観測されない）という結果は，宇宙に無数の運動している星がある中で，地球は絶対的に静止しているということを想像させるが，そのようなことがあっては，天動説の再来となる．かくしてマイケルソンとモーリーの実験結果をいかに解釈するかが問題となった．フィッツジェラルド（G. FitzGerald）とローレンツ（H. Lorentz）はそれぞれ別々に，運動しているものはその運動方向に短縮しているのではないか，というような考えに至る．さらに，ローレンツは電子論に苦心を重ね，1895 年に，そして 1904 年に，今日ローレンツ変換と呼ばれる変換式を提示した．これらを受けて，ポアンカレは当時，今日アインシュタインの相対性理論と呼ばれている理論の本質的な部分をすでにほとんど説明していた．

フィッツジェラルドやローレンツらの説明は，「一定速度で動いているものはその運動方向に縮む，すなわち，動いているものの運動方向の長さを測定しようとしても，それは運動方向に短縮してしまうので，単純には測定できない，これは時間についても同じである」というものであった．このことは，経験に基づく我々のこれまでの動いている物の長さの測定法や時間に関する考え方を根底から覆すものとなったが，そのような考え方は正しいのかが議論されるようになった．ローレンツの考え方は，あくまでも絶対静止空間の存在を意識し，またエーテルの存在を認めるものであるが，時間や長さの短縮によって，それらが観測されないというものであった．

アインシュタインの登場

こうした時代，1905 年に，アインシュタインの今日特殊相対性理論と呼ばれる理論が提示された．アインシュタインの論文のタイトルは，「動いている物体の電気力学」というものであった．その第 1 部「運動学の部」において，ローレンツ変換が導かれている．その際，アインシュタインは，「相対性原理」及び「光速度不変の原理」の下に，時間及び長さの相対論を定義し，「静止系から，これに対して並進運動をしている座標系への座標及び時間の変換理論」としてローレンツ変換を導いている．

アインシュタインは，当時人々が測定しようとしていた物理である「地球の絶対速度」や「光の絶対速度の変化」に対して，それぞれ「相対性原理」と「光速度不変の原理」を被せて，それらの探究は不要であり，それらは探究されるものではなく，元来そのようになっているものであるとした．その結果，アインシュタインは観測できないことを原理として説明し，絶対静止空間の存在やエーテルの存在を議論することを不要とした上で，ローレンツ変換を導いている．

アインシュタインのローレンツ変換は，ローレンツがすでに見出していた変換と同じものであり，「静止系から，これに対して並進運動をしている座標系への座標及び時間の変換理論」となっている．すなわち，静止系の時間や座標を運動系の時間や座標に対応づけるというものであり，ガリレイ変換の修正となっている．ガリレイ変換はこの時点でローレンツ変換に置き換えられたのである．この結果，ガリレイ変換は，正しい変換則ではないとする解釈が与えられた．また，ローレンツの説明と同様に，一定速度で運動する物体の長さはその方向に縮み，時間は短縮することを説明するものとなった．ローレンツは，一定速度で運動するものの運動方向の長さの縮みや時間の短縮をエーテルの存在によるものとしたが，アインシュタインはそうではなく，それらは相対性原理及び光速度不変の原理による要請であるとした．

このように構築されたアインシュタインの相対性理論は，同時の相対性，時間及び長さの相対性を規定するものであり，運動系の時間や長さは静止系のそれらに対して実際に遅れまた縮むという判断をもたらせた．その結果，アインシュタインの相対性理論は，時間や長さに関して，パラドックスを派生させることとなった．だが，実験結果は，アインシュタインの相対性理論を支持する内容となっている．このことが，物理学界に，アインシュタインの相対性理論は正しいものとする絶対的な判断をもたらせている．

ガリレイ変換と新ローレンツ変換の調和的存在

しかしながら，我々が相対性理論として知りたいのは，「静止系の時間や座標を運動系の時間や座標に対応づける」というようなことではない．我々が知りたいのは，ガリレイ変換の成立の上で，静止系から直接観測した運動系の時間や長さの観測値が，運動系でみてもそのような観測値となっているかどうかである．すなわち，静止系の観測値は運動系を観測したことになっているのか，正しいものと考えて良いのかどうかである．

結論を先にいうと，新相対性理論は，運動系の観測に光など電磁波を用いるとき，静止系から放たれた光の伝播が運動系でいかような光の伝播となって観測されるものとなるか，あるいは逆に運動系から放たれた光の伝播が静止系でいかような光の伝播となって観測されるものとなるのかを明らかにするものであり，運動物体の電磁気理論を提示するものとなる．与えられる理論は，相対論的電磁気理論となるが，それによって測られる運動物体の力学が，相対論的力学と位置付けられる．ガリレイ変換によって，相対的な観測の基盤となる時間や長さは，系間で不変的なものとして定義され，アインシュタインの相対論的な時間や長さの定義は，物理学から退けられる．その結果，新相対性理論においては，ガリレイ変換と新ローレンツ変換とは互いに別物であり，そして互いに調和して存在するものとなる．

ここで，新ローレンツ変換及び新相対性理論という言葉が現れたが，アインシュタインが導いた変換式は，ローレンツが導いた変換式と数学的にも物理的にもまったく同じ内容のものとなっている．一方，これから導かれる新変換則は数式の形としては，旧来のローレンツ変換と同じ形をしているが，その物理的内容はまったく異なる．それがゆえに，それは新ローレンツ変換と呼ばれる．またそれに基盤を置く相対性理論は，アインシュタインの相対性理論とはまったく別物である．

一例を示すと，例えば，アインシュタインの相対性理論は，光の速度が一定であることについて，それは光速度不変の原理の要請によるものであり，その結果，光の伝播に古典的なドップラー効果や2次の振動数シフトが現れると説明する．対して，新相対性理論は，光の速度が一定となって観測されることは，光の伝播に古典的なドップラー効果や2次の振動数シフトが現れるなどの物理的メカニズムによるもので，その結果，光の速度は一定となって観測されると説明する．

新相対性理論においては，アインシュタインが導入した光速度不変の原理は不必要なものとなり，物理学から取り払われる．こうして，光という存在は特別なものではなくなり，物理現象の一つに位置付けられる．その結果，万物は物理学的探究を我々に要請するものとなる．

以上に説明するように，これから展開される相対性理論は，ガリレイ変換とローレンツ変換とが共に調和して存在し，新たな相対性理論として位置付けられる．

コラム 10 ラジオの中に住む小人達

私が小学校４，５年生の頃，ラジオから人々の話声や歌声が聞こえるのが不思議で考え続けた.「どうしてラジオから話声が聞こえるのか」と.学校から帰り，畑仕事に出て，畑の真ん中から大きな音量で聞こえるラジオがとても気になっていた. どうしても分からずに，ある時，ラジオの裏のパネルを外してみた. そこには，びっしりと小さな部品（抵抗やコンデンサーなどの部品）や配線が敷き詰められてあった. 私は，小人達がラジオの中に入っているに違いないと考え続けていたので，その様に動揺した. 小人達はいなかった. しかし，その小さな部品の一つ一つに，小人達は入っているに違いないと考え続けた. 当時，テレビ放送はなかったので，唯一，ラジオが情報源であった.

その頃，大晦日の夜遅くになると，兄や姉たちが，とぎれとぎれに聞こえるラジオを囲み一生懸命に音楽を聴いていた. 中学になって白黒のテレビ放送が始まり，それが NHK の紅白歌合戦や他局のレコード大賞の放送であったことが分かった.

あるとき，壊れたラジオを拾い，それを分解してみた. すると，音の出ていた部品の中で一番大きな丸い部分が磁石と紙からできていることが分かった. さらに分解すると，それに細い電線が巻き付けてあった. すなわち，スピーカーの原理を知る事となった. その頃，ようやっと，ラジオが無線（電波）なるもので成り立っていることが分かった. それから無線というのを考え続けた.

ある日，遠足の日の朝のこと，学校に行くと，人垣が２か所に分かれてできていた. よくよく見ると，お互いトランシーバーなるもので離れて会話している. そのトランシーバーのアンテナから，はっきりと，電波が飛び交うのが見えた. 電波はいまでいうピカチューの電光のように光輝いて飛び交っていた.

3.　動いているものの長さの測定法

観測者に対して静止しているものの長さの光測量

前章において，慣性系間の相対性原理は，ガリレイ変換で表されることが定義された．したがって，静止系及び運動系において，時間の経過は互いにまったく同じであり，長さを測るものさしも互いにまったく同じとなる．

このような状況設定において，各慣性系内で観測者の目前に静止しているものさしの長さを，それぞれ光測量によって測ることが，先ずはここでの課題となる．

観測者の目前に静置されているものさしの長さは，静止系でも，運動系でもまったく同じであり，長さl_0となっていることは，ガリレイ変換によって保証される．また，このことは相対性原理の要請でもある．

また，相対性原理によって，静止系でも運動系でも光の速度はそれぞれの系内でまったく同じとなって観測される．すなわち，呼び名の上で静止系と運動系とに区別された２つの慣性系であるが，それらはガリレイ変換で結ばれておりかつ，相対性原理の要請によって，両系で観測される物理現象に一切の相異もあってはならない．よって，静止系で成立するマックスウェルの電磁場の方程式もまた，ニュートンの静止力学法則もそれぞれの系で成立するものとなる．この要請からは，両系で光の速度に変化があってはならないことになるが，光の速度が両系で同じとなることについては，後に物理的メカニズムをもって説明される．すなわち，アインシュタインが導入した光速度不変の原理の導入は不必要となる．

したがって，観測者に対して静止しているものの長さの光測量に要する測定時間t_0は，静止系でも運動系でも共に，次のように与えられる．

$$t_0 = l_0/c \tag{1}$$

測量に要した時間が与えられるとき，観測者に対して静止しているものさしの長さは，光の伝播速度をcとして，次のように与えられる.

$$l_0 = ct_0 \tag{2}$$

ここに，l_0はものさしの長さ，t_0はその長さの測量に要した時間を表す.

当然ながらここでは，空間の等方性，一様性，均質性が仮定されており，式(1)で与えられる計測時間t_0は，ものさしが空間内にいかような方向に設置されていてもまったく同じ値となる．また，相対性原理によって，式(1)及び(2)は，いかなる慣性系でも成立する.

式(1)及び(2)が成立することは，相対性原理の要請となるが，このことは，静止系及び運動系で共に光速度が同じ値を取る（一定値を示す）ことを要請するものでもある．先に述べたように，光速度が一定となって観測されることは，後に，光の伝播に伴う古典的ドップラー効果及び 2 次の振動数シフトの発生という物理的メカニズムをもって説明される.

ここまでの議論は，相対性原理に基づくものであった．これ以降については，相対性原理に基づく相対性理論としての議論である.

運動系の運動方向の長さの測定

静止系に対して一定速度で運動している運動系に静置してあるものさし（静止系に対して一定速度で運動しているものさし）の長さを，静止系から光測量する場合を考える．運動系は運動開始前には，静止系と互いの座標原点を重ねていた．また，そのX軸は静止系のx軸と重なっており，Y軸は静止系のy軸と，Z軸は静止系のz軸とそれぞれ重なっていた. 運動系はその姿勢を保ったまま，時刻$T = 0$（すなわち，静止系の時刻$t = 0$）に，静止系のx軸上をその正の向きに一定速度vで運動を開始し，その運動状態を維持している.

図-1 の上段は，ものさしが観測者に対して静止している場合の光測量の関係を表す．中段と下段は，ものさしが観測者に対して一定速度で運動している場合である．中段の光測量は，光がものさしを追いかける場合に対応する．下段は，光測量の光が，ものさしの先端から後端に向け

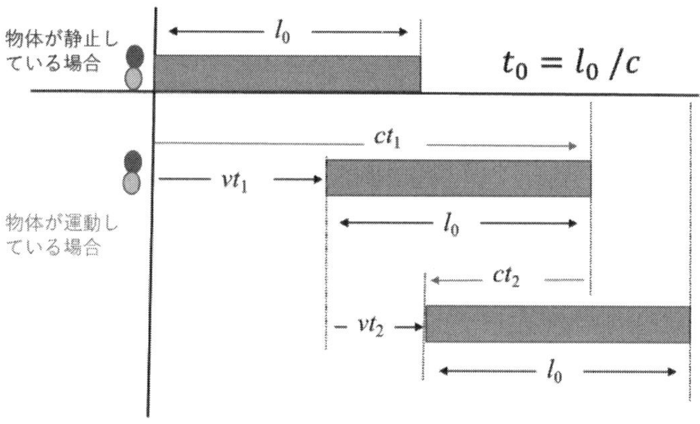

図–1 運動物体の運動方向の長さの光測量

て伝播する場合に当たる．これらの光測量はすべて静止系によるものである．

運動系内のものさしは，そのX軸上に静置してあり，その後端は運動系の座標原点に，先端は$X = l_0$の位置にある．ここで，ものさしの長さがl_0と定義されるのは，ガリレイ変換によって，静止系に静置してあるものさしと同じ長さを保つことによる．

静止系の観測者による光測量は，運動系が静止系を離れた瞬間（$T = t = 0$）に開始される．静止系の観測者の放つ光は，ものさしの後端を$T = t = 0$で捉え，時間t_1経過後にその先端を捉えた．このとき，図–1 に示す長さの関係によって，次式が成立する．

$$ct_1 = vt_1 + l_0 \tag{3}$$

ここに，cは光の速さを表す．vは静止系に対する運動系の相対速度である．

この関係式は，図–1 に示すように，光測量の光がt_1時間かけて伝播した距離ct_1が，その間に運動系が移動した距離vt_1とものさしの長さl_0との和で与えられることを表す．

したがって，計測時間は，式(3)より，次のように与えられる．

$$t_1 = \frac{l_0}{c - v} \tag{4}$$

あるいは,

$$t_1 = \frac{1}{1 - v/c} \frac{l_0}{c} \tag{4'}$$

この関係式は，静止系から見て，一定速度で運動しているものさしに対して光の相対的な伝播速度が$c - v$となっていることを表す.

次に，光測量の光がものさしの先端から後端に向けて伝播する場合の関係式を導く. このとき, 図−1 の下段に示す関係から, 次式が成立する.

$$ct_2 = l_0 - vt_2 \tag{5}$$

ここに，t_2は計測時間を表す．この場合，光が伝播した距離は，ものさしの長さl_0から運動系が進んだ距離vt_2を差し引いた長さとなる. 式(5)より，計測時間が次のように与えられる.

$$t_2 = \frac{l_0}{c + v} \tag{6}$$

あるいは,

$$t_2 = \frac{1}{1 + v/c} \frac{l_0}{c} \tag{6'}$$

この関係式は，静止系から見て，一定速度で運動しているものさしに対して光の相対的な伝播速度が$c + v$となっていることを表す.

以下，式(4)を与える測量を「光の行き」と呼び，式(6)を与える測量を「光の帰り」と呼ぶことにする．ここに示すように，光の行きと帰りとで伝播時間が異なるとき，両者は非同時と呼ばれる.

以上の議論によって，静止系の観測者が運動系に対して行う光測量の場合，運動しているものさしに対する（すなわち，運動系に対する）相対的な光速度は，$c - v$あるいは$c + v$で与えられる．その結果，光を用いた長さの計測時間に相違が現れて，測定長にも違いが現れる．このままでは，静止系の観測者による計測長さが一定値に定まらないことになる．

ここで，速度vで運動しているものさしに対する光の相対的な速さ$c-v$及び$c+v$の平均を取ってみると，平均値として速さcが与えられる．また，式(4′)及び式(6′)で与えられる測定時間の平均値を取ると，

$$\bar{t}=\frac{t_2+t_2}{2}=\frac{1}{2}\left\{\frac{l_0}{1-v/c}+\frac{l_0}{1+v/c}\right\}\frac{l_0}{c}=\frac{1}{(1-v^2/c^2)}\frac{l_0}{c} \tag{7}$$

が得られる．ここに，$\bar{t}$は平均計測時間を表す．

これより，この平均計測時間$\bar{t}$に対して，静止系の観測者に計測される平均計測距離$\bar{l}$が，次のように与えられる．

$$\bar{l}=\frac{1}{(1-v^2/c^2)}l_0 \tag{8}$$

これらの式において$(1-v^2/c^2)$は正値で 1 以下であることから，式(7)に示す平均計測時間は，式(1)で与える計測時間t_0よりも，$1/(1-v^2/c^2)$倍だけ長くなっており，その結果，計測される平均長さも，観測者に対してものさしが静止して計測される際の長さl_0〔式(2)〕よりも$1/(1-v^2/c^2)$倍だけ延びた長さとなって計測される．

この計測では，静止系に対して一定速度で運動している長さl_0のものさしを測定することが目的であったが，光測量の行きと帰りとで計測時間が一致せず，そのままでは測定長さが確定しない．そこで，それらの計測時間の平均を取ってみたが，それに対応する計測長は，正しい長さを示さず，$1/(1-v^2/c^2)$倍の長さを与える．

運動系の運動方向と直交する方向の長さの測定

次に，運動系の運動方向と直交する方向に静置されている運動系内のものさしの長さ（すなわち，運動系の運動方向と直交する方向の長さ）を測る．このとき，運動系のY軸あるいはZ軸にそって立てた長さl_0のも

のさしを，静止系の観測者が光測量する場合を想定する．このとき測量内容は，Y軸方向あるいはZ軸方向のいずれの場合でも同じとなるので，以下ではZ軸方向の光測量についてのみ議論する．

いま，運動系のZ軸にそって立てたものさしは，時刻$T = t = 0$に，運動系と共に，静止系のx軸上をその正の方向に一定速度vで静止系から遠のいて行く．このとき，静止系の観測者は，静止系の原点から光の球面波を放つ．その結果，光は図–2 に示すような経路を取って，ものさしの先端に到達する．このとき，運動系の原点からZ軸方向を見上げている運動系の観測者には，この静止系の光測量の光の伝播はZ軸方向に伝播する光となって計測される．

図–2 に示すように，静止系における光の伝播軌跡，運動系の移動距離，そしてものさしの長さとの幾何学的な関係から（ピタゴラスの定理を用い），この光測量に要した時間（t_3で表す）が，次のように与えられる．

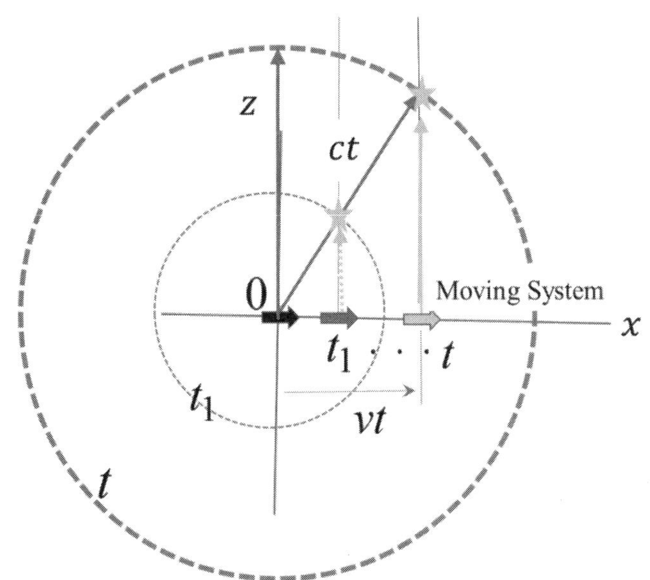

図–2 運動系の運動方向と直交する方向の長さの光測量

$$(ct_3)^2 = (vt_3)^2 + {l_0}^2 \tag{9}$$

したがって，計測時間が次のように得られる．

$$t_3 = \frac{1}{\sqrt{1 - v^2/c^2}} \frac{l_0}{c} \tag{10}$$

静止系の観測者から見ると，静止系の原点から放たれた光の伝播が運動系のZ軸上を伝播する光と見なされるとき，その伝播速度は次のように観察される．

$$c' = c\sqrt{1 - v^2/c^2}$$

したがって，運動系のZ軸に沿って立てた長さl_0のものさしの計測に要する静止系の計測時間は，式(10)で与えられる．

幾何学的対称性から，このような光測量を，逆にものさしの頂点から下る光の伝播で行った場合であっても，計測時間は，式(10)とまったく同じとなる．したがって，運動系の運動方向に垂直な方向の光測量に対しては，計測時間は行きと帰りとでまったく同じとなり，それらは同時となる．

ここに求めた計測時間t_3より，運動系の運動方向と直角方向に立てたものさしの長さが正しく計測されるためには, 静止系の観測者は, 式(10)に示す計測時間を必要とし，その時間に対応して計測される長さl_y及びl_zは,

$$l_y = l_z = c't_3 = \left(c\sqrt{1 - v^2/c^2}\right)\left(\frac{1}{\sqrt{1 - v^2/c^2}} \frac{l_0}{c}\right) = l_0 \tag{11}$$

で与えられる．

以上で，静止系の観測者に対して，一定速度で運動しているものさしの長さをその運動方向及び運動方向と直角方向について光測量することができたことになる．これらの光測量はすべて静止系からの測量である．

アインシュタインの相対性理論を説明する従来の解説書などでは，ここで，式(10)の関係から，次式が与えられて，

$$t = \frac{1}{\sqrt{1 - v^2/c^2}} \frac{l_0}{c} = \frac{1}{\sqrt{1 - v^2/c^2}} \frac{(c\tau)}{c} \tag{12}$$

よって,

$$\tau = \sqrt{1 - v^2/c^2}\, t \tag{13}$$

を与えている．ここで，式(13)の左辺に見る時間τを運動系の固有時，そして右辺に見る時間tを静止系で計測される計測時（あるいは座標時）と定義し，運動系の時間は静止系の時間よりも短縮しているとする説明を与えている.

静止系で観測される光の伝播時間とそれが運動系で観測されるときの伝播時間との関係をこのような従来の手順で求めるのは，これから順次説明されるように，明らかに誤っている.

特に，新相対性理論では，運動系の時間及び空間座標と静止系のそれらとの関係は, 相対性原理に従ってガリレイ変換で結ばれており, 式(13)が，運動系の時間と静止系の時間との対応関係を表すことにはならない.

コラム11 数学が分かった日

私が小学校の頃は，学校では宿題をやってないということで毎日のように罰を与えられた．立たされて，両手を真っすぐ前に伸ばし，その状態を授業時間中続けさせられたり，ものさしで，両手を叩かれたりした．ひどい時には，机を両手で持ち上げさせられて立たされたりもあった．いつも，学校から帰ると，家に置手紙があり，どこどこの畑にすぐに来るようにとある．夕方まで畑仕事で，夕食時にはもう午後9時を過ぎている．それから，疲れた体では寝ることが精一杯であった．そんな毎日だったので，勉強の出来は悪く，宿題の問題が解けるはずもなかった．

小学校には，特殊学級というのがあって，勉強ができないとそのクラスに配属されるということであった．ある時，そのクラスを覗きにいくと，先生は勉強でなくて，縄作りを教えていたのにびっくりした．それから，特殊学級に入れられることをすごく心配するようになった．

中学になると，特殊学級は無かった．私の状態は相変わらずであった．中学2年生の2学期，女性の数学の先生が，黒板に因数分解の方法を書き出していた．その式の展開を見ていると，その説明があまりも当たり前過ぎて，なぜこんな簡単なことをわざわざ説明しているのだろうと思った．思えばこれが，数学というものを理解した瞬間である．

それでも，日々の状態は変わらずで，高校受験が迫った中学3年の2学期になって，三者面談を受けることになった．私が，普通高校（進学校）に行きたいと言い出すと，先生はひっくりかえって絶句，就職と，受かる程度の高校を勧めた．しかし，私には，先生の勧めが不本意であった．それから，私は寸暇を勉強に当てるようになった．朝4時頃までも勉強し続けた．突然の私の変わりように，父は，私が狂ってしまったといって，どうしたらよいかを母と台所で話し合っていた．それほどまでに私は変わり，勉強が好きになっていた．

4. 静止系から放たれた光は運動系内でどのような光の伝播となって観察されているか

運動系内で観測される静止系から放たれた光の伝播

前章においては，静止系の観測者が光測量によって運動系の長さを計測するときの計測時間や計測長さが明らかにされた．これまでの議論はすべて静止系の観測者の視点に立った議論となっている．

ここで，静止系から遠隔的に行われた光測量による光の伝播が，運動系の観測者に直接どのように観測されているのかを問わなければならない．なぜなら，静止系の観測者が行った光測量の光が，運動系のものさしの長さを正しく捉えているのかどうかは，運動系内にいる観測者に訊いてみなければ分からないからである．このような観点からの考察は，新相対性理論の独創的なところでありまた，新相対性理論構築の工夫のクライマックスとも言える．

アインシュタインの相対性理論では，このような観点からの考察が欠如している．静止系の計測時間と運動系の計測時間との関係の決定が，静止系からのみの想像，あるいは判断となっている．それがゆえに，アインシュタインの相対性理論では，対応関係が，静止系の時計の指す時間と運動系の時計の指す時間となっている．また，そのような関係を得るために，光速度不変の原理までも導入している．光速度不変の原理を導入したがゆえに，時間の遅れに関する物理的メカニズムは不問に付されざるを得なくなっており，そのことで時間や長さにまつわる様々なパラドックスを派生させてもいる．

第２章で定義したように，運動系の時間及び空間座標は，それぞれT及び(X,Y,Z)で与えられる．これに対応する静止系の座標及び時間は，t及び(x,y,z)をもって表され，それらはガリレイ変換で結ばれる．この結果，それらの関係は相対性原理を完全に満たす．このような設定の下に，静止系から放たれた光が運動系でいかような光の伝播となって観測されているのかが問われる．

物理学的実験結果によれば，観測者に対して相対速度を有する光源から放たれた光は，その振動数に古典的ドップラーシフト（1次のシフト）及び2次シフト（redshift）を生じて観測されることが明らかとなっている．この事実をこれからの数式展開に活かす．

これに対して，アインシュタインは，相対性理論の構築に当たり，物理学実験結果を基に，光速度不変の原理を導入している．しかしながら，新相対性理論では，光の速度は，光という物理現象に現れる一つの物理量と捉えており，その伝播には物理的メカニズムが必ず存在するという立場を堅持し展開を進める．

さて，静止系から放たれた光は，運動系では，その振動数に古典的ドップラーシフトと2次シフトを伴って観測されるという物理学的実験結果に基づけば，前回で求めた，運動方向の長さの計測に要した計測時間（光の伝播時間）は，運動系の観測者には，次のような伝播時間となって観測される．

$$t'_1 = \left(\frac{1}{1 - v/c}\frac{l_0}{c}\right) \times \left(\frac{1}{1 + v/c} \times \sqrt{1 - v^2/c^2}\right) \tag{1}$$

及び

$$t'_2 = \left(\frac{1}{1 + v/c}\frac{l_0}{c}\right) \times \left(\frac{1}{1 - v/c} \times \sqrt{1 - v^2/c^2}\right) \tag{2}$$

これらの式の右辺の最初の(　)内は静止系の観測者に観測される光の伝播時間を表し，その後の(　)内は振動数の古典的ドップラーシフトと2次の振動数シフトとの効果による時間変化を表す．時間変化，すなわち振動数シフトが，このように与えられることの物理的メカニズムについては，後に光のドップラー効果のところで説明される．

これらの式より，次式が与えられる．

$$t'_1 = \frac{1}{\sqrt{1 - v^2/c^2}}\left(\frac{l_0}{c}\right) \tag{3}$$

$$t'_2 = \frac{1}{\sqrt{1 - v^2/c^2}}\left(\frac{l_0}{c}\right) \tag{4}$$

ここに，t'_1及びt'_2は，運動系の観測者に直に観測される静止系の放った光の伝播時間を表す．

静止系の観測者は光測量の際に運動系に向けて光をそれぞれt_1やt_2時間放ったが（非同時），式(3)及び式(4)に示すように，運動系の観測者にはそれらの光の伝播時間は$t'_1 (= t'_2)$として観測され，同時であったと計測される．このような結果は，驚くべきことであるが，そうなることの物理的メカニズムは，光の振動数の古典的ドップラーシフトと２次のシフトの効果として説明される．この結果を，前章で求めた静止系の光測量の平均伝播時間$\bar{t}$〔式(3.7)〕と比較すると，静止系による計測時間の平均値が，運動系では時間短縮して計測されていることになる．このことの物理的メカニズムも，光の振動数の古典的ドップラーシフトと２次のシフトに基づく．

以上のことから，静止系の計測時の平均時間と運動系における伝播時間との関係は，次のように与えられる．

$$t' = \sqrt{1 - v^2/c^2}\,\bar{t} \tag{5}$$

ここに，t'は運動系の観測者に計測される光の伝播時間を表す．式(3)及び(4)において，光の伝播時間t'_1及びt'_2は等しいことから，ここではこれらをt'で代表させた．以降，静止系から放たれた光伝播が，運動系の観測者に観測されるとき，その伝播時間には，t'を用いることにする．

式(5)に対して，運動系内での光の伝播速度を静止系と同じ伝播速度cで与えると，次なる関係を得る．

$$l'_1 = \frac{1}{\sqrt{1 - v^2/c^2}}\,l_0 \tag{6}$$

$$l'_2 = \frac{1}{\sqrt{1 - v^2/c^2}}\,l_0 \tag{7}$$

ここに，l'_1及びl'_2は運動系の観測者に計測される静止系から放たれた光の伝播距離を表す．これらの観測値は同値を示しているため，以降これらの観測値をl'で代表させる．

以上により，光測量によって静止系の観測者が観測する運動系のものさしの平均長（すなわち，静止系の観測者に観測される光の平均伝播距離）$\bar{l}$に対して，その光が運動系内で実際に計測している長さ（静止系で放たれた光が運動系内を伝播する際の伝播距離）l'とには，次なる関係が与えられる．

$$l' = \bar{l}\sqrt{1 - v^2/c^2} \tag{8}$$

すなわち，

$$l' = \frac{1}{\sqrt{1 - v^2/c^2}} l_0 \tag{8'}$$

したがって，静止系の観測者が観測する光の平均伝播距離は，運動系では$\sqrt{1 - v^2/c^2}$だけ短縮して計測される．

式(8′)によれば，静止系の観測者は，一定速度で動いているものさしの長さl_0を光測量によって計測していることになっているが，そのものさしに伴走し，ものさしと互いに静止した関係にある運動系の観測者の報告によれば，静止系から運動系に届く光の伝播距離は，ものさしの長さl_0よりも$1/\sqrt{1 - v^2/c^2}$倍だけ長くなっていることが明らかにされる．式(5)及び(8)は，光の平均伝時間と平均伝播播距離の関係が共に短縮した関係にあり，互いに調和した関係式となっている．

これに対して，従来のアインシュタインの相対性理論は，静止系及び運動系の実際の時間や長さについて，次なる関係を与える．

$$\tau = \sqrt{1 - v^2/c^2}\, t \tag{9}$$

ここに，τは運動系の時間，tは静止系の時間を表す．

また，次の関係を与える．

$$l = \sqrt{1 - v^2/c^2}\, l_0 \tag{10}$$

ここに，l_0は運動系における長さ，lはその長さが静止系から測られると

きの長さを表す．（第Ⅲ部参照）

運動系の運動方向と直交する方向の光の伝播

次に，静止系から放たれた光が，運動系内をその運動方向と直交する方向に伝播する場合について検討する．これまで知られている物理学実験結果によれば，運動系の運動と直交する方向には，古典的ドップラー効果は発生せず，振動数の２次シフト（redshift）のみが現れることが知られている．この事実を取り入れて，静止系から放たれた光が運動系内をその運動方向と直交する方向に伝播する場合の伝播時間は，静止系によって計測された伝播時間を基に，次のように与えられる．

前章の式(3.11)より，

$$t'_3 = t_3 \times \sqrt{1 - v^2/c^2} = \frac{l_0}{c} \tag{11}$$

$$t'_4 = t_4 \times \sqrt{1 - v^2/c^2} = \frac{l_0}{c} \tag{12}$$

ここに，t_3及びt_4は静止系の観測者に観測される伝播時間，t'_3及びt'_4は運動系の観測者に観測される伝播時間を表す．また，$\sqrt{1 - v^2/c^2}$は振動数の２次シフトを表す．

静止系の観測者による光の伝播時間の平均値を$\bar{t}(= t)$で表し，その光が運動系の観測者に観測される伝播時間をt'で表すとき，式(11)及び(12)は，次のように一つの式をもって表される．

$$t' = \bar{t} \times \sqrt{1 - v^2/c^2} = \frac{l_0}{c} \tag{13}$$

これより，静止系における光の伝播速度と運動系における光の伝播速度をまったく同じ伝播速度cに設定して，運動系で計測される伝播距離が次のように与えられる．

$$l' = ct' = l_0 \tag{14}$$

この結果と，静止系の測定する長さ［式(3.11)］とは等しくなっており，この結果から，$y' = y$，$z' = z$が後に設定される．

以上の議論によって，静止系から放たれた光が運動系にいかように届き，その伝播時間や伝播距離が運動系でいかように観測されるものとなっているかが明らかとなった．

静止系の計測時間tと平均計測時間$\bar{t}$の関係

これまでの考察において，静止系の観測者が放つ光の伝播を静止系の観測者が観測する場合の平均計測時間$\bar{t}$と，その光の伝播を運動系の観測者が運動系内で観測する場合の計測時間t'との関係が明らかにされたことから，以下においては，静止系の計測時間tと平均計測時間$\bar{t}$との関係，すなわち，静止系の時間tを平均時間$\bar{t}$に変換する変換式を求める．

まず，時間tと平均時間$\bar{t}$との関係式を次のように置く．

$$\bar{t} = t + \Delta t \tag{15}$$

ここに，Δtは静止系の計測時間tを平均計測時間$\bar{t}$に修正するための補正時を表す．

式(15)に，前章で求めた計測時間$l_0/(c - v)$と平均計測時間$(l_0/c)/(1 - v^2/c^2)$とを代入し，次式を得る．

$$\frac{1}{(1 - v^2/c^2)}\frac{l_0}{c} = \frac{l_0}{(c - v)} + \Delta t \tag{16}$$

これより，次のように補正時が与えられる．

$$\Delta t = \frac{1}{(1 - v^2/c^2)}\frac{l_0}{c} - \frac{l_0}{(c - v)} \tag{17}$$

すなわち，

$$\Delta t = -\frac{1}{(1 - v^2/c^2)}\frac{vl_0}{c^2} \tag{18}$$

以上より，平均計測時間$\bar{t}$が，次のように計測時間tをもって与えられる．

$$\bar{t} = t - \frac{1}{(1 - v^2/c^2)} \frac{v l_0}{c^2} \tag{19}$$

新たなローレンツ変換式

したがって，式(5)は次のように与えられる．

$$t' = \sqrt{1 - v^2/c^2} \left\{ t - \frac{1}{1 - v^2/c^2} \frac{v l_0}{c^2} \right\} \tag{20}$$

すなわち，

$$t' = \sqrt{1 - v^2/c^2} \left[\frac{1}{1 - v^2/c^2} \left\{ (1 - v^2/c^2) t - \frac{v l_0}{c^2} \right\} \right] \tag{21}$$

ここで，ガリレイ変換の関係式〔式(2.5)〕より，

$$l_0 = x - vt \tag{22}$$

これを式(21)に代入して，次式を得る．

$$t' = \frac{1}{\sqrt{1 - v^2/c^2}} \left\{ (1 - v^2/c^2) t - \frac{v(x - vt)}{c^2} \right\} \tag{23}$$

よって，最終的に，次式に至る．

$$t' = \frac{1}{\sqrt{1 - v^2/c^2}} \left(t - \frac{vx}{c^2} \right) \tag{24}$$

この伝播時間に対応する伝播距離は，式(8′)で与えられるため，式(8′)にガリレイ変換の関係式(22)を代入して，次式を得る．

$$x' = \frac{1}{\sqrt{1 - v^2/c^2}} (x - vt) \tag{25}$$

ここで得られた式(24)及び式(25)は，それぞれ，静止系から運動系の運動方向に放たれた光の伝播を静止系の観測者が観測した場合の伝播時間及び伝播距離と，その光の伝播を運動系の観測者が運動系内で計測したときの伝播時間及び伝播距離の関係を表す．すなわち，式(24)及び式(25)は，相対論的電磁気理論を成す．

次に，運動系の運動方向と直交する軸の方向に対しては，式(13)及び式(14)が成立している．式(24)によれば，運動系の運動方向と直交する軸上では，$x = vt$の関係が与えられるため，これを式(24)に代入して，次式を得る．

$$t' = \frac{1}{\sqrt{1 - v^2/c^2}}\left(t - v \times \frac{vt}{c^2}\right) \tag{26}$$

すなわち，

$$t' = \sqrt{1 - v^2/c^2}\, t \tag{27}$$

式(27)の関係に，前章で議論した運動系の運動方向と直交する方向の光測量結果〔前章の式(3.10)〕を導入すると，次なる関係を得る．

$$l' = ct' = c\left\{\sqrt{1 - v^2/c^2}\left(\frac{l_0}{c\sqrt{1 - v^2/c^2}}\right)\right\} = l_0 \tag{28}$$

ここに，l'は静止系から運動系に届く光が，運動系の運動方向と直交する方向に伝播する光として運動系の観測者に計測されるときの伝播距離を表す．

静止系の観測者の計測結果〔前章の式(3.11)〕と比較し，次なる関係を得る．

$$l_y = \left(c\sqrt{1 - v^2/c^2}\right)t_3 = \left(c\sqrt{1 - v^2/c^2}\right)t_4 = l_0 \tag{29}$$

すなわち，静止系に観測される光の伝播距離とそれが運動系の観測者に運動系内で観測される時の伝播距離とは，互いに一致する．したがって，以下の関係が与えられる．

$$y' = y \tag{30}$$

$$z' = z \tag{31}$$

式(30)及び(31)は，運動系の運動方向と直交する方向に対して，静止系からの光伝播距離の観測結果とそれが運動系で直に計測される場合の観測結果とが完全に一致することを表す．

以上に得られた，式(24)及び(25)，そして式(30)及び(31)をもって，新ローレンツ変換が構成される．以下にそれらをまとめて再掲する．

$$t' = \frac{1}{\sqrt{1 - v^2/c^2}}\left(t - \frac{vx}{c^2}\right) \qquad \text{再掲：(24)}$$

$$x' = \frac{1}{\sqrt{1 - v^2/c^2}}(x - vt) \qquad \text{再掲：(25)}$$

$$y' = y \qquad \text{再掲：(30)}$$

$$z' = z \qquad \text{再掲：(31)}$$

新ローレンツ変換が意味するのは，静止系から計測される光の伝播時間及び伝播距離と，その光が運動系で計測されるときの伝播時間及び伝播距離との関係を表す．このとき，静止系の時間及び空間と運動系の時間及び空間とは，それぞれガリレイ変換によって結ばれている．

ここに示す関係式は，式形のみを見れば，アインシュタインのローレンツ変換式とまったく同じである．しかしながら，その物理的意味はまったく異なる．したがって，それらをここでは，新ローレンツ変換と呼ぶ．よって，ガリレイ変換と新ローレンツ変換とは調和的に共存する．新ローレンツ変換は，新相対性理論の根幹を成す．

近接作用としての新相対性理論，天動説と地動説の関係に例えられる旧理論と新相対性理論

アインシュタインの相対性理論によるローレンツ変換は，静止系の実際の時間及び距離と運動系の実際の時間と距離との対応関係を表すも

のとなっている．その結果，アインシュタインの相対性理論は，ローレンツ変換式を書いたその瞬間に，静止系の時間及び空間長と運動系の時間及び空間長とが異なることになり，系間の対称性を要請する相対性原理に背くものとなっている．

さらに，アインシュタインの相対性理論は，慣性系どうしが無限の彼方のさらにその無限の彼方に隔てて存在したとしても，その両者間にローレンツ変換式を書いたその瞬間に，運動系の時間や空間は静止系のそれらに対して遅れ短縮することになる．また，地球を一つの慣性系と仮定すると，それに対して運動系となる他のすべての星の時間や空間は，地球の時間や空間に対して遅れ短縮することになる．したがって，アインシュタインの相対性理論は，いわば遠隔作用としての相対性理論でありかつ，天動説としての相対性理論を成していると言える．

対して，仲座による新相対性理論は，静止系から放たれた光など電磁波の伝播が，運動系でどう観測されるかを説明する理論（相対論的電磁気理論）となっているので，いわば近接作用としての理論であり，天動説に対して地動説が存在することに対比されるような理論体系となっていると説明することが出来よう．

後に示されるように，新相対性理論では，得られる結果の全てが，相対性原理に正しく従うものとなっている．また，これまで得られている一切の観測データをも説明できる理論となっている．

最後に，式(5)及び(8)は，静止系と運動系とを光など電磁波で結ぶ“かけはし”的な役割になっており，新ローレンツ変換あるいは相対論的電磁気理論の本質を示していることについて，付記しておく．

コラム12 原子時計はなぜ時間の遅れを示したか？

「慣性運動を行う原子時計が，時間の遅れを示すことはない」このことが，新相対性理論による結論である．それでは，なぜ，Hafele & Keating の実験をはじめとして，これまで行われて来た物理学実験の全ては時間の遅れを示しているのか？結論から先にいうのなら，これまで行われている物理学実験の全ては，「慣性運動としての条件下で行われていない」ということに尽きる．時間の遅れに関して，これまで行われている物理学実験の全ては，重力の影響を受けかつ，遠心力の影響下での実験となっている．すなわち，重力の影響及び遠心力の影響による一般相対論的な効果による「遅れ」を計測したに過ぎない．例えば，Hafele & Keating が行った実験では，地上で一定高度を一定速度で飛行したことになるので，一定の重力と遠心力を受ける環境下での実験であって，慣性系としての実験が行われた訳ではない．それにも拘わらず，その実験結果は，アインシュタインの特殊相対性理論効果を検証したものとして解釈されたのである．このことが，パラドックスを主張する者との激しい論争を引き起こしている．

それではなぜ，重力や遠心力などを受ける系では時計の時間が遅れて良いのか？そのメカニズムは単純なことである．ニュートンの運動法則よれば，質量に無関係に，万物は重力の影響を受ける．例えば，地上で水平に投じられた粒子の軌跡は放物線的な軌跡を示す．すなわち，慣性運動とは異なる運動軌跡を示す．このことが，時間の遅れや長さの伸びとして計測される．この計測に光など電磁波を利用すると，その効果が重力赤方偏移として計測される．光など電磁波が重力赤方偏移を起こすことが，重力下や遠心力の作用下で原子時計などが時間の遅れを示す物理的メカニズムである．

しかしながら，原子時計に計測時間の遅れが現れることをもって時間に遅れが生じているということにはならない．その計測時間の遅れは，原子時計が物理的メカニズムとして重力などの影響を受けるものであることを示すものであって，時間という概念が遅れることを示すものではない．その計測時間に遅れが生じていることは，物理的に定

義される不変的な時間を用いて測られてはじめて現れることである．こうして，時間という概念が重力の作用や慣性運動の存在で変化することは，物理的な定義上，許容されることではない．

5.　新たな相対性理論（特殊相対性理論）

これまで議論してきた内容をまとめて，以下に，新相対性理論（特殊相対性理論）を位置付ける．

慣性系の時間及び空間

新たな相対性理論においては，２つの慣性系の存在を想定し，それらに単に呼び名の上で区別を付けるために，それらの内の一方を静止系と呼び，他方の系を運動系と呼ぶ．このとき，静止系の時間及び空間と運動系の時間及び空間とは，それぞれガリレイ変換によって結ばれる．これをもって，慣性系間で時間と空間とに相対性原理の成立が位置付けられる．

ガリレイ変換は，第Ⅱ部あるいは，先の第２章で説明したように，次のように与えられる．

$$T = t \tag{1}$$

$$X = x - vt \tag{2}$$

$$Y = y \tag{3}$$

$$Z = z \tag{4}$$

ここに，t及び(x, y, z)はそれぞれ静止系の時間及び空間座標を表す．また，T及び(X, Y, Z)はそれぞれ運動系の時間及び空間座標を表す．vは静止系に対する運動系の相対速度である．いま，空間座標としては，直交直線座標が設定されている．

静止系の観測者Ａは，その系内に静止している物体に対してニュートンの静止力学法則が成立しているのを確認できる．次いで，観測者Ａは，ガリレイ変換によって，一定速度で運動している運動系に乗り移ることができる．運動系に乗り移った観測者Ａはそこに，以前見た静止系の光景とまったく同じ光景を見る．また，そこが静止系となっていることを知る．さらに，その系内に静止している物体に対して先と同様にニュートンの静止力学法則が成立しているのを見る．そこからふり返って元いた静止系を眺めると，今度は以前いた静止系が逆に一定速度で運動して見える．このことは，電磁気理論に対してもまったく同様である．こうして，静止系及び運動系における時間と空間，そして力学や電磁気学の法則に，相対性原理が満たされているのを確認できる．

しかしながら，ガリレイ変換による観測方法では，相対論的なものの見方になっていない．相対性理論とは，２つの慣性系に対して，ガリレイ変換で結ばれる時間及び空間を位置付け，さらに，それぞれの系に現れる力学や電磁気学の法則が共に静止系の力学や電磁気学の法則となっていることを確認した上で，一方の系から離れて他方の系の時間及び空間，そして力学や電磁気学の法則に支配される物理現象を観測したとき，それらがどのように観測されるものとなるのかを規定するものとなる．

これまで，式(1)～(4)が，ガリレイの相対性理論を成すと説明されてきた．しかしながら，ガリレイ変換は時間と空間に対して相対性原理を具現化するものではあるが，相対性理論にはなれない．従来の相対性理論においては，ガリレイ変換が相対性理論を成すと説明されており，従来の考え方は想像的かつ希望的なものであったことになる．

新たなローレンツ変換（４つの式）

新たな特殊相対性理論においては，新たに定義されるローレンツ変換（４つの式）が相対性理論の根幹を成す．それらをまとめると，以下のとおりである．

$$t' = \frac{1}{\sqrt{1 - v^2/c^2}}\left(t - \frac{vx}{c^2}\right) \tag{5}$$

$$x' = \frac{1}{\sqrt{1 - v^2/c^2}}(x - vt) \tag{6}$$

$$y' = y \tag{7}$$

$$z' = z \tag{8}$$

ここに，t及び(x, y, z)は，静止系で放たれた光の伝播を静止系の観測者が観測した場合の伝播時間と伝播距離を表す. 一方, t'及び(x', y', z')は, 静止系から放たれた光が，運動系内の観測者に運動系内を伝播する光となって直に観測されるときの伝播時間と伝播距離を表す. vは相対速度, cは光の速さを表す.

新ローレンツ変換は，静止系で観測される光など電磁波の伝播時間や伝播距離が，運動系でいかように観測されるものとなるのかを説明している（逆に，運動系で放たれた光が，運動系内で観測される時の伝播時間や伝播距離が，静止系でいかように観測されるものとなるのかを説明する）. すなわち，新相対性理論は，相対論的電磁気理論を成す. このような相対論的な観察は，ガリレイ変換には存在しない.

以上に説明するように，新たなローレンツ変換は，相対論的な電磁気理論の基礎（すなわち，電磁気理論に対する相対論）を与える. ニュートンの力学法則に対する相対論は，相対論的電磁気理論を通じて成立するものとなるが，これについては後の章にて説明される.

相対速度が光の速さに比較して十分に遅いとき，すなわち$v^2/c^2 \leq 1$となるとき, 新たなローレンツ変換式(5)〜(8)は, 次なる関係式を与える.

$$t' = t - \frac{vx}{c^2} \tag{9}$$

$$x' = x - vt \tag{10}$$

$$y' = y \tag{11}$$

$$z' = z \tag{12}$$

これらの式形は, 式(1)〜(4)に示すガリレイ変換の式形によく似ているが, ガリレイ変換と新ローレンツ変換との相異は, 式(1)と式(9)の違いに現れている. すなわち，いわゆるローレンツ変換というような類からは，ガリレイ変換は生まれないことが示される．それらは，物理的な意味においてもまったく異なる変換式である．前者であるガリレイ変換に相対論という作用はないが，後者には相対論という作用がある．

このことに関して，アインシュタインの相対性理論に関する教科書や解説書などがこれまで与えてきた説明,「ローレンツ変換は，$v^2/c^2 \leq 1$ となるとき，ガリレイ変換を与える」は，誤っていたことが，ここに明らかにされる．

アインシュタインのローレンツ変換は，静止系の実際の時間及び空間と運動系の実際の時間及び空間との対応関係（すなわち，実際の時間と長さの相対論）を表すのに対して，式(5)～式(8)に示す新ローレンツ変換は，静止系と運動系とで観測される光の伝播時間や伝播距離の関係（観測される光など電磁現象の相対論，相対論的電磁気理論）を表しており，アインシュタインのローレンツ変換とは物理的意味がまったく異なる．それがゆえに，式(5)～式(8)に示す新ローレンツ変換は，単にアインシュタインのローレンツ変換の修正ではなく，全く異なるものとして位置付けられて，新ローレンツ変換と呼ばれる．また，それによって導かれる相対性理論は新相対性理論と呼ばれる．

したがって，ガリレイ変換の存在の上に新ローレンツ変換が成立する．対して，アインシュタインの相対性理論は，ガリレイ変換を正しくない変換として退けており，ガリレイ変換を修正する形にローレンツ変換を与えている．その結果，相対論的な考察を行うための時間及び空間の基盤を欠いている．

新相対性理論では，ガリレイ変換も新ローレンツ変換も，いずれも相対性原理を厳密に満たす．また，それらの成立によって現れる相対論的電磁気理論も厳密に相対性原理を満たすことになる．その結果，これまでアインシュタインの相対性理論から派生されてきたパラドックスの類が，新相対性理論から派生されるようなことは一切無い．

新たなローレンツ変換が与える２つの式

新たなローレンツ変換の式(5)及び式(6)にそれぞれに，ガリレイ変換が与える関係式$x = vt$及び$l_0 = x - vt$を与えて，次なる関係式を得る．

$$t' = \frac{1}{\sqrt{1 - v^2/c^2}}\left\{t - \frac{v \times vt}{c^2}\right\} = \sqrt{1 - v^2/c^2}\, t \tag{13}$$

$$x' = \frac{1}{\sqrt{1 - v^2/c^2}} l_0 \tag{14}$$

式(13)及び(14)は，それぞれ静止系で放たれた光の伝播が運動系の観測者に観測されるときの光の伝播時間t'及び伝播距離x'を表す．

これに対して，アインシュタインはこれらの関係をそれぞれ静止系と運動系の実際の時間の対応関係及び実際の空間長の対応関係と捉えて，式(13)より「運動系の時間経過はそれが静止して観測される時の時間経過よりも遅れる」とした．また，式(14)より「運動系の運動方向の長さはそれが静止して観測される長さよりも縮む」と判断した．こうしたアインシュタインの誤った解釈が，その後の時間や長さに関するパラドックスを派生させる根源となった．また，人々は１世紀以上にも亘ってこのことに翻弄され続けてきた．

新相対性理論においては，静止系の観測者が光の伝播に対して観測する平均時間$\bar{t}$及び平均距離$\bar{l}$に関し，次のような関係式を与える．

$$t' = \sqrt{1 - v^2/c^2}\, \bar{t} \tag{15}$$

$$x' = \sqrt{1 - v^2/c^2}\, \bar{l} \tag{16}$$

これらの関係式は，いずれも右辺に示す光の伝播の平均時間$\bar{t}$や平均距離$\bar{l}$が，運動系では短縮して観測されることを表す．このようになることの物理的メカニズムは，静止系で放たれた光が運動系で観測されるとき，その振動数や波数に古典的ドップラーシフトや２次のシフトを生じることにある．

式(9)～(12)に示す変換式をマクスウェルの電磁場の方程式に適用すると，光の速度に対して相対速度が十分に小さい場合の電磁場理論を与える．これは，動いている物に対する従来の古典的電磁気理論を与える．

コラム13 ニュートンの運動法則の修正

ニュートンの運動法則は,「静止しているか,一定速度で運動している物体は,それに力が作用しない限り,その(運動)状態を保つ」ということが第一法則(慣性の法則)として知られている.そのためか,我々は,運動の法則からは,静止している物体というよりも,むしろ一定速度で運動している物体の運動の変化を思い浮かべるものである.

しかしながら,厳密にいうと,静止している観測者は,物体が例え1mm/sで運動していても,その速度変化及び力の作用時間を直接測ることはできない.これが相対性理論の教えである.したがって,相対性理論は,ニュートンの運動の法則の直接的適用が,物体が静止している状態から動き出す瞬間までの場合にのみ適用可能であることを教える.したがって,我々がこれまで学んできたニュートンの運動法則は,物体が静止している場合に限って適用されて,次のように修正されなければならない.

1) **慣性の法則**:静止している物体は,力が作用しない限り静止し続けるという慣性を有している.その慣性の大きさは質量mを持って測られる.
2) **作用・反作用の法則**:物体が静止し続けるのは,力の作用とそれに対する反作用とが釣り合っていることによる.
3) **運動方程式**:静止している物体が力の作用で動き出すとき,作用力fと物体の質量m,そして力の作用した微小時間dt及び物体が獲得した微小速度dvとの間に,次なる関係が成立する.

$$mdv = fdt \tag{i}$$

観測者に対して,一定速度で運動して見える物体に対しては,ガリレイ変換を経て,その物体を静止物体として観察できる.そのとき,運動方程式は式(i)で与えられる.

6. 光の伝播に伴う相対論的不変量と４次元時空

ここでは，新ローレンツ変換に基づいて相対論的不変量及び４次元の時空の説明を行う．従来のアインシュタインの相対性理論の説明（第Ⅲ部の内容）とできるだけ内容の対比が可能なように，以下の説明をアインシュタインの相対性理論の説明の流れにおおよそ沿った形で展開する．

光のヌル伝播

静止系の原点に置かれた光源から光が球面波として発射されるとき，その光の広がりは，次のように与えられる．

$$x^2 + y^2 + z^2 = (ct)^2 \tag{1}$$

この関係式は, 原点からの位置ベクトルを$\boldsymbol{r} = (x, y, z)$と与えるとき, $t = 0$時に原点から発射された光の波面位置が，$\boldsymbol{r}$の指す位置にあることを意味する．すなわち，光は，原点から球面状に広がって伝播することを表す．

式(1)に，新ローレンツ変換式(5.5)～(5.8)を代入すると，

$$x'^2 + y'^2 + z'^2 = (ct')^2 \tag{2}$$

が与えられる. 両辺の関係から, 位置ベクトル$\boldsymbol{r}' = (x', y', z')$は光の波面位置を指す.

新ローレンツ変換は，静止系から放たれた光が運動系でどのような光の伝播となって観測されるかを表すものであったことから，式(1)に従う静止系の原点を中心として球面状に広がる光の伝播は，運動系内でも式(2)に示すように，運動系の原点を中心として球面状に広がる光の伝播となって観測されることになる．ここで，注意すべきは，このとき光は静止系から放たれ，それが運動系で運動系の観測者に観測されるときの波

面が式(2)で表されるという点である．また，$t = 0$時には，両系は互いの座標原点位置を重ねていたことに注意が必要である．

式(1)及び(2)の関係から，光の伝播に関して，次なる関係式が与えられる．

$$s^2 = (ct')^2 - x'^2 - y'^2 - z'^2 = (ct)^2 - x^2 - y^2 - z^2 \tag{3}$$

ここに，$s = 0$（ヌル）である．式(1)及び(2)に導入されたように，位置ベクトル$\boldsymbol{r} = (x, y, z)$及び $\boldsymbol{r}' = (x', y', z')$は，光の波面の位置を指すものであるから，式(3)においては，$s = 0$となる．式(3)は，相対論的な不変量の存在を示している．このことについては，後に位相の観点からの議論が行われる．

式(3)において，位置ベクトル$\boldsymbol{r} = (x, y, z)$が光の先端波面の位置を指さず，運動系の座標原点を指すとき，式(3)は次のような関係式を与える．

$$s^2 = (ct')^2 = (ct)^2 - x^2 - y^2 - z^2 \tag{4}$$

ここに，$\boldsymbol{r}$は静止系の座標上で，静止系の原点から運動系の原点位置を指す位置ベクトルを成すことから，運動系では$x'^2 + y'^2 + z'^2 = 0$を与えてある．このとき，sの値はヌルとは限らない，なぜなら，式 (4)の場合は，位置ベクトルが光の波面を指していないからである．

ここまでの展開において，光の伝播速度はいずれの系においても一定値cとなっている．このことは，新ローレンツ変換から式(2)へ受け渡された一つの条件である．しかしながら，新ローレンツ変換を導く際には，光の伝播速度が静止系及び運動系のいずれにおいても一定値cで与えられることを条件とはしていない．すなわち，アインシュタインの光速度不変の原理は導入されていない．このことについては，新ローレンツ変換の誘導の過程ですでに説明されている．しかし，その証明については後に説明される．

アインシュタインの定義との相異

第Ⅲ部にて説明されたように，式(1)及び式(2)と同じ形の関係式がアインシュタインの式(Ⅲ.1.19)及び式(Ⅲ.1.19′)で与えられている．アインシュタインのローレンツ変換の場合，ガリレイ変換を修正したことになっているので，変数にプライムの付く物理量は運動系の実際の時間及び空間座標を表し，プライムの付いていない物理量は静止系の実際の時間及び空間座標を表している．

したがって，アインシュタインの式(Ⅲ.1.19)及び式(III. 1.19′)は，新相対性理論の式(1)及び式(2)と同じ形の関係式を与えていても，それらは，式(1)及び式(2)が示す内容とは異なっており，静止系から放たれた光が運動系でどのような光の伝播となって観測されるのかを表すものとはならない．アインシュタインの相対性理論では，静止系の時間や空間座標に対して，運動系の実際の時間及び運動方向の空間座標がどう対応するかが示されている．その結果，光の伝播は，短縮した運動系の時間及び空間に無条件に従うのみとなる．したがって，式(1)や式(2)とまったく同形の関係式が示されているとしても，それらの物理的意味は，ここに式(1)や式(2)が示す内容とはまったく異なる．

例えば，アインシュタインの相対性理論においては，静止系で静止時に球体として見える剛体は，静止系から一定速度で運動しているときには，運動系の運動方向に短縮して回転楕円体状になってしまう．アインシュタインは1905年の論文において，確かに，このような内容の説明を与えている（第Ⅲ部第2章参照）．また，そのことを説明する解説書などもこれまでそのように説明してきている．

新ローレンツ変換が与える不変量

$$(ct')^2 - x'^2 - y'^2 - z'^2$$

ここに示す各項に，前章の式(5.5)～(5.8)に示す新ローレンツ変換を代入すると，次なる関係が得られる．

$$(ct')^2 - x'^2 - y'^2 - z'^2 = (ct)^2 - x^2 - y^2 - z^2 \tag{5}$$

これは，逆に，次式の形での成立も確認できる．

$$(ct)^2 - x^2 - y^2 - z^2 = (ct')^2 - x'^2 - y'^2 - z'^2 \tag{5'}$$

式(5)すなわち(5′)は，式(3)を設定する際に行ったように，あらかじめ$s = 0$となることを基にして導いたわけではない．単に，式(5)や式(5′)の左辺にローレンツ変換式を適用して得られている．ただし，式(5′)には，ローレンツ逆変換が施されている．したがって，式(5)すなわち式(5′)は，観測される光の伝播に相対性原理が成立していることを表し，いずれの系から眺めても同一の光の伝播はまったく同じ位相となって観測されることを示している．これらの式は，両系間で相対論的な不変量の存在を示している．

ただし，前章式(5.16)より，光の伝播距離ctが与える波面の半径rとct'が与える半径r'とは，ヌル伝播によって，

$$\frac{r'}{r} = \sqrt{1 - v^2/c^2} \tag{6}$$

の関係にある．

光の速度はなぜ不変量を成すか？

ここでは，光の伝播の位相の見え方に基づいて，式(5)及び (5′)の成立を考える．静止系から放たれた光の伝播が，静止系及び運動系のいずれから眺められた場合であっても，同一の光波に対して伝播波の山は山，谷は谷に対応して観測されなければならないので，波面の位相はいずれの系から眺めても同じ値を与えなければならない．

したがって，x軸に沿う方向に1次元的に伝播する光波について考えると，同じ光の伝播を静止系から眺めた場合の位相と運動系から眺めた場合の位相とに，次の関係式が成立しなければならない．

$$kx - \sigma t = k'x' - \sigma' t' \tag{7}$$

$$kx + \sigma t = k''x' + \sigma''t' \tag{8}$$

ここに，kは波数，σは角振動数を表す．右辺に示すプライムの付く変数は運動系に対応し，プライムの付いていない変数は静止系に対応する．したがって，これらの式の左辺は静止系から放たれた光の伝播を静止系の観測者が見た場合の位相であり，右辺はその光が運動系内を伝播する様子を運動系の観測者が見た場合の位相を表す．式(7)は，光がx軸及びX軸の正の方向に伝播する場合であり，式(8)は，光が静止系のx軸及び運動系のX軸の負の方向に伝播する場合である．

これまでに，静止系から放たれた光が運動系で観測されるとき，それは振動数に古典的ドップラーシフト及び２次のシフトを伴って観測されることが説明された．これに従えば，静止系の波数及び振動数と運動系の波数及び振動数との関係は，それぞれ次のように与えられる．

$$k' = k\frac{1}{1 + v/c}\sqrt{1 - v^2/c^2} \tag{9}$$

$$k'' = k\frac{1}{1 - v/c}\sqrt{1 - v^2/c^2} \tag{10}$$

$$\sigma' = \sigma\frac{1}{1 + v/c}\sqrt{1 - v^2/c^2} \tag{11}$$

$$\sigma'' = \sigma\frac{1}{1 - v/c}\sqrt{1 - v^2/c^2} \tag{12}$$

ここに，$1/(1 \pm v/c)$は古典的ドップラー効果を表し，$\sqrt{1 - v^2/c^2}$ は２次の振動数シフトを表す．

式(9)～(12)を式(7)及び式(8)に代入して，両辺をそれぞれ掛けあわせると，波数のシフトや振動数のシフトが取れて，次式を得る．

$$(kx + \sigma t)(kx - \sigma t) = (kx' + \sigma t')(kx' - \sigma t') \tag{13}$$

ここで，$c = \sigma/k$となることを考慮すると，

$$k^2\{x^2-(ct)^2\}=k^2\{x'^2-(ct')^2\} \tag{14}$$

よって

$$x^2-(ct)^2=x'^2-(ct')^2 \tag{15}$$

これを，静止系の座標原点から任意方向に３次元的に伝播する光の場合に変えて，最終的に次式を得る．

$$x^2+y^2+z^2-(ct)^2=x'^2+y'^2+z'^2-(ct')^2 \tag{16}$$

この関係式は，式(5)及び式(5′)を与える．すなわち，式(5)及び式(5′)の成立は，光の伝播に関して，両系間で位相の同一性を表す．

式(7)及び式(8)から(16)を得るに当たって，光速度不変の原理に該当するような原理は一切導入されていない．考慮されたのは，光の伝播に１次シフトと２次シフトが波数及び振動数に現れるという広く知られた実験事実のみである．これらの式の展開によって，静止系でも運動系でも光の速度が不変的な値を取り，それはいずれの系でも一定値cとして与えられることが明らかになった．ここに，その物理的メカニズムが，光の伝播に伴う波数及び振動数の１次シフトと２次シフトの存在にあったことが明らかとなる．

これに対して，アインシュタインの相対性理論では，光速度不変の原理が導入されるため，光の速度が静止系でも運動系でも不変となって観測されることの物理的メカニズムは不問に付される．また，光の速度が不変で，運動系の実際の時間及び空間が縮むことから，それに応じて運動系の光の伝播の波数及び振動数にシフトが現れることになっている．すなわち，静止系で放たれた光は，運動系を伝播するとき，その縮んだ時空に収まるために，光の波数及び振動数が変化することになる．

新ローレンツ変換は，静止系から放たれた光測量の光の伝播を，静止系から眺めたとき，そして運動系から眺めたとき，それらがどのように関連付けられるものとなるかを示すものとして導かれているので，新ローレンツ変換から式(16)の結果が得られるのは当然なことと言える．

光測量による測定値の客観性

新ローレンツ変換は，光測量の原理によって導かれている．それによれば，x軸に沿って一定速度で運動する運動系の運動方向の長さの測定に関して，次なる関係を得る．

$$(ct)^2 - x^2 = (ct')^2 \tag{17}$$

この関係式は，左辺が光測量によって静止系の観測者の測る運動系の運動方向の長さを表す．対して右辺は，この測量による光の伝播が運動系で運動系の観測者に直に観測されるとき，それがいかような距離の伝播を示すものとなるのかを表す．

運動系の運動を，静止系の原点から(x, y, z)方向に取れば，その方向に光測量を行って，式(17)は次のように与えられる．

$$(ct)^2 - x^2 - y^2 - z^2 = (ct')^2 \tag{18}$$

式(17)あるいは式(18)は，運動系の運動方向に行われる光測量の結果であるが，運動系の運動方向とは直角を成す方向に測る光測量に対してもまったく同じ関係式が得られる．

以上から，式(17)あるいは式(18)は静止系と運動系とに対して，静止系から放たれた光の伝播が取り持つ関係式となる．

式(18)において，光測量を運動系から静止系を測量することに切りかえると，次なる関係が与えられる．

$$(ct')^2 - x'^2 - y'^2 - z'^2 = (ct)^2 \tag{19}$$

このとき，$(ct')^2$と$(ct)^2$とはまったく同じ伝播距離となる．

式(18)及び式(19)より，

$$(ct')^2 - x'^2 - y'^2 - z'^2 = (ct)^2 - x^2 - y^2 - z^2 \tag{20}$$

この関係式は当然ながら，次のようにも書ける．

$$x'^2 + y'^2 + z'^2 - (ct')^2 = x^2 + y^2 + z^2 - (ct)^2 \tag{21}$$

これらは，式(5)及び式(5′)を与える．

式(17)～式(21)は，光測量による測量結果が，静止系及び運動系の何れから行われる場合であってもまったく同じとなることを表し，光など電磁波を用いた計測に対する相対性原理の成立及び測量結果の客観性を保証する内容となっている．

以前にも触れたように，$(ct)^2 - x^2 - y^2 - z^2$という関係が，$x^2 + y^2 + z^2 - (ct)^2$というような関係に書かれる場合がある．後者の場合，光の伝播を波の位相で表すときに好んで用いられる．対して，前者は，数学的な取り扱いの便宜上，座標系を時間t及び空間(x, y, z)で表す代わりに，時間の項ctも空間座標の一つに含めて４次元の時空（数学的架空の時空）として取り扱う場合に好んで用いられている．例えば，後に示される式(22)及び(23)を参照．

数学的取扱い上の架空の４次元時空の設定

アインシュタインの相対性理論に対して，ミンコフスキーが設定したように，数学的取扱い上の利便性から架空の４次元時空が，次のように設定される．

$$x^0 = ct,\ \ x^1 = x,\ \ x^2 = y,\ \ x^3 = z \tag{22}$$

x^0～x^3をベクトル成分x^i $(i = 0\text{～}3)$で表して，４次元の時空と呼ぶ．ここに，時間と空間とを一つにした座標，４次元の時空の座標が定義される．但し，ここに定義される４次元の時空は，実際の時間や空間に対応する訳ではない．あくまでも，光など電磁波を用いた計測で与えられる伝播波の伝播時間及び伝播距離に当てられた数学的便宜上の時空を表す．

対して，アインシュタインの相対性理論においては，このような座標系は，実際の座標系として取り扱われており，ミンコフスキーの４次元（あるいは４元）時空と呼ばれている．アインシュタインのこのような定義が，時間や空間に対するパラドックスを派生させてきた要因である．

数学的取扱いにおける利便性から 4 次元の時空を定義するとき，その座標の線素は，次のように与えられる．

$$ds^2 = {dx^0}^2 - {dx^1}^2 - {dx^2}^2 - {dx^3}^2 \tag{23}$$

式(23)は，テンソルを用いた表記では，次のように与えられる．

$$ds^2 = \eta_{ij} dx^i dx^j \tag{24}$$

ここに，η_{ij}は計量テンソルを表し，その対角成分については，$\eta_{00} = 1$，$\eta_{11} = -1$，$\eta_{22} = -1$，$\eta_{33} = -1$と与えられ，その他の成分についてはすべてゼロとなる．計量テンソルがこのような成分を持つとき，この数学的便宜上の 4 次元の時空は一般に「平坦な時空」と呼ばれる．添字については，同じ項に同じ添字が繰り返す場合，その添字について和を取るというアインシュタインの和の規約が用いられている．

テンソルに関するアインシュタインの和の規約は，例えば，次のような和の取り方に従う．

$$\begin{aligned}\eta_{ij} dx^i dx^j = {} & \eta_{00} dx^0 dx^0 + \eta_{01} dx^0 dx^1 + \eta_{02} dx^0 dx^2 + \eta_{03} dx^0 dx^3 \\ & + \eta_{10} dx^1 dx^0 + \eta_{11} dx^1 dx^1 + \eta_{12} dx^1 dx^2 + \eta_{13} dx^1 dx^3 \\ & + \eta_{20} dx^2 dx^0 + \eta_{21} dx^2 dx^1 + \eta_{22} dx^2 dx^2 + \eta_{23} dx^2 dx^3 \\ & + \eta_{30} dx^3 dx^0 + \eta_{31} dx^3 dx^1 + \eta_{32} dx^3 dx^2 + \eta_{33} dx^3 dx^3\end{aligned} \tag{25}$$

η_{ij}が対角成分のみを持つ場合，式(25)は次のように与えられる．

$$\begin{aligned}\eta_{ij} dx^i dx^j = {} & \eta_{00} dx^0 dx^0 + \eta_{11} dx^1 dx^1 + \eta_{22} dx^2 dx^2 \\ & + \eta_{33} dx^3 dx^3\end{aligned} \tag{26}$$

よって，

$$\eta_{ij} dx^i dx^j = {dx^0}^2 - {dx^1}^2 - {dx^2}^2 - {dx^3}^2 \tag{27}$$

したがって，静止系から運動系に届く光の伝播が示す時空については，その線素が次ように与えられる.

$$ds^2 = \eta'_{ij} dx'^i dx'^j \tag{28}$$

ここに，計量η'_{ij}は，式(20)の関係から，

$$\eta'_{ij} = \eta_{ij} \tag{29}$$

となる.

4元速度及び運動量

相対性原理によって，光測量に現れる$(ct')^2 - x'^2 - y'^2 - z'^2$及び$(ct)^2 - x^2 - y^2 - z^2$は, 共に新ローレンツ変換に対して, 不変量を成す. したがって，$(ct)^2 - x^2 - y^2 - z^2$に対して，不変量sを設定し，次式が与えられる.

$$s = (ct)^2 - x^2 - y^2 - z^2$$

この不変量について，微小時間dtを考えると，微小距離が対応して，次なる関係が与えられる.

$$ds^2 = (cdt')^2 = (cdt)^2 - dx^2 - dy^2 - dz^2 \tag{30}$$

この両辺を微小時間ct'で割ると，次式が得られる.

$$c^2 = \left(\frac{cdt}{dt'}\right)^2 - \left(\frac{dx}{dt'}\right)^2 - \left(\frac{dy}{dt'}\right)^2 - \left(\frac{dz}{dt'}\right)^2 \tag{31}$$

ここに,

$$u^0 = cdt/dt',\ u^1 = dx/dt',\ u^2 = dy/dt',\ u^3 = dz/dt'$$

と置くと，式(31)は次のように与えられる.

$$c^2 = (u^0)^2 - (u^1)^2 - (u^2)^2 - (u^3)^2 \tag{32}$$

この式の両辺に質量m_0を乗じて，次式を得る．

$$(m_0 c)^2 = (m_0 u^0)^2 - (m_0 u^1)^2 - (m_0 u^2)^2 - (m_0 u^3)^2 \tag{33}$$

以上の議論から，式(32)及び(33)に現れる右辺は，不変量をなす．ここに定義される$u^i (i = 0\sim 3)$及び$m_0 u^i (i = 0\sim 3)$は，それぞれ数学的取扱いの便宜上設定される4次元の量であり，相対論的4元速度及び4元運動量と呼ばれる．これらは，運動系の計測に光を用いた際に定義される不変量である．

4元ベクトル

数学的取扱い上の利便性から導入される架空の4次元時空において，位置ベクトル$\boldsymbol{r}$は，4元ベクトルとして，次のように与えられる．

$$\boldsymbol{r} = (ct, x, y, z) \tag{34}$$

あるいは，次のように表される．

$$\boldsymbol{r} = x^i \boldsymbol{e}_i \quad (i = 0\sim 3) \tag{35}$$

ここに，x^iは，4元位置ベクトルの成分，$\boldsymbol{e}_i$は4元時空の基本ベクトルを表す．

式(35)にローレンツ変換を施すと，次なる変換関係が与えられる．

$$x^{i'} = \begin{pmatrix} \gamma & -\gamma\beta & 0 & 0 \\ -\gamma\beta & -\gamma & 0 & 0 \\ 0 & 0 & 1 & 0 \\ 0 & 0 & 0 & 0 \end{pmatrix} x^i \tag{36}$$

ここに，$\gamma = 1/\sqrt{1 - v^2/c^2}$，$\beta = v/c$であり，特に，$\gamma$はローレンツ係数と呼ばれる．

式(36)に示すローレンツ変換を表す行列を，変換テンソル$\alpha^{i'}_k$によって表すと次のように与えられる．

$$\alpha^{i'}_{k} = \begin{pmatrix} \gamma & -\gamma\beta & 0 & 0 \\ -\gamma\beta & -\gamma & 0 & 0 \\ 0 & 0 & 1 & 0 \\ 0 & 0 & 0 & 0 \end{pmatrix} \tag{37}$$

このとき，式(36)に示す変換式は次のように表される．

$$x^{i'} = \alpha^{i'}_{i} x^{i} \tag{38}$$

変換行列の逆行列を表す変換テンソルを$\alpha^{i}_{k'}$によって表すと，式(38)は次のように表せる．

$$x^{i} = \alpha^{i}_{i'} x^{i'} \tag{39}$$

よって，変換テンソルに対して次なる関係が与えられる．

$$\alpha^{i'}_{l}\,\alpha^{l}_{j'} = \delta^{i'}_{j'} \tag{40}$$

ここに，δ^{i}_{j}はクロネッカーのデルタを表す．

４元ベクトルが不変量を成すことについては，式(20)に示すとおりである．

４元速度ベクトル

式(32)において，速度に次のような定義が導入された．

$$u^0 = cdt/dt',\ u^1 = dx/dt',\ u^2 = dy/dt',\ u^3 = dz/dt'$$

これらをまとめて，４元速度ベクトルの成分u^i $(i = 0\sim3)$と書く．さらに，速度については，

$$v^0 = cdt/dt,\ v^1 = dx/dt,\ v^2 = dy/dt,\ u^3 = dz/dt$$

も定義されるので，これら４元速度ベクトルの成分をv^i $(i = 0\sim3)$と書く．ここで，速度ベクトルの成分u^iとv^iの相異について，時間dt'で割るかあるいはdtで割るかの相異にあることに注意が必要である．

以上の関係にtとt'の関係を導入して，次なる関係が与えられる．

$$u^i = \gamma v^i \tag{41}$$

4元速度が不変量を成すことについては，式(32)に示すとおりである．

4元運動量ベクトル

式(41)に，質量m_0を乗じて，次なる4元運動量ベクトルの成分p^iを得る．

$$p^i = \gamma m_0 v^i \tag{42}$$

4元運動量が不変量を成すことについては，式(33)に示すとおりである．

4元運動方程式

詳しくは，後に導かれるが，ベクトル成分表示による4元運動方程式は，次のように与えられる．

$$\gamma \frac{dp^i}{dt} = f^i \tag{43}$$

ここに，f^iは4元力ベクトルの成分を表す．
よって，

$$\frac{dp^i}{dt} = f^i\sqrt{1 - v^2/c^2} \tag{44}$$

ここに，$K^i = f^i\sqrt{1 - v^2/c^2}$と置き，$K^i$はニュートン型の力，$f^i$はミンコフスキー型の力と呼ばれる．

相対論的エネルギー

相対論的なエネルギーは，次のように定義される．詳しくは，第8章を参照．

$$E = \frac{m_0 c^2}{\sqrt{1 - v^2/c^2}} \tag{45}$$

一方，運動量は式(42)より，次のように与えられる．

$$\boldsymbol{p} = \frac{m_0 \boldsymbol{v}}{\sqrt{1 - v^2/c^2}} \tag{46}$$

ここに，$\boldsymbol{p}$は相対論的運動量ベクトルを表す．

これらより，次なる関係が与えられる．

$$E^2 = {m_0}^2 c^4 + c^2 \boldsymbol{p}^2 \tag{47}$$

アインシュタインの相対性理論では，ここで，$\boldsymbol{v} = \boldsymbol{0}$に対して，$\boldsymbol{p} = \boldsymbol{0}$となることから，$E = m_0 c^2$が得られて，これを静止エネルギーと定義し，質量から膨大なエネルギーが得られることの理論的根拠としている．しかし，このような説明はアインシュタインの想像であって，後に示すように適切な解釈ではない．

コラム 14 世界一有名な式 mc^2 はアインシュタインの想像物か？

第Ⅳ部より，静止系と運動系とで光など電磁波をやり取りすると，両系間に，次なる関係式が与えられる．

$$ds^2 = (cdt')^2 = (cdt)^2 - dx^2 - dy^2 - dz^2 \tag{i}$$

$$u^0 = cdt/dt',\ u^1 = dx/dt',\ u^2 = dy/dt',\ u^3 = dz/dt'$$

$$c^2 = (u^0)^2 - (u^1)^2 - (u^2)^2 - (u^3)^2 \tag{ii}$$

光の伝播に redshift（２次シフト）を伴うことから，静止系と運動系とで，伝播時間に関して，次なる関係が成立する．

$$t' = \sqrt{1 - v^2/c^2}\,t \tag{iii}$$

よって，式(ii)に式(iii)を代入して，次式を得る．

$$c^2 = \left(\frac{c^2}{\sqrt{1 - v^2/c^2}}\right)^2 - \left(\frac{v}{\sqrt{1 - v^2/c^2}}\right)^2 \tag{iv}$$

両辺に ${m_0}^2c^2$ を乗じて，次式を得る．

$$({m_0}^2c^2)c^2 = \left(\frac{m_0c^2}{\sqrt{1 - v^2/c^2}}\right)^2 - c^2\left(\frac{m_0v}{\sqrt{1 - v^2/c^2}}\right)^2 \tag{v}$$

ここで，エネルギー E と運動量 $\boldsymbol{p}$ を，次のように定義する．

$$E = \frac{m_0c^2}{\sqrt{1 - v^2/c^2}}, \qquad \boldsymbol{p} = \frac{m_0\boldsymbol{v}}{\sqrt{1 - v^2/c^2}} \tag{vi}$$

このとき，式(v)は，次式を与える．

$$(m_0c^2)^2 = E^2 - c^2\boldsymbol{p}^2 \tag{vii}$$

アインシュタインの相対性理論では，式(vii)は，$\boldsymbol{v}=\mathbf{0}$すなわち$\boldsymbol{p}=\mathbf{0}$のとき，$\boldsymbol{E}=\boldsymbol{m_0c^2}$を与える．これは静止エネルギーと呼ばれ，微小な質量が膨大なエネルギーに変ることの理論的根拠と解釈されている．

しかしながら，式(v)の左辺は，運動系における光の伝播速度の２乗に単に$m_0{}^2$を乗じて与えられており，この項の物理的解釈としては，「光速度cで運動する質量m_0の粒子の運動エネルギー」として理解できたとしても，「静止エネルギーや，質量がエネルギーに変わる」との意味は存在しない．

ここで，式(v)の前身である式(iv)に戻ると，式(iv)は次式を与える．

$$c^2=c^2\left(\frac{1}{\sqrt{1-v^2/c^2}}\right)^2(1-v^2/c^2)=c^2 \qquad \text{(viii)}$$

ここに，左辺は運動系における光速，右辺は静止系における光速を表す．よって，式(viii)は，静止系と運動系とで光など電磁波の伝播速度が同じ値を取りcとなっていることを表す．

そもそも，式(v)の存在の根源となっている式(i)は，静止系から放たれた光の伝播を静止系で観測した場合の位相と，運動系で観測した場合の位相との関係を表している．式(i)から式(v)を得たのは，式(iii)の条件に基づく．すなわち，式(iii)に示す光の伝播にredshiftが現れるとき，式(i)は式(viii)の成立に帰結する．逆に，式(viii)の下に式(i)が成立するとき，式(iii)に示すredshiftの発生に帰結する．

以上から明らかになることは，アインシュタインの式 $E=m_0c^2$ を，相対論的静止エネルギー（質量からエネルギーが得られる），と解釈すべき根拠は存在しない．相対論的エネルギーは，むしろ，次式を与え，

$$(E/m_0c^2)^2\approx(1+1/2v^2/c^2)^2 \qquad \text{(ix)}$$

光速度cを基準として測られるものであるとの解釈が与えられる．

7. 相対論的運動法則

相対性原理によれば，静止系及び運動系の内で何れが絶対的に静止しているもので，いずれが絶対的に運動しているものかを決定することはできない．そのため，いずれの系も静止しているもの，あるいは一定速度で運動しているものとして任意に設定できる．したがって，そのような両系間に力学的な区別をつけることは不可能であり，それぞれの系で互いにまったく同じ物理現象を観測することになる．ニュートンの運動法則が静止系で成立するのなら，それは運動系でもまったく同様に成立していなければならない．このようなことは，電磁気理論についても同じとなる．

こうした状況の成立が相対性原理として設定された上で，運動系で繰り広げられる力学現象を静止系から（あるいは逆に，静止系で繰り広げられる力学現象を運動系から）離れて観測するとき，その力学現象がいかように計測された上で，いかような力学法則を成すものとなるのかを議論するのが相対論的力学を成す．

これまでの章で議論してきたように，我々は動いているもの（観測者に対して相対速度を有するもの）の時間や長さを直接測定することができず，計測には光など電磁波を用いることになるため，相対論的電磁気理論，すなわち相対性理論が必要となる．相対論的電磁気理論に頼る計測に基づいた動いているものの力学が，相対論的力学と呼ばれる．

相対性原理の下に成立する相対論的力学

ニュートンの時代には相対性理論はまだ現れていない．したがって，ニュートンが定義した運動の法則は，相対性理論と一切関係なく定義されている．アインシュタインの相対性理論に基づく従来の相対性理論の解説書などでは,「相対速度が光速に比較して十分に遅い場合，ガリレイ変換がニュートン力学に対する相対性理論を成す（ガリレイの相対性理論)」などと説明されている．しかし，このような説明は間違っている．

第Ⅱ部あるいは，先の第２章において説明されているように，ガリレイ変換は，静止系の時間及び空間座標と運動系の時間及び空間座標とをそれぞれ結ぶものであり，ガリレイ変換は相対性原理を満たすものであっても，それ自身が相対性理論をなす訳ではない.

相対性原理の下に成立する相対論的力学においては，まず慣性座標系間がガリレイ変換で結ばれ，それぞれの系内で観測される物理現象の一切が互いにまったく同じであることが相対性原理の下に保証されていなければならない．その上で，一方の系から相対速度を有して観測される他方の系内に繰りひろげられている力学現象を，離れて計測し，その計測値を基に力学を議論することが相対論的力学を成す．このとき，観測されるすべての物理現象は，静止系及び運動系のいずれから眺めても，相対性原理を満たさなければならない.

従来のニュートンの運動法則

よく知られているように，従来のニュートンの運動法則は，一般に次のように３つの法則で説明されている.

1） **慣性の法則**：力が作用しない限り，静止している物体は静止し続け，一定速度で運動している物体はその運動状態を保ち続ける.

2） **運動方程式**：質量mの物体に力fが作用するとき，その力の作用で物体に生じる加速度aとの間には，次なる関係が成立する.

$$ma = f \tag{1}$$

3） **作用・反作用の法則**：力の作用が現れるところには，それと同じ大きさで逆方向の力が反作用として現れる.

このように従来のニュートンの運動法則は，静止している物体のみでなく，ある一定の速度をもって運動している物体に対しても成立するものとされている．その結果，ニュートンの運動法則は，加速度を速度vの

時間微分として表して，一般に，

$$mdv/dt = f \tag{2}$$

という形に表されている．

また，第二法則において，$f = 0$と置くことで，加速度が発生することはないので，物体は元の運動状態を続けることになり，結果として，第一法則は第二法則から帰結されるとも説明される場合がある．

しかしながら，上でも説明したように，我々は，相対性理論（すなわち，相対論的電磁気理論）をもって動いている物の長さ及び時間を測定可能となる．相対性理論が確立したいま，観測者に対して一定速度で運動している物の運動法則は，相対論的運動法則によって規定されなければならない．したがって，従来のニュートンの運動法則は，物体が観測者に対して静止している状態からそれが動き始める瞬間までの力学現象に対してのみ適用可能であることを明示しなければならない．（このことについては，第Ⅱ部，ガリレイ変換に対する説明においてすでに触れられている）

静止物体の運動法則（静止物体の速度獲得法則）

すでに第Ⅱ部にて，定義されたことであるが，以下の議論を明確にするために，今一度ここで従来のニュートンの運動法則を静止力学法則として定義しておく．

1）　**慣性の法則（質量の定義）**：静止している物体は，力が作用しない限り静止し続けるという慣性を有している．その慣性の大きさは質量mを持って測られる．

2）　**作用・反作用の法則**：物体が静止し続けるのは，力の作用とそれに対する反作用とがつり合っているからである．

3）　**運動方程式**：静止している物体が力の作用で動き出すとき，作用力fと物体の質量m，そして力の作用した微小時間dt及び物体が獲得した微小速度dvとの間に，次なる関係が成立する．

$$mdv = fdt \tag{3}$$

これは，次のようにも書ける．

$$m\frac{dv}{dt} = f \tag{3'}$$

式形のバランス，そして物理的意味としては，式(3)を持って表す方が推奨される．

慣性の法則は，慣性の存在を明示し，そしてそれが質量mによって測られることを明示しているため，運動方程式で例え，$f = 0$を与えたとしても，それが，慣性の法則を代用することにはならない．なぜなら，それは，$a = 0$となることを与えたとしても，力学に慣性という性質があり，それが質量という物理量を持って測られることを定義することにはならないからである．作用・反作用の法則は，力の相対性を意味し，静止系で相対性原理が成立することを規定する．

以上のように，静止物体が微小相対速度dvを獲得するまでの力学が，ニュートンの与えた運動の法則として再定義される．これによれば，観測者に対して物体が運動を獲得することは，運動量mdvをもって測られ，力の作用は力積fdtをもって測られることになる．

以上の議論によって，静止系及び運動系のそれぞれの系内において，静止している物体が微小相対速度dvを獲得するまでの力学法則が定義づけられた．この力学法則を，以下，修正ニュートンの運動法則（修正されたニュートンの運動法則）あるいは，たんにニュートンの運動法則，あるいは静止力学法則と呼ぶ．

観測者に対して一定速度で運動する物体の相対論的運動法則

静止系に対して一定速度で運動している物体の側を運動系と呼ぶ．もちろん，逆に物体側から静止系の観測者側を眺めると，今度は静止系の観測者が一定速度で運動して見える．この場合は，静止系の観測者の系が運動系となり，物体側は静止系となる．

観測者から一定速度で運動して観測されている物体に対して，観測者がガリレイ変換を適用すると，その観測者は運動物体に対する伴走者となってその物体を眺めることができる．このとき，物体はその伴走者に対して静止した物体となって観測される．その結果，その伴走者に対して現れる力学法則は，前節で議論した静止している物体に対する運動の法則（修正ニュートンの運動法則，静止力学法則）となる．

一方，静止系の観測者から眺めて，一定速度で運動している物体に力が作用するとき，その物体の運動の変化はいかような運動法則に支配されるものとなるか？これに答えることが，相対論的運動法則を成す．

先に述べたように，ガリレイ変換によって，運動物体に対する伴走者となった観測者に対しては，一定速度で運動している物体に作用する力は，目前に静止している物体に作用する力となって観測される．したがって，ガリレイ変換を経た伴走者に対する運動の方程式は，式(3)で与えられる．ここでいう伴走者と運動系の観測者とは，運動系内でまったく同じ観測結果を与えることから，以下では，運動系における観測者を一人に統一し，以下「運動系の観測者」と呼ぶ．

このような関係において，静止系から放たれた光など電磁波の伝播は，運動系の観測者には，第５章の式(5.5)～(5.8)に示す新ローレンツ変換で与えられる伝播時間及び伝播距離に対応して観測される．このとき，運動系の観測者が計測に用いた時間及び長さの単位は，それぞれその運動系の観測者の持つ腕時計及びものさしの単位によるものであり，それらの単位は，ガリレイ変換によって，静止系のそれらの単位とまったく同じとなっている．

静止系から放たれた光が運動系内を伝播する伝播時間や伝播距離は，静止系の観測者の測る光の伝播時間及び伝播距離と式(5.13)及び式(5.14)の対応関係をなす．その結果，運動系の観測者が計測する時間変化や距離の変化などは，ローレンツ逆変換をもって，静止系の観測者が観測すべき運動物体の時間変化や距離の変化に対応付けられる．

第５章によれば，ここで必要となる新ローレンツ変換式は，次のように与えられる．

$$t' = \frac{1}{\sqrt{1 - v^2/c^2}}\left(t - \frac{vx}{c^2}\right) \tag{4}$$

$$x' = \frac{1}{\sqrt{1 - v^2/c^2}}(x - vt) \tag{5}$$

ここに，t及びxは，それぞれ静止系の観測者が光測量によって運動系内の離れた 2 点間の距離を測る際に要した計測時間及び計測長さを表し，t'及びx'は，静止系から運動系に届く光測量の光の伝播の様子を運動系の観測者が運動系内で観測した際に計測される伝播時間及び伝播距離を表す．

さて，運動系の観測者に運動系内で計測される速度をv'で表す．運動系内の静止物体が，微小時間dt'内に静止点から微小距離dx'だけ移動するとき，速度v'は次のように与えられる．

$$v' = \frac{dx'}{dt'} \tag{6}$$

式(6)に示す静止状態からの微小速度獲得量を用いて（v'をdv'とおいて），式(3)に示す運動方程式は次のよう書ける．

$$m_0 dv' = f_0 dt' \tag{7}$$

すなわち，

$$m_0 \frac{d^2x'}{dt'^2} = f_0 \tag{8}$$

ここに，m_0及びf_0は，それぞれ運動系における静止質量及び作用力を表す．これらは，相対性原理によって，静止系においても同じ量を成す．

このような運動系の静止力学を静止系の観測者は，一定速度で運動している物体に，作用力が作用して，相対速度vがdvだけ加速したと観測する．このとき，光測量によって，静止系の観測者に観測される運動方程式は，式(6)～式(8)に示す運動系の観測する静止力学に対して，時間及び距離を新ローレンツ変換の逆変換で与えて，相対論的な運動方程式が得られる．

ここに，式(5.13)及び式(5.14)を適用すると，微小時間に対して，

$$dt' = \sqrt{1 - v^2/c^2}\,dt \tag{9}$$

微小移動距離に対して，

$$dx' = \frac{1}{\sqrt{1 - v^2/c^2}}dx \tag{10}$$

となる関係が与えられる．

したがって，

$$\begin{aligned}\frac{dx'}{dt'} - \frac{d}{\sqrt{1 - v^2/c^2}dt}&\left(\frac{1}{\sqrt{1 - v^2/c^2}}\,dx\right)\\ &= \frac{1}{\sqrt{1 - v^2/c^2}^2}\frac{dx}{dt}\end{aligned} \tag{11}$$

さらに，

$$\begin{aligned}\frac{d}{dt'}\left(\frac{dx'}{dt'}\right) = \frac{d}{\sqrt{1 - v^2/c^2}dt}&\left(\frac{1}{\sqrt{1 - v^2/c^2}^2}\frac{dx}{dt}\right)\\ &= \frac{1}{\sqrt{1 - v^2/c^2}^3}\frac{d^2x}{dt^2}\end{aligned} \tag{12}$$

以上から，運動系に観測される静止力学法則における運動方程式(8)は，次のように静止系の観測する運動方程式に変換される．

$$m_0\frac{1}{\sqrt{1 - v^2/c^2}^3}\frac{d^2x}{dt^2} = f_0 \tag{13}$$

すなわち，

$$\frac{d}{dt}\left(\frac{m_0 v}{\sqrt{1-v^2/c^2}}\right)=f_0 \tag{14}$$

あるいは,

$$d\left(\frac{m_0 v}{\sqrt{1-v^2/c^2}}\right)=f_0 dt \tag{14'}$$

式(13)から式(14)が得られることについては,逆に式(14)の時間微分を実施することで,式(13)が得られることを示す方が比較的簡単にすむ.

すなわち,式(14)の微分を実施して,

$$\frac{m_0}{\sqrt{1-v^2/c^2}}\frac{dv}{dt}+v\frac{d}{dt}\left(\frac{m_0}{\sqrt{1-v^2/c^2}}\right)=f_0$$

m_0は一定(不変量)と定義されることから,

$$\frac{m_0}{\sqrt{1-v^2/c^2}}\frac{dv}{dt}+m_0 v\frac{d}{dt}\left(\frac{1}{\sqrt{1-v^2/c^2}}\right)=f_0$$

左辺第二項の微分を実施し,

$$\frac{m_0}{\sqrt{1-v^2/c^2}}\frac{dv}{dt}+m_0\frac{1}{\sqrt{1-v^2/c^2}^3}\left(\frac{v^2}{c^2}\right)\frac{dv}{dt}=f_0$$

すなわち,

$$\frac{m_0}{\sqrt{1-v^2/c^2}^3}\left\{(1-v^2/c^2)\frac{dv}{dt}+\left(\frac{v^2}{c^2}\right)\frac{dv}{dt}\right\}=f_0$$

$$\frac{m_0}{\sqrt{1-v^2/c^2}^3}\frac{dv}{dt}=f_0$$

これは,式(13)に一致する.ただし,ここの展開では,$m_0=const.$と定義されていることに留意すべきである．

式(13)あるいは式(14)をもって，相対論的運動方程式と呼ぶ．これら相対論的運動方程式は，従来のニュートンの運動方程式とは異なる形になっている．

アインシュタインの相対性理論の解説書などによると，「ニュートンの運動方程式は，ガリレイ変換で同じ形に変換されるが，相対性理論のローレンツ変換では同じ形に変換されず，運動方程式が相対性原理を満たすためには，ニュートンの運動方程式を修正する必要があった」などと説明されている場合がある．このような従来の解釈は，アインシュタインの誤った判断に基づく相対性理論から派生するものである．

ニュートンの運動方程式に対する相対性原理とは，従来の説明ではなく，静止系及び運動系のそれぞれに対してまったく同じ静止力学としてのニュートンの運動方程式が成立していること，その上で，一つの系からそれに相対速度を有する系の運動力学を観察したとき，相対論的運動方程式が現れて，それが系の立場を入れ替えても同じとなっていることが運動方程式に対する相対性原理を成す．

相対論的運動方程式が式(13)や式(14)の形に導かれた誘導過程から明らかなように，観測者に対して静止している物体に対してのみ適用されるニュートンの運動方程式に，新ローレンツ変換を施して得られる方程式が，従来のニュートンの運動方程式と異なる形に与えられることは当然と言える．それがゆえに，我々は，動いている物体の運動を知るには従来のニュートンの運動法則でなく，相対論的運動法則を必要とするのである．したがって，ニュートンの運動方程式は，物体が観測者に対して静止している場合にのみ適用され，それは静止している物体の運動法則で規定される．

コラム15 世界一有名な式mc^2はアインシュタインの想像物か？ その2

アインシュタインの相対性理論によれば，一定速度vで運動している粒子の相対論的質量が，次のように定義される．

$$m = \frac{m_0}{\sqrt{1 - v^2/c^2}} \tag{i}$$

これに粒子の速度ベクトル$\boldsymbol{v}$を乗じて，相対論的運動量が，次のように定義される．

$$\boldsymbol{p} = m\boldsymbol{v} = \frac{m_0\boldsymbol{v}}{\sqrt{1 - v^2/c^2}} \tag{ii}$$

また，相対論的質量mにc^2を乗じて，相対論的エネルギーが，次のように定義される．

$$E = mc^2 = \frac{m_0 c^2}{\sqrt{1 - v^2/c^2}} \tag{iii}$$

以上をまとめて，次式が得られる．

$$E^2 = (m_0 c^2)^2 + \boldsymbol{P}^2 c^2 \tag{iv}$$

ここで，$|\boldsymbol{v}| = 0$に対して，次の関係式が与えられる．

$$m = m_0, \qquad \boldsymbol{p} = \boldsymbol{0} \tag{v}$$

$$E = m_0 c^2 \tag{vi}$$

さらに，式(i)をv^2/c^2についてテーラー展開して，次式が得られる．

$$m = m_0\left(1 + \frac{1}{2}v^2/c^2 + \cdots\right) \tag{vii}$$

これにc^2を乗じて，次式を得る．

$$mc^2 = m_0c^2 + \frac{1}{2}m_0v^2 + \cdots \tag{viii}$$

ここで，$v = 0$に対して，次の関係式が与えられる．

$$mc^2 = m_0c^2 \tag{ix}$$

式(vi)及び式(ix)の関係から，従来のアインシュタインの相対性理論においては，m_0c^2が（相対論的）静止エネルギーと呼ばれ，微小な質量から膨大なエネルギーが生まれることの根拠とされている．また，これが質量とエネルギーとを等価なものと見なす根拠ともなっている．

しかしながら，式(i)に示す相対論的質量mは，それを導いた相対論的運動方程式（次式）を基に与えられている．

$$m_0\frac{dv}{\sqrt{1-v^2/c^2}^2} = f\left(dt\sqrt{1-v^2/c^2}\right) \tag{x}$$

新相対性理論によれば，式(x)に見る$\sqrt{1-v^2/c^2}$は，光など電磁波を用いた計測による速度変化量dvや時間変化量dtに光の伝播に伴うredshift の効果が現れたものであり，運動している粒子の質量は不変でm_0のままである．そもそも式(x)から式(i)を得るには，質量保存則$dm_0 = 0$の成立を前提としているので，相対論的には質量に変化があってはならない．したがって，アインシュタインが想像した静止エネルギーm_0c^2の概念は，誤りである．

$E = m_0c^2$は，質量m_0の粒子の速度がcであるときの運動エネルギーを表すと定義することができても，静止エネルギーとしての定義にはなれない．これまでの実験等での計測値は，質量の変化量Δm_0が何らかの形でほぼ光速に近い運動状態の粒子あるいは電磁波の伝播となりΔm_0c^2に近いエネルギー量を示しているに過ぎない．

8. 相対論的力学

前章の説明では，ニュートンの運動法則を物体が静止状態から微小速度を得るまでの静止力学法則に限定し，それが静止系及び運動系で厳密に成立していることを新たなニュートンの運動法則（静止力学法則）として定めた．その上で，そのような静止力学法則を，相対速度を有する立場となって，光（電磁波）を用いて計測するときに現れる力学の法則が，相対論的運動法則として定義づけられた．

ここでは，相対論的運動法則の下に，慣性質量，運動量や運動エネルギーなどが，相対論的にいかように定義されるかについて説明する．

相対論的慣性質量及び運動量

前章で最終的に得られた相対論的運動方程式は，運動系の運動方向に対して，次のように与えられる．

$$d\left(\frac{m_0 v}{\sqrt{1-v^2/c^2}}\right)=f_0 dt \tag{1}$$

あるいは，

$$\frac{d}{dt}\left(\frac{m_0 v}{\sqrt{1-v^2/c^2}}\right)=f_0 \tag{1'}$$

ここに，m_0及びf_0は，それぞれ運動系の観測者に計測される静止物体の質量及びそれに作用する力を表す．

式(1)において，作用力をゼロとすると，次式が与えられる．

$$d\left(\frac{m_0 v}{\sqrt{1-v^2/c^2}}\right)=0 \tag{2}$$

これより，次式が得られる．

$$\frac{m_0 v}{\sqrt{1 - v^2/c^2}} = const. \tag{3}$$

この左辺に示す物理量は，物体の質量及び静止系に対する相対速度，そしてローレンツファクター$1/\sqrt{1 - v^2/c^2}$との積からなる．質量と速度との積は，古典的力学において，運動量と定義される．

したがって，式(3)の左辺で定義される物理量を，相対論的運動量と呼ぶことがでる．また，式(2)及び(3)は，相対論的運動量が保存量（外から力が作用しない限り，一定値を保つ）として定義されることを示している．したがって，相対論的には，慣性系の運動は，式(3)に基づくことになる．このことは，第V部第２章における相対性理論の演習において，さらに詳細に議論される．以上より，式(2)及び式(3)は，相対論的運動量保存則と定義される．

式(3)に示す相対論的運動量から，次のように相対論的慣性質量mが定義される．

$$m = \frac{m_0}{\sqrt{1 - v^2/c^2}} \tag{4}$$

式(4)より，相対論的質量は，相対速度が光速度に漸近するにつれて増大することになる．これは，運動物体の質量m_0が実際に増大することを意味するのではなく，光（電磁波）を用いた運動物体の観測では，相対速度に応じて質量が変化して観測されることを表す．すなわち，運動系では物体の質量は厳格にm_0として存在するが，その運動を静止系から光測量で測ると，dvやdtの計測値に相対速度の影響が現れて，測定される加速度に相対論的効果が生じる．その結果として慣性質量が相対速度に応じて増大して計測される．これは，物体の相対速度が光速度に近づくにつれて，光（すなわち，電磁波）を用いた計測が，次第に困難となることの表れである．

式(2)及において，

$$\frac{v^2}{C^2} \ll 1 \tag{5}$$

なる条件が成立するとき，式(2)は次式を与える.

$$d(m_0 v) = 0 \tag{6}$$

あるいは

$$m_0 v = const. \tag{7}$$

これらの関係式は，古典的力学であるニュートン力学における運動量保存則を表す.

式(4)をv/cについてテーラー展開すると，次のように近似される.

$$m = m_0\left\{1 + \frac{1}{2}\left(\frac{v}{c}\right)^2 + \cdots\right\} \tag{8}$$

すなわち，観測者に対して一定速度で運動している物体の力学を光測量によって観測する際に現れる相対論的質量mは，それが観測者に静止して観測されるときの質量m_0よりも光の速度に対する相対速度v/cの２乗に比例して（増加して）観測されることを表す．このことに関しては，式(4)で説明したように，運動物体の実質的な質量（静止質量）は厳としてm_0のままにあるが，静止系から光測量でその物体の慣性質量を測定すると，それが相対速度に依存して観測されることを意味する．このことは，相対性原理に照らして，運動系から静止系の慣性質量を測定することを考えると，すでに静止系の質量は静止系の観測者にとって終始不変であることが設定されていることから容易に理解できることである.

ここで，式(8)に光の速度の２乗をかけて，次のようなエネルギーの式を得る.

$$mc^2 = m_0 c^2 + \frac{1}{2} m_0 v^2 + \cdots \tag{9}$$

この式の右辺の第２項は，ニュートン力学で定義する運動エネルギーを表している．

アインシュタインは，式(9)において，$v = 0$と置くことで，残る式(9)の右辺の第一項m_0c^2を静止エネルギーと定義し，質量はエネルギーであるとした（ここに，cは不変量であることが考慮されている）．しかし，このことは，形式上現れたエネルギーであって，式(9)の右辺第一項やその他の式に見る光速度は，元はと言えば距離と時間の測定に光を用いていることから，速度の基準として光速度が必ず現れることに基づくものである．その結果，式(9)においては，見かけ上，質量と光速度とからなるm_0c^2がエネルギーの基準として現れている．このことは，一般相対性理論におけるエネルギーを議論する場合にも同様である．

したがって，$v = 0$の場合には，質量m_0に単に光の速度cの２乗をかけた量であるとの解釈において，式(9)は次のように書かなければならない．

$$mc^2 = m_0c^2 \tag{10}$$

以上のことから，アインシュタインがm_0c^2を静止質量と判断したことは誤りであると結論される．m_0c^2の正しい解釈は，物体が光の速度で移動している場合のニュートン力学的な定義によるエネルギーを表すとしなければならない．

実験結果などで，相対速度の増加に伴い，そして式(8)に則って，質量が増加して観測されることは，運動物体の静止質量の実質的な増大ではない．あくまでも，静止系から測定した運動物体の相対論的な質量の増加である．その増加は，式(8)に示すように，光の速度に対する相対速度v/cの２乗に比例して観測される．相対論的には実質的な質量の増減は，質量保存則によって認められていない．実験結果などから，質量の減少ΔmによってエネルギーがΔmc^2だけ放出されたと説明される場合があるが，それは減少した質量Δmの部分が光の速度にまでも加速されたエネルギーを測定しているに過ぎない．そのためには，何らかのエネルギーがその分だけ費やされていなければならない．

相対論的速度合成則

アインシュタインは，1929 年に日本を訪問している．その際に各地の大学で講演を行っており，その様子は石原純博士による『アインシュタイン講義録』(東京図書株式会社，1971 年)に詳しく述べられている．京都大学で行った講演において，アインシュタインは「運動系に観測される速度をニュートンの合成速度で表せないことが，自分を悩ませ，そのことが相対性理論構築へと駆り立てた」とする旨の説明を述べている．アインシュタインの見解は，まさに彼が当時相対性理論を構築するに苦心していたことを思わせる．

新相対性理論においては，静止系の時間及び空間座標と運動系のそれらとは，それぞれガリレイ変換で結ばれている．したがって，静止系から一定速度$\boldsymbol{v}$で運動して見える運動系内の観測者に対してある物体が速度$\boldsymbol{v}'$をもって運動しているとき，それらの合成速度$\boldsymbol{u}$は，静止系の座標を基準として，次のように与えられる．

$$u = v + v' \tag{11}$$

この結果は，古典的ニュートン力学においてはたわいのない結果と言える．しかしながら，このように自然な和の形に現れる合成速度を静止系から直接測定するには，現代の科学においては，光（電磁波）を用いた計測が一般的となる．動いている物体のさらにその前方に運動してみえる物体を，静止系から直接光測量するとどのような計測結果となるか？これがここでは問われる．

結論を先に示すなら，次のようになる．

$$u = \frac{v + v'}{1 + \frac{vv'}{c^2}} \tag{12}$$

ここに，$\boldsymbol{u}$は，静止系の観測者から直接的に計測される速度を表し，$\boldsymbol{v}'$は運動系の観測者に計測される速度，$\boldsymbol{v}$は静止系から計測される運動系の相対速度を表す．

式(12)は, 相対論的速度合成則と呼ばれている.

以下に, 式(12)がいかように導かれるものかを示す.

まず, 新ローレンツ変換を再度示す.

$$x' = \frac{1}{\sqrt{1 - v^2/c^2}}(x - vt) \tag{13}$$

$$t' = \frac{1}{\sqrt{1-v^2/c^2}}\left(t - \frac{vx}{c^2}\right) \tag{14}$$

これらより, 次なる関係を得る.

$$\frac{dx'}{dt} = \frac{1}{\sqrt{1 - v^2/c^2}}\left(\frac{dx}{dt} - v\right) \tag{15}$$

$$\frac{dt'}{dt} = \frac{1}{\sqrt{1 - v^2/c^2}}\left(1 - \frac{v}{C^2}\frac{dx}{dt}\right)$$

ここで,

$$\frac{dx}{dt} = u \tag{16}$$

と置いて, 次なる式を得る.

$$u = \frac{dx'}{dt} / \frac{dt'}{dt} = \frac{u - v}{\left(1 - \frac{vu}{c^2}\right)} \tag{17}$$

これを, 速度uについて整理し, 式(12)が得られる.

相対論的な速度合成則が, ここに見るように, 奇妙な式形になっているのは, 運動系の観測者が, 運動系から一定速度で運動して見える物体の運動を, 静止系から届く光を用いて測定することによるものである.

これに対して, 運動系の観測者が自分自身の持つ腕時計及びものさしの示す時間及び長さの単位を用いて, 自分自身の光測量によれば,速度は，次のように与えられる．

$$V = dX/dT$$

これにより，静止系の測る合成速度は次のように与えられる．

$$u = v + V$$

これは，従来のニュートン力学における速度合成則と同じである．

一方，式(12)において，

$$\frac{vv'}{c^2} \ll 1 \tag{18}$$

なる条件を課せば，古典力学における速度合成則すなわち式(11)が得られる．

相対論的エネルギーの定義

エネルギーを定義するに当たり，まず物体に作用する力の成す仕事について考える．力の成す仕事は，一般に次のように定義される．

$$dW = \boldsymbol{f} \cdot d\boldsymbol{r} = f_x dx + f_y dy + f_z dz \tag{19}$$

ここに，dWは物体に作用する力の成す仕事，$\boldsymbol{f}$は作用力ベクトル，$d\boldsymbol{r}$は物体の微小変位ベクトル（位置ベクトルの変化量），$(f_x,\ f_y,\ f_z)$は作用力ベクトルの成分，$(dx,\ dy,\ dz)$は微小変位ベクトルの成分を表す．また，記号“・”は，ベクトルの内積を表す．

前章で定義された静止力学において，物体が力$\boldsymbol{f}$を受けて微小時間dt内に$d\boldsymbol{r}$だけ移動した場合を想定すると，物体の移動速度$\boldsymbol{v}$は次のように定義される．

$$\boldsymbol{v} = \frac{d\boldsymbol{r}}{dt} \tag{20}$$

以下に速度$\boldsymbol{v}$の成分及び大きさを，それぞれ$(v_x,\ v_y,\ v_z)$及びvで表す．

微小変位ベクトルと速度との関係は，次のように与えられる．

$$d\boldsymbol{r} = \boldsymbol{v}dt = \left(v_x, v_y, v_z\right)dt \tag{21}$$

式(19)に式(21)を代入し，微小仕事量が次のように表される．

$$dW = \boldsymbol{f} \cdot \boldsymbol{v}dt = \left(f_x v_x + f_y v_y + f_z v_z\right)dt \tag{22}$$

式(22)は，次のように書いた方が都合がよい．

$$dW = (f_1 v_1 + f_2 v_2 + f_3 v_3)dt \tag{23}$$

すなわち，

$$dW = f_i v_i dt \tag{24}$$

以下の議論においては，話を簡単にするために，力の作用と速度の変化方向を相対速度の方向に限ることにする．このようなとき，前章より，相対論的運動方程式は，次のように与えられる．

$$\frac{m_0}{(1 - v^2/c^2)^{\frac{3}{2}}}\frac{dv}{dt} = f \tag{25}$$

ここに，vは運動系（すなわち，運動物体）の静止系に対する相対速度の大きさを表す．また，fは作用力を表す．

式(25)を式(24)に代入して，相対論的な仕事量を次のように定義できる．

$$dW = \frac{m_0}{\sqrt{1 - v^2/c^2}^3} vdv \tag{26}$$

すなわち，

$$dW = \left(\frac{m_0 v}{\sqrt{1 - v^2/c^2}^3}\right) \cdot dv \tag{27}$$

以降においては，作用力の成す仕事量dWを，運動物体の獲得した運動エネルギーdEと等値して, 相対論的運動エネルギーと呼ぶ.

以上から, 物体の運動を相対速度の方向に統一し, 一次元的な運動を考えると, 式(27)を積分し, 相対論的に定義される運動エネルギーKが, 次のように与えられる.

$$K = m_0 c^2 \left(\frac{1}{\sqrt{1 - v^2/c^2}} - 1 \right) \tag{28}$$

ここで, 式(27)から式(28)に至る過程は, その逆変形過程によって容易に確かめられる.

まず, 式(28)の右辺の微分を取ると, 次式が得られる.

$$d\left(\frac{m_0}{\sqrt{1 - v^2/c^2}} c^2 - m_0 c^2 \right) = \frac{1}{\sqrt{1 - v^2/c^2}} d(m_0 c^2) + m_0 c^2 d\left(\frac{1}{\sqrt{1 - v^2/c^2}} \right) - d(m_0 c^2) \tag{29}$$

ここで, 運動系において運動物体は静止力学で規定され,

$$\frac{1}{\sqrt{1 - v^2/c^2}} \frac{d(m_0 c^2)}{dt} = \frac{d(m_0 c^2)}{dt'} = c^2 \frac{d(m_0)}{dt'} = 0 \tag{30}$$

すなわち, 質量保存則が成立している.

式(29)の右辺第二項については, 次式を与える.

$$d\left(\frac{1}{\sqrt{1 - v^2/c^2}} \right) = -\frac{1}{2} (1 - v^2/c^2)^{-\frac{3}{2}} \left(-\frac{2v}{c^2} \right) dv \tag{31}$$

よって, 式(29)は, 次式を与える.

$$d\left(\frac{m_0 c^2}{\sqrt{1 - v^2/c^2}} \right) = \frac{m_0}{(1 - v^2/c^2)^{\frac{3}{2}}} v dv \tag{32}$$

この式の右辺は, 式(27)の右辺と一致する. すなわち, 式(27)は式(28)を与えることが示された.

次に,

$$dE = d\left(\frac{m_0c^2}{\sqrt{1-v^2/c^2}}\right) \tag{33}$$

とおいて

$$E = \frac{m_0c^2}{\sqrt{1-v^2/c^2}} \tag{34}$$

これは, 相対論的エネルギーとして定義される.

さらに, 相対論的慣性質量の式(4)を導入して, 最終的に次式を得る.

$$E = mc^2 \tag{35}$$

ここで, 式(34)に対してv/cによるテーラー展開を施し,

$$E = mc^2 = m_0c^2 + \frac{1}{2}m_0v^2 + \cdots \tag{36}$$

を得る. これは, 式(9)を与える.

先に説明したように, アインシュタインは, 式(36)の最右辺の第一項を静止エネルギーと呼び, 質量から膨大なエネルギーが得られると想像した. しかしながら, アインシュタインが静止エネルギーとしたm_0c^2は, 確かにエネルギーの次元を有するものの, ここでは, 単に式展開過程で現れた見かけ上のエネルギーとして考える必要がある.

ここでよく考えてみると, 式(33)の成立には, 物理的条件である式(30)が連立されていることに気づく.

式(30)を次の形に表す.

$$d(m_0c^2) = 0 \tag{37}$$

これを式(32)に加えて, 次式を得る.

$$d\left(\frac{m_0c^2}{\sqrt{1-v^2/c^2}} - m_0c^2\right) = \frac{m_0}{(1-v^2/c^2)^{\frac{3}{2}}}vdv \tag{38}$$

これを両辺積分して，物体の持つ相対論的運動エネルギーKが，次のように定義される．

$$K = m_0 c^2 \left(\frac{1}{\sqrt{1 - v^2/c^2}} - 1 \right) \tag{39}$$

ここに，Kは相対論的運動エネルギーを表し，式(38)より，次なる関係を満たす．

$$dK = \frac{m_0}{(1 - v^2/c^2)^{\frac{3}{2}}} v dv \tag{40}$$

式(33)より式(34)が得られ，相対論的エネルギーが与えられる．すなわち，相対論的には，質量保存式(37)が規定されており，質量の保存が要請されて，質量の変化そのものが許されていない．すなわち，質量が変化して，$m_0 c^2$のエネルギー変わるということは相対論的には許されないこととなる．

定積分の関係で説明すると，式(33)から相対論的エネルギーの式(34)を得ることに対して，式(40)から式(39)，さらに遡って式(27)から式(28)を得るには，基準となるエネルギーの取り方に相異がある．後者では，相対論的運動エネルギーを取り出すために，基準となるエネルギー$m_0 c^2$を定積分の境界値として差し引いている．

以下に，物体に作用する力が，ポテンシャル力として表される場合について検討する．

$$\boldsymbol{f} = -grad\Omega \tag{41}$$

ここに，Ωは力のポテンシャルエネルギーと呼ばれる．

式(19)で表される力の作用の成す仕事量は，式(41)に対して，次のように与えられる．

$$dW = \boldsymbol{f} \cdot d\boldsymbol{r} = -grad\Omega \cdot d\boldsymbol{r} \tag{42}$$

よって，この力の作用で蓄積される運動エネルギーは，次のように与えられる．

$$dK = -d\Omega \tag{43}$$

すなわち

$$K + \Omega = const. \tag{44}$$

あるいは，　式(39)より，

$$m_0 c^2 \left(\frac{1}{\sqrt{1 - v^2/c^2}} - 1 \right) + \Omega = const. \tag{45}$$

これは，　相対論的運動エネルギーとポテンシャルエネルギーの保存則を表す．v/cについて，　２次のオーダーまで取ると，　古典的ニュートン力学の運動エネルギーとポテンシャルエネルギーの和の保存則を表す．

9.　相対論的電磁気学

新ローレンツ変換は，静止系の行う光測量の光（すなわち，電磁波）が静止系の観測者にいかような伝播となって観測され，それが運動系でどのような光の伝播となって観測されるものとなるかの対応関係を表すものとなっている（相対性原理によって，逆に運動系の放つ光を静止系から観測する場合にも成立する）．こうして新ローレンツ変換は，相対論的電磁気理論の核心を成すものであことが，これまでに議論されてきた．

以下では，新ローレンツ変換の下に，相対論的電磁気理論がいかように構築されるものとなるのかが示される．

マクスウェルの電磁場理論

静止系を想定して，真空中の電磁場を表すマクスウェルの方程式は，次のように与えられる．

$$\mu\frac{\partial \boldsymbol{H}}{\partial t} = -rot\boldsymbol{E} \tag{1}$$

$$\varepsilon\frac{\partial \boldsymbol{E}}{\partial t} = rot\boldsymbol{H} \tag{2}$$

$$div\boldsymbol{E} = 0 \tag{3}$$

$$div\boldsymbol{H} = 0 \tag{4}$$

ここに，$\boldsymbol{E}$及び$\boldsymbol{H}$はベクトル量で，それぞれ電場及び磁場を表し，また，μ及びεは，それぞれ真空中の誘電率及び透磁率を表す．

真空中において，光の速さcは，誘電率及び透磁率をもって，次のように定義される．

$$c = \frac{1}{\sqrt{\varepsilon\mu}} \tag{5}$$

また，磁束密度が，次のように定義される．

$$\boldsymbol{B} = \mu \boldsymbol{H} \tag{6}$$

これらを用い，式(1)〜式(4)に示すマクスウェルの方程式は，次のように表される．

$$\frac{\partial \boldsymbol{B}}{\partial t} = -rot\boldsymbol{E} \tag{7}$$

$$\frac{1}{c^2}\frac{\partial \boldsymbol{E}}{\partial t} = rot\boldsymbol{B} \tag{8}$$

$$div\boldsymbol{E} = 0 \tag{9}$$

$$div\boldsymbol{B} = 0 \tag{10}$$

式(7)〜式(10)に示すマクスウェルの方程式はベクトル表示であり，ベクトルの成分 1〜3 について，それぞれ次のように表される．

$$\frac{\partial B_1}{\partial t} = -\left(\frac{\partial E_3}{\partial x_2} - \frac{\partial E_2}{\partial x_3}\right) \tag{11}$$

$$\frac{\partial B_2}{\partial t} = -\left(\frac{\partial E_1}{\partial x_3} - \frac{\partial E_3}{\partial x_1}\right) \tag{12}$$

$$\frac{\partial B_3}{\partial t} = -\left(\frac{\partial E_2}{\partial x_1} - \frac{\partial E_1}{\partial x_2}\right) \tag{13}$$

$$\frac{1}{c^2}\frac{\partial E_1}{\partial t} = \left(\frac{\partial B_3}{\partial x_2} - \frac{\partial B_2}{\partial x_3}\right) \tag{14}$$

$$\frac{1}{c^2}\frac{\partial E_2}{\partial t} = \left(\frac{\partial B_1}{\partial x_3} - \frac{\partial B_3}{\partial x_1}\right) \tag{15}$$

$$\frac{1}{c^2}\frac{\partial E_3}{\partial t} = \left(\frac{\partial B_2}{\partial x_1} - \frac{\partial B_1}{\partial x_2}\right) \tag{16}$$

$$\frac{\partial E_1}{\partial x_1}+\frac{\partial E_2}{\partial x_2}+\frac{\partial E_3}{\partial x_3}=0 \tag{17}$$

$$\frac{\partial B_1}{\partial x_1}+\frac{\partial B_2}{\partial x_2}+\frac{\partial B_3}{\partial x_3}=0 \tag{18}$$

第2章に説明するように，相対性原理に従い，静止系と運動系との時間及び空間座標は，それぞれガリレイ変換によって結ばれる．その上で，相対性原理によって，静止系で成立するマクスウェルの方程式は，運動系においてもまったく同様に成立することになる．

したがって，運動系の観測者がその系の時間及び空間の単位を用いて観測する運動系内の電磁場〔式(11)～式(18)〕を表す関係式は，プライム付きの変数を用いて，次のように表される．

$$\frac{\partial B'_1}{\partial t'}=-\left(\frac{\partial E'_3}{\partial x'_2}-\frac{\partial E'_2}{\partial x'_3}\right) \tag{19}$$

$$\frac{\partial B'_2}{\partial t'}=-\left(\frac{\partial E'_1}{\partial x'_3}-\frac{\partial E'_3}{\partial x'_1}\right) \tag{20}$$

$$\frac{\partial B'_3}{\partial t'}=-\left(\frac{\partial E'_2}{\partial x'_1}-\frac{\partial E'_1}{\partial x'_2}\right) \tag{21}$$

$$\frac{1}{c^2}\frac{\partial E'_1}{\partial t'}=\left(\frac{\partial B'_3}{\partial x'_2}-\frac{\partial B'_2}{\partial x'_3}\right) \tag{22}$$

$$\frac{1}{c^2}\frac{\partial E'_2}{\partial t'}=\left(\frac{\partial B'_1}{\partial x'_3}-\frac{\partial B'_3}{\partial x'_1}\right) \tag{23}$$

$$\frac{1}{c^2}\frac{\partial E'_3}{\partial t'}=\left(\frac{\partial B'_2}{\partial x'_1}-\frac{\partial B'_1}{\partial x'_2}\right) \tag{24}$$

$$\frac{\partial B'_1}{\partial x'_1}+\frac{\partial B'_2}{\partial x'_2}+\frac{\partial B'_3}{\partial x'_3}=0 \tag{25}$$

$$\frac{\partial E'_1}{\partial x'_1}+\frac{\partial E'_2}{\partial x'_2}+\frac{\partial E'_3}{\partial x'_3}=0 \tag{26}$$

これらの方程式の変数に“プライム（ダッシュ）”が付されているのは，運動系の時間及び空間座標を用いて，運動系で観測される電磁現象であることを表す．

これまで，ガリレイ変換で結ばれる運動系の時間や空間座標は，静止系のt及び(x_1, x_2, x_3)に対して，大文字を用いてT及び(X_1, X_2, X_3)などと表してきたが，新ローレンツ変換を適用する際には，運動系内で観測される静止系から届く光の伝播が示す伝播時間や伝播距離は，t'及び(x'_1, x'_2, x'_3)を用いて表される．しかし，後にローレンツ変換を適用するために（二度手間を避ける目的から），ここでは，運動系の時間及び空間座標を，t'及び(x'_1, x'_2, x'_3)を用いて表してある．したがって，先に説明したように，ここで用いている運動系の時間t'及び空間座標(x'_1, x'_2, x'_3)と静止系の時間t及び空間座標(x_1, x_2, x_3)は，それぞれガリレイ変換で結ばれることになる．

式(11)～式(18)及び式(19)～式(26)に見るように，静止系及び運動系における電磁場が，互いにまったく同じマクスウェル方程式で表されることは相対性原理によって保証される．このような状況において，互いに相対速度を有する立場となって，それぞれ相手の系の電磁場を観測するとき，それがいかような方程式で記述できるものとなるのかを説明することが相対論的電磁場理論を成す．

これまで説明されてきたように，新ローレンツ変換は，静止系から放たれた光（電磁波）が，運動系でどのように観察されるものとなるのかを表す（相対性原理によって，逆に，運動系から放たれた光が，静止系でどのように観察されるものとなるのかを表す）．したがって，マクスウェル方程式で記述される静止系の電磁場が運動系からどのような電磁場となって観測されるものとなるのかについては，静止系の電磁場を表す方程式に新ローレンツ変換を施すことで与えられる（相対性原理によって，静止系と運動系との立場をそれぞれ入れ換えても同じ意味を成す）．

新ローレンツ変換式については，第5章でまとめられている．ここでは，マクスウェル方程式に支配される運動系の電磁場が静止系から見ていかような方程式に支配される電磁場（相対論的電磁場）とって現れるのかについて説明する．ここに，新ローレンツ変換式を，次のように変形しておく．

$$t = \gamma\left(t' + \frac{v{x'}_1}{c^2}\right) \tag{27}$$

$$x = \gamma({x'}_1 + vt') \tag{28}$$

$$x_2 = {x'}_2 \tag{29}$$

$$x_3 = {x'}_3 \tag{30}$$

ここに，γはローレンツファクターを表し，次のように与えられる．

$$\gamma = \frac{1}{\sqrt{1 - v^2/c^2}} \tag{31}$$

新ローレンツ変換が式(27)～式(30)で与えられるとき，静止系と運動系との時間及び空間座標は，互いにガリレイ変換で結ばれており，静止系の時間及び空間座標はそれぞれt及び$(x_1, x_2, x_3,)$で与えられる．一方，運動系の時間及び空間座標を，それぞれT及び(X_1, X_2, X_3)で与える．このとき，常に，$T = t$の関係が成立する．

運動系から見て静止系の運動方向は，静止系のx_1軸及び運動系のX_1軸に平行であり，それらの負の方向にある．すなわち，運動系から見て，静止系は運動系に対して一定速度で遠ざかる．

このとき，式(27)～式(30)に示すローレンツ変換式の右辺にみる$({x'}_1, {x'}_2, {x'}_3, t')$は運動系の観測者が，その系内の光源から発せられる光など電磁波の伝播を観測した際に計測される空間座標及び伝播時間を表す．一方，(x_1, x_2, x_3, t)は運動系から静止系に届く電磁波の伝播を静止系の観測者が観測する際に計測される空間座標及び伝播時間を表すことになる．

上の説明において，ガリレイ変換で静止系と結ばれる運動系の時間及び空間座標は，T及び(X_1, X_2, X_3)で表されると設定されている．そのような時間及び空間座標を用いて，運動系の観測者に観測される静止系から届く光の伝播時間と距離を表す空間座標については，プライム付きの(x'_1, x'_2, x'_3, t')が用いられる．

アインシュタインの相対性理論では，このように運動系の観測者の立つ位置を示す座標系と時間とが独立的に設定されていない．静止系では，明らかに空間座標と時間とは独立して観測者の土台を成しているにも関わらず，運動系では空間座標に時間軸をも加えた４次元の時空が設定されている．また，その４次元の時空が相対速度に依存して変化することになっている．新相対性理論では，運動系の空間座標と時間は静止系のそれらとガリレイ変換で結ばれるので，運動系に独立した空間と時間という観測者の土台が築かれ，その上で，静止系から放たれた光など電磁波を観測するとき，その電磁波が示す伝播時間や伝播距離が，数学的取扱いの便宜上，架空の４次元時空をもって表される．

ところで，ここで議論したいのは，運動系で観測される光など電磁波の伝播が，運動系に対して一定速度で運動している静止系の観測者にいかような電磁波の伝播となって観測されるものとなるのかを表すことにある．上の議論から，そのような問への解答は，運動系のマクスウェル方程式(19)〜(26)が式(27)〜式(30)に示す新ローレンツ変換でどのような形に変換されるかをもって与えられることになる．

従来のアインシュタインの相対性理論では，相対性原理を満たすために，ローレンツ変換後の物理方程式は変換前の物理方程式とまったく同じ形に（共変）変換されることが必要とされてきた．しかし，第７章で相対論的運動方程式が導出されたように，新相対性理論では，必ずしも変換前と同じ形の方程式に変換される必要はない．むしろ異なった形に変換されることが，相対論的な意味を成すと言える．しかしながら，相対性原理は，そのような見方が，互いの立場を入れ換えた場合においても，まったく同様に成立することを要請する．

第６章で議論されたように，静止系における光の伝播についても，またその光の伝播が運動系で観測される場合であっても，光の速さは一定値となって観測される．したがって，変換後の方程式は光速度が変換の前後で一定となるような形になっていなければならない．

運動系におけるマクスウェル方程式のローレンツ変換に先立って，ここで，次のような偏微分演算を確認しておく．

$$\frac{\partial}{\partial t'}=\frac{\partial}{\partial t}\frac{\partial t}{\partial t'}+\frac{\partial}{\partial x_1}\frac{\partial x_1}{\partial t'} \tag{32}$$

$$\frac{\partial}{\partial x'}=\frac{\partial}{\partial t}\frac{\partial t}{\partial x'_1}+\frac{\partial}{\partial x}\frac{\partial x}{\partial x'_1} \tag{33}$$

これらに式(27)及び式(28)を導入して，次式が得られる．

$$\frac{\partial}{\partial t'}=\gamma\left(\frac{\partial}{\partial t}+v\frac{\partial}{\partial x_1}\right) \tag{34}$$

$$\frac{\partial}{\partial x'}=\gamma\left(\frac{v}{c^2}\frac{\partial}{\partial t}+\frac{\partial}{\partial x_1}\right) \tag{35}$$

また，式(29)及び(30)より，次式が成立する．

$$\frac{\partial}{\partial x'_2}=\frac{\partial}{\partial x_2} \tag{36}$$

$$\frac{\partial}{\partial x'_3}=\frac{\partial}{\partial x_3} \tag{37}$$

以下に，運動系におけるマクスウェル方程式のローレンツ変換を行う．まず，式(25)及び式(26)に，式(34)～(37)を導入して，次式を得る．

$$\gamma\left(\frac{v}{c^2}\frac{\partial}{\partial t}+\frac{\partial}{\partial x_1}\right)E_1+\frac{\partial E_2}{\partial x_2}+\frac{\partial E_3}{\partial x_3}=0 \tag{38}$$

$$\gamma\left(\frac{v}{c^2}\frac{\partial}{\partial t}+\frac{\partial}{\partial x_1}\right)B_1+\frac{\partial B_2}{\partial x_2}+\frac{\partial B_3}{\partial x_3}=0 \tag{39}$$

式(38)及び(39)では，すべてダッシュの取れた物理量へと変わっている．

式(38)及び式(39)を少し変形して，次式を得る．

$$\gamma\frac{\partial E_1}{\partial x_1}=-\gamma\frac{v}{c^2}\frac{\partial E_1}{\partial t}-\frac{\partial E_2}{\partial x_2}-\frac{\partial E_3}{\partial x_3} \tag{40}$$

$$\gamma\frac{\partial B_1}{\partial x_1}=-\gamma\frac{v}{c^2}\frac{\partial B_1}{\partial t}-\frac{\partial B_2}{\partial x_2}-\frac{\partial B_3}{\partial x_3} \tag{41}$$

式(19)に式(34)を導入して，次式を得る.

$$\gamma\left(\frac{\partial}{\partial t}+v\frac{\partial}{\partial x_1}\right)B_1=-\left(\frac{\partial E_3}{\partial x_2}-\frac{\partial E_2}{\partial x_3}\right) \tag{42}$$

これに，式(41)の関係を導入してまとめると，次のように式展開できる.

$$\gamma\frac{\partial B_1}{\partial t}=v\left(\gamma\frac{v}{c^2}\frac{\partial B_1}{\partial t}+\frac{\partial B_2}{\partial x_2}+\frac{\partial B_3}{\partial x_3}\right)-\left(\frac{\partial E_3}{\partial x_2}-\frac{\partial E_2}{\partial x_3}\right) \tag{43}$$

$$\gamma\frac{\partial B_1}{\partial t}-\gamma\frac{v^2}{c^2}\frac{\partial B_1}{\partial t}=v\left(\frac{\partial B_2}{\partial x_3}+\frac{\partial B_3}{\partial x_3}\right)-\left(\frac{\partial E_3}{\partial x_2}-\frac{\partial E_2}{\partial x_3}\right) \tag{44}$$

$$\gamma\left(1-\frac{v^2}{c^2}\right)\frac{\partial B_1}{\partial t}=v\left(\frac{\partial B_2}{\partial x_2}+\frac{\partial B_3}{\partial x_3}\right)-\left(\frac{\partial E_3}{\partial x_2}-\frac{\partial E_2}{\partial x_3}\right) \tag{45}$$

$$\frac{1}{\gamma}\frac{\partial B_1}{\partial t}=-\frac{\partial}{\partial x_2}(E_3-vB_2)+\frac{\partial}{\partial x_3}(E_2+vB_3) \tag{46}$$

$$\frac{\partial B_1}{\partial t}=-\frac{\partial}{\partial x_2}\gamma(E_3-vB_2)+\frac{\partial}{\partial x_3}\gamma(E_2+vB_3) \tag{47}$$

ここでは，式(19)についての展開のみを示す．しかし，残りの成分についても同様に展開される．結果のみを示すと以下のようになる.

$$\frac{\partial}{\partial t}\gamma\left(B_2-\frac{v}{c^2}E_3\right)=-\frac{\partial E_1}{\partial x_3}+\frac{\partial}{\partial x_1}\gamma(E_3-vB_2) \tag{48}$$

$$\frac{\partial}{\partial t}\gamma\left(B_3+\frac{v}{c^2}E_2\right)=-\frac{\partial}{\partial x_1}\gamma(E_2+vB_3)+\frac{\partial E_1}{\partial x_2} \tag{49}$$

式(22)についても，以下のように展開できる．

$$\frac{\gamma}{c^2}\left(\frac{\partial}{\partial t}+v\frac{\partial}{\partial x_1}\right)E_1=\left(\frac{\partial B_3}{\partial x_2}-\frac{\partial B_2}{\partial x_3}\right) \tag{50}$$

$$\frac{\gamma}{c^2}\frac{\partial E_1}{\partial t}=v\frac{1}{c^2}\left(\gamma\frac{v}{c^2}\frac{\partial E_2}{\partial t}+\frac{\partial E_2}{\partial x_2}+\frac{\partial E_3}{\partial x_3}\right)+\left(\frac{\partial B_3}{\partial x_2}-\frac{\partial B_2}{\partial x_3}\right) \tag{51}$$

$$\frac{\gamma}{c^2}\left(1-\frac{v^2}{c^2}\right)\frac{\partial E_1}{\partial t}=\frac{v}{c^2}\left(\frac{\partial E_2}{\partial x_2}+\frac{\partial E_z}{\partial x_3}\right)+\left(\frac{\partial B_{z3}}{\partial x_2}-\frac{\partial B_2}{\partial x_3}\right) \tag{52}$$

$$\frac{1}{c^2}\frac{1}{\gamma}\frac{\partial E_1}{\partial t}=\frac{\partial}{\partial x_2}\left(B_3+\frac{v}{c^2}E_2\right)-\frac{\partial}{\partial x_3}\left(B_2-\frac{v}{c^2}E_3\right) \tag{53}$$

$$\frac{1}{c^2}\frac{\partial E_1}{\partial t}=\frac{\partial}{\partial x_2}\gamma\left(B_3+\frac{v}{c^2}E_2\right)-\frac{\partial}{\partial x_3}\gamma\left(B_2-\frac{v}{c^2}E_3\right) \tag{54}$$

ここでは，式(22)のみの展開を示したが，残りの成分についても同様に展開できる．結果のみを示すと以下のようになる．

$$\frac{1}{c^2}\frac{\partial}{\partial t}\gamma(E_2+vB_3)=\frac{\partial B_1}{\partial x_3}-\frac{\partial}{\partial x_1}\gamma\left(B_3+\frac{v}{c^2}E_2\right) \tag{55}$$

$$\frac{1}{c^2}\frac{\partial}{\partial t}\gamma(E_3-vB_2)=-\frac{\partial}{\partial x_1}\gamma\left(B_2-\frac{v}{c^2}E_3\right)-\frac{\partial E_1}{\partial x_2} \tag{56}$$

以上より，運動系の電磁場（電場$\boldsymbol{E}$及び磁束密度$\boldsymbol{B}$）を静止系の観測者が観測するとき，それらは次のような電場$\bar{\boldsymbol{E}}$及び磁束密度$\bar{\boldsymbol{B}}$（相対論的電磁場）となって観測される．

$$\bar{E}_1=E_1 \tag{57}$$

$$\bar{E}_2=\gamma(E_2+vB_3) \tag{58}$$

$$\bar{E}_3=\gamma(E_3-vB_2) \tag{59}$$

$$\bar{B}_1 = B_1 \tag{60}$$

$$\bar{B}_2 = \gamma\left(B_2 - \frac{v}{c^2}E_3\right) \tag{61}$$

$$\bar{B}_3 = \gamma\left(B_3 + \frac{v}{c^2}E_2\right) \tag{62}$$

以上によって，運動系の電磁場を静止系の観測者が観測することで現れる電磁場の方程式（相対論的電磁場の方程式）が得られた．

静止系と運動系との間の相対速度が光の速さに比較して十分に遅い場合（$v^2/c^2 << 1$ となるような条件の場合），式(57)～(62)は，ベクトル表記により，次のように与えられる．

$$\bar{\boldsymbol{E}} \approx \boldsymbol{E} + \boldsymbol{B} \times \boldsymbol{v} = \boldsymbol{E} - \boldsymbol{v} \times \boldsymbol{B} \tag{63}$$

$$\bar{\boldsymbol{B}} \approx \boldsymbol{B} - \frac{1}{c^2}\boldsymbol{E} \times \boldsymbol{v} = \boldsymbol{B} + \frac{1}{c^2}\boldsymbol{v} \times \boldsymbol{E} \tag{64}$$

ここで，$v^2/c^2 << 1$というような条件下においても，式(64)においては右辺第二項が残っていることに着目しておく必要がある．この点については，第5章の式(5.9)でvx/c^2の項が残ることと関連している．

これまでの展開では，運動系の観測者に観測される電場$\boldsymbol{E}'$及び磁場（磁束密度）$\boldsymbol{B}'$（マクスウェル方程式で規定される）を静止系から眺めるとき，それがいかような電磁場となって観測されるのかを示すものとなっている．

これとは逆に，静止系の観測者が観測する電場$\boldsymbol{E}$及び磁場（磁束密度）$\boldsymbol{B}$を運動系から眺めるときに，いかような電磁場となって観測されるものであるかを示す場合，ローレンツ変換式(27)～(30)のダッシュの付く変数と付いていない変数とを入れ替えて，速度$\boldsymbol{v}$を$-\boldsymbol{v}$に置き換えた上で，それを静止系のマクスウェル方程式(11)～式(18)に適用して対応できる．すなわち，ローレンツ逆変換が適用される．

このとき，式(57)～(62)に対応する電磁場は，相対性原理によって，次のように与えられる．

$$E'_1 = E_1 \tag{65}$$

$$E'_2 = \gamma(E_2 - vB_3) \tag{66}$$

$$E'_3 = \gamma\left(E_3 + vB_{y2}\right) \tag{67}$$

$$B'_1 = B_1 \tag{68}$$

$$B'_2 = \gamma\left(B_2 + \frac{v}{c^2}E_3\right) \tag{69}$$

$$B'_3 = \gamma\left(B_3 - \frac{v}{c^2}E_2\right) \tag{70}$$

また，式(63)及び(64)に対応する関係式は，ベクトル表記により，次のように表される．

$$\boldsymbol{E}' \approx \boldsymbol{E} - \boldsymbol{B} \times \boldsymbol{v} = \boldsymbol{E} + \boldsymbol{v} \times \boldsymbol{B} \tag{71}$$

$$\boldsymbol{B}' \approx \boldsymbol{B} + \frac{1}{c^2}\boldsymbol{E} \times \boldsymbol{v} = \boldsymbol{B} - \frac{1}{c^2}\boldsymbol{v} \times \boldsymbol{E} \tag{72}$$

光の赤方偏移（redshift）

地上の観測者に対して一定速度で飛行する運動系内の観測者に，地上から発せられた光の振動数（あるいは光の色）がいかように変化して観測されるのかについて以下に議論する．ここで議論されることは，例えば，地球から観測される星の輝きが，星の運動によってどう変化して観測されるものとなるかなど，宇宙に輝く星の観測と深くかかわる．ここでは，相対速度の効果のみを考えており，重力の作用については，後に一般相対性理論で取り扱われる．

最初に，静止系（地上）と運動系（ロケット）との問題を考える．まず，それらは互いに静止していて，それぞれの系内の観測者の持つ腕時計の時間，そしてその時計で測る光源の振動数νがそれぞれ互いにまったく同じであり，静止系及び運動系のいずれの光源から放たれる光の色も互いにまったく同じ色となっていることを確認し合っているものとする．この時，両者の観測者がそれぞれ手にしているものさしの長さも互いにまったく同じとなっていることが確認されている．

このような状況において，静止系から見ると，運動系が一定速度で運動を開始し，その状態を保持している場合を想定する．これまでの観測事実に基づくと，このような時，静止系から運動系に向けて光を放つと，運動系内で観測されるその光の色は，それが静止時に確認し合った色と比較して赤方偏移して観測されることが分かっている．このとき，その光の振動数を運動系の腕時計で測定すると，互いに静止して確認したときの振動数νとは異なっている．しかし，静止系及び運動系共に，自分の持つ光源から放たれる光の振動数は（それぞれ自分の腕時計で測定して），静止時に互いに確認し合った時の振動数νのままにあることが終始確認できる．このとき，静止系においても，運動系においても，それぞれの腕時計の時を刻むテンポは互いに静止時に確かめ合ったままにあることは，ガリレイ変換によってすでに保証されている．

相対性原理によれば，逆に，運動系から放たれた光が静止系で観測される場合，その光は赤方偏移（あるいは青方偏移）して観測されることになる．また，その振動数は互いに静止して確認し合った振動数νとは異なって観測されることになる．

ここで，共に相手の放つ光の赤方偏移の量（すなわち，振動数の変化量）は，相対性原理によって，互いにまったく同じとなっていなければならない．したがって，観測される光を頼りに，両系の内で何れが絶対的に静止した系で，いずれが絶対的に運動している系であるかを決定しようとしても，それは不可能なこととなる．すなわち，両系の観測者にそれぞれ観測される運動状態そして光の挙動などは，互いにまったく同じであり，それらは相対性原理を満たす．

このように，静止系の観測者及び運動系の観測者に観測される光の色の変化や振動数の変化は，光のドップラー効果と呼ばれる．静止系と運動系とで光のドップラー効果が互いに対称な形に観測されるのは，それぞれの系内の観測者の腕時計の示す時間や手に持つものさしの長さが，それぞれまったく同じとなっていること，すなわち両系の時間と空間座標がガリレイ変換で結ばれていることの証となる．

このようなことが，アインシュタインの相対性理論では，静止系の時間や長さに対して，運動系の時間や長さが実際に短縮していると定義されるため，運動系の腕時計の時間及び光源の振動数は静止系の時間及び光源の振動数とそれぞれ相対速度に応じて異なることになる．このような設定は，相対性原理，すなわち両系の対称性に反する．

さて，静止系の空間座標と時間を(x_1, x_2, x_3, t)で表し，運動系のそれらを(X_1, X_2, X_3, T)で与えることにする．その上で，運動系の運動方向を静止系のx_1軸方向にとり（静止系のx_1軸及び運動系のX_1軸は互いに平行），運動系が静止系から一定速度$\boldsymbol{v}$で遠ざかっている場合を想定する．このように設定される両系の時間や空間座標は，互いにガリレイ変換で結ばれている．このとき，運動系の観測者に計測される静止系から届く光の伝播が示す伝播時間及び伝播距離を示す空間座標をダッシュ付きの変数(x'_1, x'_2, x'_3, t')を用いて表す．

以上のような設定の下に，静止系の観測者がそのx_1軸からx_2軸方向に角度θを保って光を放つ．静止系で放たれたその光の伝播が，運動系の観測者にいかような光の伝播となって観測されるものであるかを考える．

このことをより一般化すると，「静止系から波数ベクトル$\boldsymbol{k}$の方向に発せられた振動数νの光は，運動系の観測者には波数ベクトル$\boldsymbol{k}'$の方向に伝播する振動数ν'の光となって観測される」と説明される．

このような設定に対して，静止系の観測者と運動系の観測者に観測される光の伝播は，一般に次のように表せる．

$$\eta(\boldsymbol{x}, t) = A\, sin\, 2\pi(\boldsymbol{k}\cdot\boldsymbol{x} - \nu t + \varphi) \tag{73}$$

$$\eta'^{(\boldsymbol{x}', t')} = A'\, sin\, 2\pi(\boldsymbol{k}'\cdot\boldsymbol{x}' - \nu' t' + \varphi') \tag{74}$$

ここに，$\eta(\boldsymbol{x}, t)$及び$\eta'(\boldsymbol{x}', t')$は光の伝播を表す関数であり，ダッシュの付いていない変数は静止系の観測者に観測される物理量を表し，ダッシュの付く変数は静止系から運動系に届く光の伝播を運動系の観測者が観測する際に現れる物理量を表す．それらの中で，A及びA'は振幅，$\boldsymbol{k}$及び$\boldsymbol{k}'$は波数，$\boldsymbol{x}$及び$\boldsymbol{x}'$は位置ベクトル，ν及びν'は振動数，t及びt'は伝播時間，φ及びφ'は位相差を表す．

式(73)及び式(74)の比較から，静止系の光源の振動数はνであり，それが運動系の観測者には振動数ν'となって観測され，波数についても両系では異なり，静止系及び運動系でそれぞれ$\boldsymbol{k}$及び$\boldsymbol{k}'$となって観測される．ただし，上でも説明したように，両系の時間及び空間座標はガリレイ変換で結ばれている．例えば，時間については，両系で共にまったく同じ時間を刻んでいる．したがって，静止系の時間tと運動系の時間Tとには$T = t$の関係が終始成立している．また長さについても，静止系にあるものさしの長さlと運動系にあるものさしの長さLには，$L = l$の関係が終始成立している．

ここで，運動系の時間及び位置ベクトルは，それぞれT及び$\boldsymbol{X}$で表されることから，式(73)に示す静止系の位相の表示と同様に，式(74)でも$\boldsymbol{K}\cdot\boldsymbol{X} - \Omega T$（ここで，$\boldsymbol{K}$及び$\Omega$は，それぞれ運動系の光源の発する光の波数及び振動数）などと表示した方が良いのではないか，というような考えが生じる可能性がある．しかし，そのように表示してしまうと，それは，運動系の観測者が運動系の光源から放たれる光の伝播を観測したことになる．

これに対して，運動系の空間座標や時間を用いて運動系内で計測される“静止系から運動系に届く光の伝播”が示す空間座標や時間であることを明示するために，式(74)では，「$\boldsymbol{k}'\cdot\boldsymbol{x}' - \nu' t'$」という表示になっている．

静止系から発せられた光波の山の位相は，運動系でも山の位相として現れることから，次なる同位相の条件が課せられる．

$$\boldsymbol{k}\cdot\boldsymbol{x} - \sigma t + \varphi = \boldsymbol{k}'\cdot\boldsymbol{x}' - \sigma' t' + \varphi' \qquad (75)$$

この関係式は，第 6 章の式(6.7)に示す関係と同じ意味をなす．

式(75)をベクトルの成分で表すと，次のように与えられる．

$$k_1x_1 + k_2x_2 + k_3x_3 - \sigma t + \varphi$$
$$= k'_{1'}x'_1 + k'_2x'_2 + k'_3x'_3 - \sigma' t' + \varphi' \tag{76}$$

ここに，k_{i}（i = 1~3）は波数ベクトル $\mathbf{k}$ の成分であり，k'_{i}（i = 1~3）は波数ベクトル$\boldsymbol{k}'$の成分を表す．

式(76)に，新ローレンツ変換式(5.5)～式(5.8)を導入して，次式を得る．

$$k_1x_1 + k_2x_2 + k_3x_3 - \nu t + \varphi$$

$$= k'_1 \frac{x_1 - vt}{\sqrt{1 - v^2/c^2}} + k'_2x_2 + k'_3x_3 - \nu' \frac{t - \frac{vx_1}{c^2}}{\sqrt{1 - v^2/c^2}} + \varphi' \tag{77}$$

式(77)の両辺を時間及び空間についてそれぞれまとめて等値し，次なる関係を得る．

$$k_1 = \frac{k'_1 + \frac{v}{c\nu'}}{\sqrt{1 - v^2/c^2}} \tag{78}$$

$$k_2 = k'_2 \tag{79}$$

$$k_3 = k'_3 \tag{80}$$

$$\nu = \frac{\nu' + vk'_1}{\sqrt{1 - v^2/c^2}} \tag{81}$$

ここで，議論を簡単にするために，光波に対する波数と振動数に係わる関係が，次のように表される場合を考えることにする．

$$k_1 = k\cos\theta = \frac{1}{\lambda}\cos\theta = \frac{1}{\frac{c}{\nu}}\cos\theta = \frac{\nu}{c}\cos\theta \tag{82}$$

$$k_1' = k' \cos\theta' = \frac{1}{\lambda'}\cos\theta' = \frac{1}{\frac{c}{\nu'}}\cos\theta' = \frac{\nu'}{c}\cos\theta' \tag{83}$$

$$k_2 = k \sin\theta = \frac{\nu}{c}\sin\theta \tag{84}$$

$$k_2' = k' \sin\theta' = \frac{\nu'}{c}\sin\theta' \tag{85}$$

ここに，λ及びλ'はそれぞれ観測される光の波長を表す．

式(82)及び式(83)を式(78)に代入して，次式を得る．

$$\nu \cos\theta = \frac{\cos\theta' + \frac{v}{c}}{\sqrt{1 - v^2/c^2}}\nu' \tag{86}$$

さらに，式(83)を式(81)に代入して，次式を得る．

$$\nu = \frac{1 + \frac{v}{c\cos\theta'}}{\sqrt{1 - v^2/c^2}}\nu' \tag{87}$$

あるいは，式(78)及び式(81)よりk_1'を消去し，次式を得る．

$$\nu = \frac{\sqrt{1 - \frac{v^2}{c^2}}}{1 - \frac{v}{c\cos\theta}}\nu' \tag{88}$$

運動系内の観測者によれば，例えば，地上から発せられる光波は，式(87)に示す振動数ν'となって運動系内を伝播する．運動系の観測者は，自分の系内で発する光の振動数が，静止系と互いに静止しているときに確認し合った際の振動数νとまったく同じものとなっていることを終始確認する一方で，静止系から届く光の振動数はν'となっていることを確認する．このことが光の相対論的ドップラーシフトとなる．式(87)の分数部分の分母は，二次の振動数シフトを表し，分子は古典的ドップラーシフトを表す．

ここで，$\cos\theta'$と$\cos\theta$との相違，そして光源の振動数に注意しながら，式(87)と式(88)の表す意味の違いについて確認しておく．

式(87)で，$\theta' = 0$と置くと，運動系の観測者は静止系から発せられる振動数νの光から逃げる形でその光を観測していることになる．ここで，静止系を紙面に向かって左側に配置し，運動系を右側に配置すると，光は静止系から発せられ，運動系は静止系のx_1軸上をその正の方向に速度vで移動する．このとき，運動系のX_1軸はx_1軸と同じ方向にある．運動系の観測者に観測される静止系の光の伝播方向がX軸方向にあるとき，$\theta' = 0$となる．このような状況において，運動系の観測者に観測される光の振動数ν'は，式(87)で表される．運動系が光源である静止系に近づく場合，式(87)において，速度vが負の値をとることになる．

一方，動いている救急車から発せられる音が静止している観測者に観測される場合と同様に，運動系から発せられた光の振動数ν'が静止系の観測者にいかように観測されるものとなるかは，式(88)で表される．このとき，静止系を紙面に向かって右側に配置し，運動系をその左側に配置すると，運動系は静止系のx_1軸の正の方向に速度vで移動していることになる．すなわち，運動系は静止系に近づいている．光は運動系から発せられる．また，運動系のX_1軸はx_1軸と同じ方向にある．静止系の観測者に観測される光の伝播方向はx_1軸方向にある．したがって，$\theta = 0$となる．このような状況において，静止系の観測者に"観測される光の振動数ν"は，式(88)で表される．

以下の議論においては断りのない限り，光源を運動系に置き，観測者を静止系に置くことにする．したがって，式(88)に示す振動数の関係が基本となる．

条件$v^2/c^2 << 1$が成立するとき，式(88)は次式を与える．

$$\nu \approx \frac{1}{1 - \frac{v}{c\cos\theta}}\nu' \tag{89}$$

したがって，例えば，$\theta = 0$で$v > 0$となる条件に対して，静止系の観測者は，運動系の光源が近づいて来るのを観察し，その光を青方偏移して観測することになる．逆に，$\theta = 0$で，$v < 0$となる条件に対し，静止系の観測者は，運動系の光源が遠のいて行くのを観察し，さらにその光を赤方偏移して観測することになる．

$\theta = \pi/2$の場合，式(88)は次のように与えられる．

$$\nu = \sqrt{1 - v^2/c^2}\,\nu' \tag{90}$$

これより，光の振動周期に関して次なる関係を得る．

$$T_p = \frac{1}{\sqrt{1 - v^2/c^2}} T_p{}' \tag{91}$$

ここに，T_p及び$T_p{}'$は，それぞれ静止系で計測される運動系の光の振動周期及び運動系の光源の振動周期を表す

ここに示す式(90)及び(91)は，相対性理論特有のドップラーシフトを表す．すなわち，静止系に観測される運動系の光の振動数（周期）は，それが運動系の光源から発せられた光の振動数（周期）よりもゆっくり振動して観測されることを表す．ここで，「観測される」という点に注意が必要となる．アインシュタインの相対性理論では，式(90)あるいは式(91)に示す関係式をもとに，運動系の時計が静止系の時計に対して実際に「ゆっくり時を刻む」と定義されている．このようにアインシュタインの相対性理論では，運動系の観測者の持つ腕時計の時間が静止系の観測者の時間に対して実際に遅れることに注意しておく必要がある．

以上に示すように，観測者に対して一定速度で運動している運動系から発せられる光が，ドップラー効果によって赤方偏移あるいは青方偏移して観測されることは，光源の位置する運動系及び観測者の位置する静止系共に，まったく同じ時間を共有していることの証となる．

相対性原理によって，これまでの議論とは逆に，観測者と光源の位置をそれぞれ運動系と静止系に設定する場合であっても，上で議論されたことはまったく同様に成立する．

ブラッドレーの光行差

次に，光の伝播角度θとθ'との関係について議論する．

式(79)，式(84)及び式(85)の関係より，次なる関係が与えられる．

$$v \sin\theta = v' \sin\theta' \tag{92}$$

さらに，式(86)と式(87)，式(87)と式(92)より，次なる関係式が与えられる．

$$\cos\theta = \frac{\cos\theta' + \frac{v}{c}}{1 + \frac{v}{c\cos\theta'}} \tag{93}$$

$$\sin\theta = \frac{\sin\theta' \sqrt{1 - v^2/c^2}}{1 + \frac{v}{c\cos\theta'}} \tag{94}$$

ここに，次なる三角関数の公式を導入する．

$$\tan\frac{\theta}{2} = \frac{1 - \cos\theta}{\sin\theta} \tag{95}$$

式(95)に式(93)及び式(94)を導入し，次式を得る．

$$\tan\frac{\theta}{2} = \frac{(1 - \cos\theta')(1 - v/c)}{\sin\theta' \sqrt{1 - v^2/c^2}} = \frac{(1 - v/c)}{\sqrt{1 - v^2/c^2}} \tan\frac{\theta'}{2} \tag{96}$$

よって，最終的に次式が得られる．

$$\tan\frac{\theta}{2} = \sqrt{\frac{(1 - v/c)}{(1 + v/c)}} \tan\frac{\theta'}{2} \tag{97}$$

この関係式は，式(96)の最右辺に至る過程で分かるように，光源は静止系にあり，観測者は運動系にある場合に当たる．また，右辺に見る$\sqrt{(1 - v/c)/(1 + v/c)}$は，相対論的ドップラー効果を表す．

式(97)は，ブラッドレーの光行差と呼ばれる．すなわち，静止系の観測者に角度θの方向に伝播する星の光は，運動系の観測者に対してはX_1軸からX_2軸方向に角度θ'をもって伝播する光となって観測される．

ここで，式(93)及び式(94)より，次式を得る．

$$sin\,\theta' = \frac{\sqrt{1 - v^2/c^2}}{\left(1 - \dfrac{v}{c\,cos\,\theta}\right)} sin\,\theta \tag{98}$$

式(98)において，$v^2/c^2 << 1$の近似を与えると，次なる関係が得られる．

$$sin\,\theta' \approx \left(1 + \frac{v}{c\,cos\,\theta}\right) sin\,\theta \tag{99}$$

さらに，$\Delta\theta = \theta' - \theta$に対して，微分の定義を導入すると，次なる関係が与えられる．

$$\frac{d\sin\theta}{d\theta} = \lim_{\Delta\theta \to 0} \frac{\sin(\theta + \Delta\theta) - \sin\theta}{\Delta\theta} \tag{100}$$

これを式(98)に適用して，$cos\,\theta = d\,sin\,\theta\,/d\theta$ となることを考慮すると，次なる関係が与えられる．

$$\theta' - \theta \approx \frac{v}{c\,sin\,\theta} \tag{101}$$

ここで，$\theta = \pi/2$あるいは$\theta = -\pi/2$に対して光行差は最大となり，例えば，$\theta = -\pi/2$のとき，古典力学で議論される走る車のフロントガラスに衝突する雨滴の光行差と一致することになる．

光の速さが一定値となって観測される理由

光の速さが静止系でも運動系でも一定速度となって観測されることに関して，アインシュタインは相対論構築に当たっての大前提として“光速度不変の原理”を位置付けている．しかしながら，新相対性理論においては，光の速さは，光という現象に現れる一つの物理として捉える．

したがって，新相対性理論構築に当たっては，光速度不変の原理の導入を一切必要としない.

第４章及び第６章で導入したように，新相対性理論では，波数及び振動数に古典的ドップラー効果及び二次のシフトが生じることが光速度を一定として観測させている物理的要因である.

光の伝播方向を相対速度vの方向（すなわち，x_1軸の方向にとって），式(82)及び式(83)より，

$$k_1 = \frac{\nu}{c} \tag{102}$$

$$k_1' = \frac{\nu'}{c} \tag{103}$$

よって，

$$\frac{k_1'}{k_1} = \frac{\nu'}{\nu} \tag{104}$$

式(104)に式(87)を導入して，最終的に次式を得る.

$$\frac{k_1'}{k_1} = \frac{\nu'}{\nu} = \frac{1}{1 \mp v/c} \times \sqrt{1 - v^2/c^2} \tag{105}$$

ここに，右辺に示す$1/(1 \mp v/c)$は古典的ドップラー効果を表し，その項内のマイナスは波源から観測者が遠のく場合，＋は波源に向けて観測者が近づく場合を表す. また，$\sqrt{1 - v^2/c^2}$は，二次の振動数シフトを表す.

これらの結果は，第４章において，新相対性理論を構築する際に，実験的事実として導入されたことと当然ながら一致する. これらのことから結論されることは，光の速度が静止系でも運動系でも一定値となって計測されることは，物理的に説明されることであり，アインシュタインの相対性理論で定義される「光速度不変の原理」によるものではないということにある. すなわち，新たな相対性理論では，光速度不変の原理は不要なものとなる.

10.　重力場における相対性論

ここでは，重力が作用する場合における相対性理論が説明される．但し，その数学的展開の詳細をここで説明することは本書の目的を越えてしまう．そのため，ここでは重力場における相対性理論がいかように構築されるか，そしてその内容はいかなるものとなっているのかを概略的に説明するに留める．

これまで議論されてきたように，アインシュタインの相対性理論と仲座の新相対性理論との根本的な相異は，時間及び長さの定義に現れる．

アインシュタインの相対性理論は，時間及び長さを相対的なものと定義しており，ニュートン以来，相対的な運動とは無関係に，絶対的な存在として取り扱われてきた時間と長さの概念を物理学から取り払い，それらを相対的なものとして位置付け，相対論的な４次元の時空を定義するものとなっている．

アインシュタインは，慣性系間の時間及び空間を結ぶものとして取り扱われてきたガリレイ変換を退け，ローレンツ変換を正しい変換式として位置付けている．その結果，アインシュタイン以降は，ローレンツ変換の下に慣性系が存在するものとなり，４次元の時空をもって数学的に表されるようになった．また，ローレンツ変換に対して共変性を示さないニュートンの運動方程式は，ローレンツ変換の下に修正を余儀なくされた．

重力の作用する場合に対しては，一般の座標変換を用いた一般相対性理論が提示された．その結果，光の伝播も含めて，万物の力学的運動は，一般相対性理論が規定する歪んだ４次元の時空に無条件に従うこととなった．すなわち，重力（質量の存在）の作用が作る歪んだ時空を「万物はただ真っすぐ進む」ことが，相対論的な運動となった．

これに対して，仲座の新相対性理論は，ローレンツ変換による特殊相対性理論の場合も，また重力の作用を考慮した一般相対性理論の場合であっても，空間は３次元で表され，それと独立して時間が存在することを相対性理論構築の土台としている．その上で，アインシュタインが想像した４次元の時空は，実在のものではなく，力学計測に光など電磁波を用いたことによって現れる架空の時空であり，数学的な取り扱い上の便宜性から導入されるものとして定義される．

新相対性理論においては，ガリレイ変換を，相対性理論を成立させる礎として位置付けている．我々が通常認知しているように，実在の３次元空間とそれに独立した時間は，慣性系間に対してガリレイ変換で結ばれる．このことは，重力が作用する場合もまったく同じである．その結果，慣性系間で相対性原理が完全に満たされる．

ガリレイ変換が成立する時間及び空間において，力学計測に光など電磁波を用いるとき，光の伝播の数学的取扱いにローレンツ変換が必要となり，重力場では一般の座標変換が必要となる．その結果，ローレンツ変換や一般の座標系に対する数学的取扱い上の利便性から，架空の時空として４次元の時空が定義される．この数学的架空の時空は，観測者によって設定されるので，その時空は相対性原理を完全に満たす．

こうして構築される一般相対性理論は，重力の作用の効果を，一般の座標系をもって表すことで説明される．そのため，その展開の大半は数学的な展開に終始することとなる．このことが，初学者に対しては一般相対性理論を学ぶことの高い壁ともなっている．しかしながら，逆に考えれば，数学的展開は厳密であることから，そこに立ち入らず，むしろそれを数学的公式として受け入れてしまえば，物理学的考察に集中できる．そうした点を活かすことにして，ここでは概略説明に留める．

数学的取扱いの便宜上設定される架空の４次元時空

新相対性理論においては，数学取扱いの便宜上，３次元の空間座標に時間軸をも含めて４次元の時空が導入される．もちろん，この時空は，数学的な架空の時空であり，実際には，時間とそれに独立した３次元の空間が実在のものとなる．さらに，新相対性理論は，ガリレイ変換を相対性理論構築の土台としているため，物理的に定義される時間及び空間は，想定する全ての系において同等なものとなる．したがって，時間と空間の単位は不変的なものとなる．これらの基本設定を，従来のアインシュタインの相対性理論との根本的な相違点として終始留意しておかなければならない.

第３章から第６章までにおいて，静止系に対して一定速度で運動する運動系を，静止系から光測量する場合に基づいて，数学的な関係式として線素や２乗距離に関する関係式が導かれている.

それによれば，静止系から計測される光の伝播距離ctと運動系の移動距離$(x^2+y^2+z^2)$に対して，その光測量の光の伝播が，運動系で計測されるときの伝播距離をct'とするとき，両系で計測される２乗距離に関して，次に示す関係式が成立する.

$$s^2=(ct')^2=(ct)^2-x^2-y^2-z^2 \qquad \text{(i)}$$

この関係式は，３次元空間における２乗距離$(x^2+y^2+z^2)$との類推から，時間軸をも含めた４次元の時空の２乗距離$[(ct)^2-x^2-y^2-z^2]$として取り扱われ，座標系の計量が$(1,-1,-1,-1)$で与えられる平坦な時空の線素と呼ばれている．ローレンツ変換は，上式で与えられる４次元時空の２乗距離s^2を不変量として座標を変換するものとなっている．このことは，ローレンツ変換が，光など電磁波の伝播に基づいて構築されていることを反映している.

一方で，２乗距離の関係式は，光の伝播に対して静止系と運動系とで同じ光の位相を観測していることを表すものとしても導かれる．その結果，単に距離が設定されているのではなく，その２乗の量からなっている．したがって，２乗距離の関係式（線素）は，時間及び距離の計測に光など電磁波が用いられていることを大原則として，計測距離の不変性及び客観性を説明している.

後先になるが，重力が作用する場で光測量によって，観測者の近傍の距離を測量すると，次に示すような２乗距離の関係が与えられる〔詳細は後に式(40)として説明される〕.

$$ds^2=(1-a/r)(cdt)^2-\left[\frac{1}{1-a/r}dr^2+r^2\{d\theta^2+\sin^2\theta\, d\varphi^2\}\right] \qquad \text{(ii)}$$

この関係式は，アインシュタインの重力方程式の解としてのシヴァルツシルトの外部解であり，重力が作用しない場合に対して，空間座標に3次元の極座標が用いられている．また，この関係式は，観測者の近傍でのみ成立するので，微小距離dsに対して与えられている．

一般相対性理論は，重力の作用を無限小に漸近させるとき，重力が作用しない場合の相対性理論，すなわち特殊相対性理論を表さなければならないので，これまで議論してきた特殊相対性理論の全てが包括される形に活かされていなければならない．したがって，一般相対性理論が構築されるならば，特殊相対性理論は，それに吸収される必要がある．上で与えた一般相対性理論の線素の式(ii)は，そのような要件を満たしている．

重力の作用が存在しないとき，式(ii)の右辺に示す計量はローレンツ計量と同様に，直交直線座標系上で$(1,-1,-1,-1)$をもって与えられる．すなわち，平坦な時空を成す．重力が作用する場合，計量が平坦な場合とは異なり，一般には歪んだものとなる．このことから，重力源となる質量が存在する場合，歪んだ4次元の時空と呼ばれる．

我々が通常認識している実在の3次元空間において，そして，それと独立した時間を用いて，光の伝播を計測したときに得られる観測値には，式(ii)に示すように数学的取扱いの上の利便性から架空の4次元時空が設定される．重力源の質量が無限小に漸近するとき，あるいは質量中心から無限の距離離れた場においては，計量は要請どおりに平坦な時空の計量に帰結する．

一般の座標系を導入するとき，重力場で静止している観測者の立場は，数学的には，一般の座標系上に静止している観測者の立場となる．したがって，一般の座標系で静止している観測者に対して，重力の作用下の局所的な物体の運動は，その測地線上に沿う一種の慣性運動として観測される．すなわち，重力場で静止している観測者が彼の近傍に見る物体の運動は，測地線に沿って平行移動する慣性運動に見えることになる．

その結果，重力場で静止している観測者に対して，観測される物体の局所的な運動（重力の作用による自由運動）は，特殊相対性理論によって取り扱われる．このとき，重力場で静止している観測者が，光測量にもとづいて局所的に計測する時間や距離は，光の伝播が重力の作用を受けるために，数学的には先に述べた一般の座標系で構築される４次元の時空を成す.

式(ii)において，重力の作用が存在しないと仮定すると，静止した観測者の近傍に測定される静止した２点間の距離（２乗距離）が，我々が通常知っている２乗距離として，次のように与えられる.

$$ds^2 = dr^2 + r^2\{d\theta^2 + \sin^2\theta\, d\varphi^2\} \tag{iii}$$

このとき，同時計測の条件から，$dt = 0$であり，$ds^2 = (ct')^2$となる.

このような光測量を行う観測者が，彼に対して一定速度で運動する運動系内の２点間の距離を測定する場合には，式(ii)は，次のような関係式を与える.

$$ds^2 = (cdt)^2 - [dr^2 + r^2\{d\theta^2 + \sin^2\theta\, d\varphi^2\}] \tag{iv}$$

この場合，この式の右辺の[ ]内の量が観測者に対する運動系の移動量を表す.

このような無重力場の光測量に対して，重力の作用が存在する場で静止している観測者が観測者の近傍に対して行う光測量の結果については，次の関係式で与えられる.

$$ds^2 = (cdt')^2 - [dr'^2 + r'^2\{d\theta'^2 + \sin^2\theta'\, d\varphi'^2\}] \tag{v}$$

ここでも，右辺の[ ]内の量が観測者に対する運動系の移動量を表す.

式(v)は，式(iv)の右辺にプライムを付けただけのように見える．しかしながら，式(iv)と式(v)とでは，大きな違いがある．式(iv)は，重力の作用が無い場合であり，用いている時間や距離は，物理的に定義される時間及び長さの単位によって測られる時間や距離を表す．一方，式(v)は，重力場の観測者が原子時計など重力の作用を受けるような時計を用いて計測される時間及び長さを用いている．したがって，式(v)のプライムの付く時間及び距離に関しては，重力の影響がすでに入っている．もちろん，その重力の影響がいかようなものとなるかについては，式(ii)を持って予測される.

重力の作用が無い場合と同様に，重力場で静止している観測者及び運動系の観測者の時間及び長さは，いかなる場合にあっても互いにガリレイ変換で結ばれる．このことが新相対性理論と従来のアインシュタインの相対性理論とを分かつものであり，物理学上の時間と空間に対する絶対的な定義となる．その上で，光測量に基づいて，静止系と運動系とで観測される時間及び長さの関係にローレンツ変換が成立する．こうして，重力の作用する場における運動に相対性原理が成立し，相対性理論が構築される．

ここで，重力場にも「ローレンツ変換が成立する」と説明したが，重力が作用する場合においては，上で述べたように，静止系の観測者が用いる局所的な時間は，重力の影響を受けて計測される時間となる．その結果，測定される距離も重力の影響を受けていることになる．ただし，ローレンツ変換が適用されるので，重力が作用する場合であったとしても，この観測者には，光の速度は静止系でも運動系でも一定値を示していなければならない．

一方，(ii)に示す関係は，重力の作用がない場合に対して座標系を設定し，時間及び空間に物理的に定義される時間及び空間の単位を用いて，静止系としての立場から，重力の作用を受けた粒子の運動を光測量によって観測するとき，その局所的な軌跡を特徴づける線素を表す．このとき，観測される光の速さは，重力の影響を受けて，一定値ではなくなる．

電磁波的な重力の作用の発見

上で説明するように，一般の座標系を導入するとき，重力の発生源となる質量が，光など電磁波の伝播や物体の運動に及ぼす影響は，光測量に基づいて局所的に設定される一般の座標系の計量に現れる． 式(ii)に示すように，一般の座標系の計量は，次のような２乗距離（線素）の関係を与える．

$$ds^2 = (1 - a/r)(cdt)^2 - \left[\frac{1}{1 - a/r} dr^2 + r^2\{d\theta^2 + \sin^2\theta\, d\varphi^2\}\right] \quad \text{再掲(ii)}$$

後に説明されるように，この関係式に見る計量は，実は重力の作用によって光など電磁波の伝播に現れる重力赤方偏移の効果を表している．

ニュートン力学が教えるように，重力の作用は粒子の質量に無関係に及ぶ．したがって，重力場の光の伝播軌跡と質量を持つ粒子の運動軌跡とは，同じ測地線上を運動することになる．すなわち，式(ii)は，重力の作用しない（質量の存在しない）基本座標系から眺めた粒子や光の局所的な運動軌跡や伝播軌跡を表している．

例えば，粒子の半径方向の運動に対して式(ii)は，次のように与えられる．

$$\left(\frac{dr/\sqrt{1-a/r}}{\sqrt{1-a/r}dt}\right)^2 = 1 - \frac{1}{(1-a/r)^2}\left(\frac{d\tau}{dt}\right)^2 \qquad \text{(vi)}$$

式(vi)は，次のように近似される．

$$\left(\frac{dr/\sqrt{1-a/r}}{\sqrt{1-a/r}dt}\right)^2 + \frac{a}{r} = 0 \qquad \text{(vii)}$$

ここで，後に示されるdrとdr'，dtとdt'との関係を導入して，次式が得られる．

$$\left(\frac{dr'}{dt'}\right)^2 + \frac{a}{r} = 0 \qquad \text{(viii)}$$

この式は，物理学に一般に見られる運動エネルギーと位置エネルギーの保存方程式に対応する．

式(vi)より，次式が得られる．

$$\frac{dr}{dt} = -(1-a/r)\left(\frac{a}{r}\right)^{1/2} \qquad \text{(ix)}$$

ここに，右辺のマイナス符号は，運動が質量中心に向かうことを意味する．

式(ix)はさらに次のように近似される．

$$\frac{dr'}{dt'} = -\left(\frac{a}{r}\right)^{1/2} \qquad \text{(x)}$$

以上に示す式展開より，次のことが明らかとなる．

まず，式(x)は，重力場で静止している観測者に計測される時間及び距離を用いて，粒子の重力による運動を測るとそれが，エネルギー保存則から得られる運動速度を表すことを示している．いわゆる，ニュートンの力学で通常与えられる$v = \sqrt{2gh}$に対応する．

次に，式(ix)は，式(x)を重力が作用しない場合の時間及び距離を用いて表示したものに当たり，観測される時間及び距離に重力赤方偏移が観測されることを表している．

上で示した式の展開は，元はと言えば，式(ii)に示す光の伝播距離と粒子の運動距離との関係，すなわち光測量に基づく２乗距離の関係から始まっている．式(ii)は，厳密に粒子の位置と時間の関係を表す．よって，２乗距離の関係式は，粒子の運動に対する一種の運動方程式（あるいは，運動方程式を積分したエネルギー式）とみなせる．すなわち，重力の作用は，光など電磁波の伝播とまったく同じ形態となっているという結論に至る．このことは，重力の作用が電磁波の作用と同種であることの発見と言える．

２乗距離の関係は，静止系となる観測者，そして運動系となる観測者のいずれの系の質量も共に同じである限り，いずれの系に対しても対称的にまったく同じ関係式を与える．すなわち，質量の作用（重力の作用）は両系間で対称的であり，相対性原理を満たす相対論的な力の作用として定義される．このような重力の作用が，ニュートン力学では万有引力として定義されている．

したがって，ニュートンが見出した万有引力は，一般相対性理論においては，電磁的な作用と同種の作用（重力波の作用）として現れ，その作用自身に赤方偏移を伴うものとなる．重力の作用自身に現れる重力赤方偏移によって，質量を中心とする半径方向及び円周方向の運動にはそれぞれ重力赤方偏移に相異が現れる．このことが，彗星の近日点の移動をもたらせる．

質量の存在による重力の作用が，ローレンツ変換をも満たす電磁的なものでありかつ，赤方偏移を伴う動的なものであることは，ニュートンの万有引力の作用からは想定されないことであって，一般相対性理論が成した一つの発見と言える．

第V章で行う相対性理論の演習においては，重力の作用が電磁波的なものとなって取り扱われることの具体的な計算が行われる．その具体的な計算からも理解できるように，一般相対性理論の相対論的な運動方程式には，すべて，光の速さが速度の基準として関与し，重力の作用が，電磁波的であることが示される．このような万有引力の相対論的な作用からは，ニュートンの運動法則の「作用と反作用」の関係も，力というものの対称的存在，すなわち相対性原理の成立を反映したものと解釈されよう．

以下においては，これまで述べた概要を踏まえて，一般相対性理論の構築過程が，やや数学的な見地をも取り入れて説明される．

ニュートンの運動方程式から測地線方程式へ

時間軸も含めた数学的な架空の４次元時空における局所的な位置ベクトルを，次のように表す．

$$\boldsymbol{r} = \boldsymbol{r}(ct, x, y, z) \tag{1}$$

これをさらに，次のように表す．

$$\boldsymbol{r} = \boldsymbol{r}(x^i), \qquad i = 0\sim3 \tag{1'}$$

このような４次元時空は，重力の作用が無いものとして，時間及び空間座標に物理学的に定義される時間及び空間長の単位を用いる座標系において設定されるものである．このような座標系を以下に基本座標系と呼ぶ．

重力の作用下で静止している観測者は，光測量によって自らが測る時間や空間長を用いるとき，観測者の周りで局所的に観測される物体の運動や光の伝播は，慣性運動として観測される．

この時，ニュートンの運動方程式は，平坦時空における慣性運動として与えられて，時間にτを用いて，一般に次のように書ける．

$$\frac{d^2\boldsymbol{r}'}{d\tau^2}=0 \tag{2}$$

式(2)を次のように表す．

$$\frac{d^2x^{i'}}{d\tau^2}=0 \tag{2$'$}$$

ここに，$\boldsymbol{r}'$及び$x^{i'}$は観測者の近傍に局所的に設定される４次元座標上の位置ベクトルを表す．$i=1{\sim}3$については，通常の運動方程式であり，$i=0$の場合は，それぞれの座標系で計測される時間の関係を表す．

式(2)及び(2′)は，重力場で静止している観測者が自分自身の計測する時間及び距離を用いて計測した運動方程式である．したがって，時間については本来，ここでは，$dx^{0'}$とすべきであるが，数学的には，$d\tau$であっても，$dx^{0'}$あるいはdtであってもかまわない．よって，運動系の時間$d\tau$を用いておく．

平坦な時空における慣性運動に対して，座標系は平坦な４次元座標系が設定され，光測量に基づく光の伝播距離と粒子の移動距離との関係を表す線素は，式(6.23)あるいは式(6.24)によって，次のように与えられる．

$$ds^2=\eta_{i'j'}dx^{i'}dx^{j'} \tag{3}$$

ここに，dsは線素，$\eta_{i'j'}$は計量テンソルを表す．

第６章にて議論されたように，平坦な時空に対する計量テンソルの成分は，次のように与えられる．

$$\eta_{i'j'}=\begin{bmatrix}1 & 0 & 0 & 0\\ 0 & -1 & 0 & 0\\ 0 & 0 & -1 & 0\\ 0 & 0 & 0 & -1\end{bmatrix} \tag{4}$$

重力が作用しないとした基本座標系から観測した重力の作用下の運動方程式を得るために，ここで，歪んだ４次元の局所的な一般の座標系$x^{i'}$を，次のように導入する．

$$x^{i'} = x^{i'}(x^i) \tag{5}$$

逆に,

$$x^i = x^i\left(x^{i'}\right) \tag{5'}$$

式(5)は，観測者の近傍の局所的な関係に限られ，微小量を用いて，次の関係を与える.

$$dx^{i'} = \frac{\partial x^{i'}}{\partial x^i} dx^i \tag{6}$$

歪んだ4次元の一般の座標系の線素は，平坦な基準座標系dx^iを基に，次のように与えられる.

$$ds^2 = g_{ij} dx^i dx^j \tag{7}$$

ここに，g_{ij}は座標系$x^{i'}$に対する計量テンソルを表す.

式(3)に式(6)を代入して，次式を得る.

$$ds^2 = \eta_{i'j'} \frac{\partial x^{i'}}{\partial x^i} \frac{\partial x^{j'}}{\partial x^j} dx^i dx^j \tag{8}$$

式(7)と式(8)とは，同じ線素を表すことから,

$$g_{ij} = \eta_{i'j'} \frac{\partial x^{i'}}{\partial x^i} \frac{\partial x^{j'}}{\partial x^j} \tag{9}$$

が与えられる.

ここで，計量テンソルg_{ij}及び$\eta_{i'j'}$の反変テンソルg^{ij}及び$\eta^{i'k'}$を，次のように定義する.

$$g^{ij} = \eta^{i'j'} \frac{\partial x^i}{\partial x^{i'}} \frac{\partial x^j}{\partial x^{j'}} \tag{10}$$

$$\eta^{i'k'} \eta_{k'j'} = \delta^{i'}_{j'} \tag{11}$$

このとき,

$$\frac{\partial x^i}{\partial x^{k'}}\frac{\partial x^{k'}}{\partial x^j}=\frac{\partial x^i}{\partial x^j}=\delta^i_j \tag{12}$$

となるので, 次なる関係を得る.

$$g^{ik}g_{kj}=\delta^i_j \tag{13}$$

変換式(5)を時間微分して,

$$\frac{dx^{i'}}{d\tau}=\frac{\partial x^{i'}}{\partial x^i}\frac{dx^i}{d\tau} \tag{14}$$

これをさらに微分して,

$$\frac{d^2x^{i'}}{d\tau^2}=\frac{\partial x^{i'}}{\partial x^i}\frac{d^2x^i}{d\tau^2}+\frac{\partial^2x^{i'}}{\partial x^i\partial x^j}\frac{dx^i}{d\tau}\frac{dx^j}{d\tau} \tag{15}$$

を得る.

ここで, 式(2′)より,

$$\frac{\partial x^{i'}}{\partial x^i}\frac{d^2x^i}{d\tau^2}+\frac{\partial^2x^{i'}}{\partial x^i\partial x^j}\frac{dx^i}{d\tau}\frac{dx^j}{d\tau}=0 \tag{16}$$

これに, $\partial x^i/\partial x^{i'}$を乗じて, さらに$i'$について 0 から 3 まで和をとって, 次式を得る.

$$\frac{d^2x^i}{d\tau^2}+\Gamma^i_{kl}\frac{dx^k}{d\tau}\frac{dx^l}{d\tau}=0 \tag{17}$$

ここに, Γ^i_{kl}は次式で与えられる.

$$\Gamma^i_{kl}=\frac{\partial x^i}{\partial x^{i'}}\frac{\partial^2x^{i'}}{\partial x^k\partial x^l} \tag{18}$$

Γ^i_{kl}はクリストフェル記号と呼ばれ, 計量テンソルに対して次の関係を一般になす.

$$\Gamma^i_{kl} = \frac{1}{2} g^{im} \left(\frac{\partial g_{ml}}{\partial x^k} + \frac{\partial g_{mk}}{\partial x^l} - \frac{\partial g_{kl}}{\partial x^m} \right) \tag{19}$$

重力場におけるニュートンの運動方程式は，例えば，重力加速度をgで表し，鉛直方向にz軸をとり，次のように与えられる．

$$\frac{d^2 z}{d\tau^2} + \mathrm{g} = 0 \tag{20}$$

式(17)と(20)の比較より，重力の作用の効果を，$\Gamma^i_{kl}(dx^k/d\tau)(dx^l/d\tau)$をもって表せることが示唆される．

以上によって，重力の作用下に静止している観測者の見る局所的な慣性運動〔式(2)あるいは式(2′)〕は，重力の作用が存在しないとした基本座標系から見ると式(17)に示す局所的な運動方程式で与えられることが分かった．

ところで，一般の座標系において，最短距離を取る曲線の方程式として，次のように測地線方程式が与えられる．

$$\frac{d^2 x^i}{ds^2} + \Gamma^i_{kl} \frac{dx^k}{ds} \frac{dx^l}{ds} = 0 \tag{21}$$

ここで，$ds = cd\tau$と置くことで，式(21)は，式(17)を与える．

以上のことから，アインシュタインは，重力の作用を表す$\Gamma^i_{kl}(dx^k/d\tau)(dx^l/d\tau)$を時空の曲率（すなわち，計量）と関連づけている．

したがって，式(17)に示す運動方程式は，一般の座標系を導入するとき，測地線に沿う運動として取り扱うことができる．また，一般の座標系上に静止している観測者は，重力場で静止している観測者に対応させられる．

アインシュタインのテンソル

アインシュタインによれば，時空の曲がり具合を決定する曲率テンソルが，リッチテンソルR_{ij}を用いて，次のように与えられる．

$$\left(R_{ij} - \frac{1}{2} g_{ij} R\right)_{;j} = 0 \tag{22}$$

ここに，“ ;j ”は，共変微分を表す.

式(22)の( )内を，次のようにテンソルG_{ij}でまとめる.

$$G_{ij} = R_{ij} - \frac{1}{2} g_{ij} R \tag{23}$$

ここに，テンソルG_{ij}はアインシュタインのテンソル（Einstein tensor）と呼ばれる. アインシュタインのテンソルを用い，式(22)は，次のように書ける.

$$G_{ij\ ;j} = 0 \tag{24}$$

縮約を取る形のテンソルの共変微分となる$G_{ij\ ;j}$は，テンソルG_{ij}の発散と呼ばれる.

エネルギー・運動量テンソルの定義とその微分

直交直線座標系において，運動のエネルギー・運動量テンソルは，特殊相対性理論における4元速度の定義にしたがって，次のように与えられる.

$$T^{ij} = \gamma^2 \begin{pmatrix} \rho v^0 v^0 & \rho v^0 v^1 & \rho v^0 v^2 & \rho v^0 v^3 \\ \rho v^1 v^0 & \rho v^1 v^1 & \rho v^1 v^2 & \rho v^1 v^3 \\ \rho v^2 v^0 & \rho v^2 v^1 & \rho v^2 v^2 & \rho v^2 v^3 \\ \rho v^3 v^0 & \rho v^3 v^1 & \rho v^3 v^2 & \rho v^3 v^3 \end{pmatrix} = \rho u^i u^j \tag{25}$$

ここに，u^0及びu^iは，光の速さc及び相対速度ベクトル成分v^iとそれぞれ次の関係を成す．第6章の議論に基づいて，

$$u^0 = \gamma c \tag{26}$$

$$u^i = \gamma v^i \quad (i = 1\sim3) \tag{27}$$

ここに，γはローレンツ係数を表し，

$$\gamma = \frac{1}{\sqrt{1 - v^2/c^2}} \tag{28}$$

で与えられる．密度ρについては，通常，静止系の密度はρ_0をもって表されるが，右下添字との混乱をさけるために，ここではそれを単にρとして表していることに注意を要する．

運動のエネルギー及び運動量が，テンソル形式で式(25)のように表されるとき，その右辺に示す行列の１行目や１列目に並ぶ諸量は，v^0が光の速さcを表すことから，特殊相対性理論で定義される相対論的エネルギー及び運動量に関連するものとなっている．

エネルギー・運動量テンソルの直交直線座標系上での微分は，次のようにゼロとなる．

$$T^{ij}{}_{,k} = 0 \tag{29}$$

同様に，一般の座標系上での微分は，共変微分を用いて，次のように与えられる．

$$T^{ij}{}_{;k} = 0 \tag{30}$$

ここで，エネルギー・運動量テンソルの微分を実際に取ると，例えば，直交直線座標系において，$T^{i0}{}_{,j}$は，次のように表される．

$$T^{j0}{}_{,j} = c\gamma^2 \left\{ \frac{\partial \rho}{\partial t} + div(\rho v) \right\} = 0 \tag{31}$$

これは，$c\gamma^2 \neq 0$であることから，質量保存則を表す．

$T^{ji}{}_{,j}$の添字iが 1～3 については，

$$T^{ji}{}_{,j} = \frac{\partial(\rho u^i u^j)}{\partial x^j} = \rho u^j \frac{\partial u^i}{\partial x^j} + u^i \frac{\partial \rho u^j}{\partial x^j} \tag{32}$$

となることから，式(32)の最右辺の第二項は，

$$u^i \frac{\partial(\rho u^j)}{\partial x^j} = u^i c\gamma^2 \left\{\frac{\partial \rho}{\partial t} + div(\rho v)\right\} = 0 \tag{33}$$

を与えて，質量保存則を表す.

慣性運動に対しては，粒子の相対速度は時間的な変化を示さず一定であり，質量も一定であることから，それらの積として与えられる運動量も一定となり，運動量の保存が成立する.

さらに，式(32)の最右辺の第一項は，$i = 1\text{~}3$に対して，

$$\rho u^j \frac{\partial u^i}{\partial x^j} = c\gamma^2 \rho \left\{\frac{\partial v^i}{\partial t} + v^j \frac{v^i}{x^j}\right\} = c\gamma^2 \rho \frac{dv^i}{dt} = 0 \tag{34}$$

を与えることから，質量保存則の下に運動量保存則を表す.

したがって，エネルギー・運動量テンソルの微分は，慣性運動の質量保存則及び運動量保存則を表す．微分を一般の座標系上で行う場合，微分は共変微分に変わり，次のように与えられる.

$$T^{ij}{}_{;k} = 0 \tag{35}$$

これが，一般の座標系に対する慣性運動の質量保存則及び運動保存則を表す.

アインシュタインは，この段階で，式(24)と式(35)を同一視して，アインシュタインの重力テンソルG^{ij}は，エネルギー・運動量テンソルと等値されるものと設定している．その結果，アインシュタインは，「エネルギー・運動量の存在が，実際の時間及び空間を曲げている」との解釈に至っている．また逆に，「時間及び空間の歪みがエネルギー・運動量を派生させる」と考えた.

アインシュタインの重力方程式

式(24)と式(35)は，それぞれ積分して一定値と置けるため，エネルギー・運動量テンソルとアインシュタインのテンソルとは，次のように結ばれると仮定される.

$$G^{ij} = \kappa T^{ij} \tag{36}$$

ここにκは比例定数を表す.

式(23)及び式(36)より次式が与えられる.

$$R^{ij} - \frac{1}{2}g^{ij}R = \kappa T^{ij} \tag{37}$$

この式より，エネルギー・運動量の強さは，一般の座標系の曲がり具合を決める．あるいは逆に，一般の座標系の曲がり具合はエネルギー・運動量テンソルの強さを決めることになる.

式(37)は，宇宙空間の定常状態をも表すことが可能なように，宇宙定数と呼ばれる項を付けて，次のように表される場合もある.

$$R^{ij} - \frac{1}{2}g^{ij}R - \Lambda g^{ik} = \kappa T^{ij} \tag{38}$$

ここに，Λはアインシュタインによれば宇宙定数を表す.

式(37)あるいは式(38)は，アインシュタインの重力方程式(Einstein's equation of gravitation)と呼ばれる．式(37)及び式(38)については，リーマンの曲率テンソルを求める際に，左回転の微分経路から右回転の微分経路を差し引くか，あるいはその逆にするかによって，右辺に負号が付く場合があるので注意が必要となる（後者の場合に，負の負号が付く）.

アインシュタインの重力方程式に見る係数κについては，弱い重力場を仮定して，次のように求められている.

$$\kappa = \frac{8\pi G}{c^4} \tag{39}$$

ここまでの数学的な展開としては，アインシュタインの数式展開と同じとなる．しかしながら，アインシュタインの相対性理論では，数学的な取扱いの便宜上導入される一般の座標系の時空を誤って実際の時空として定義しており，重力で歪んだ時空を見出すことが相対性理論の本質となっていることに注意が必要となる.

以上議論してきた新相対理論においては，歪の無い（重力の作用の無い）基準座標系で設定される実際の時間や空間，そしてそれらの単位に基づいて，重力の作用する場で計測される時間や距離に対して数学的に導入される一般の座標系の時空が歪んでいることになる．歪の無い基準座標系から観測される重力作用下の粒子の運動は，曲がった一般の座標系上の測地線に沿う自由運動に等価となり，その世界では数学的に導入される曲がった４次元の時空が重力の作用を担うことになる．一般の座標系では，物体の運動は局所的に測地線に沿う自由運動であり，座標変換により，その運動を慣性座標系上の慣性運動として取り扱うことが可能となる．こうして，相対性理論は，一般の座標系上の慣性運動に対して構築されることになる．

シヴァルツシルトの解

アインシュタインの重力場の方程式の解は，方程式の提示後すぐに（1916 年），シヴァルツシルトによって与えられている．その外部解について結果のみを示すと，空間に対して球対称となる一般の座標系を導入して，その線素は，次のように与えられる．

$$ds^2 = (1 - a/r)(cdt)^2 - \frac{1}{1 - a/r}dr^2 + r^2\{d\theta^2 + \sin^2\theta\, d\varphi^2\} \quad (40)$$

ここに，観測の基盤となる無重力の基本座標系には，極座標系(r, θ, φ)が用いられている．aは重力源の質量Mに関係し，$2GM/c^2$で与えられ，シヴァルツシルト半径と呼ばれる．Gは万有引力定数を表す．

重力が作用する場で光など電磁波の伝播を計測すると，その伝播軌跡は一般に局所的には一般の座標系の測地線をもって表すことができる．その一般の座標系の局所的な線素が式(40)で与えられる．すなわち，式(40)は４次元時空の存在が実際のものであることを表すのではなく，重力場で計測される光など電磁波の軌跡が基本座標系から見ると，一般には曲がったものであり，その軌跡を局所的に表すために導入される一般の座標系の線素が，数学的取扱いの便宜上架空の４次元時空をもって与えられることを表す．

一方，アインシュタインの一般相対性理論においては，このことが実際の4次元時空として取り扱われ，重力場ではその作用によって実際の時間及び空間が歪んだものとして取り扱われている．ここに，新一般相対性理論との根本的な相異がある．

重力の作用がなければ，式（40）は次のように与えられる．

$$ds^2 = (cdt)^2 - dr^2 + r^2\{d\theta^2 + \sin^2\theta\, d\varphi^2\} \qquad (41)$$

このような場合の架空の4次元時空は，平坦な時空と呼ばれる．

式(40)と式(41)を対比して見ると，光など電磁波を用いて観測される半径方向の距離は，重力の作用によって，平坦な場合に比較して，$1/\sqrt{1-a/r}$倍に引き伸ばされ，伝播時間は$\sqrt{1-a/r}$倍に短縮することが分かる．

アインシュタインの相対性理論においては，静止系と運動系とが無限に離れていたとしても，両系をローレンツ変換で結んだ瞬間に，運動系の時間及び空間は系間の相対速度に応じて短縮するものとなる．また，重力場の時空（時間と空間）も無限に至るまで重力源の質量に応じて歪んだものとなる．このことから，アインシュタインの相対性理論は，いわば遠隔作用として働く．これに対して，新相対性理論は，静止系と運動系との間で光をやり取りするとその伝播がどう観察されるものとなるかを説明するものであり，また，重力場において光の伝播がどう観測されるものとなるのかを表すので，近接作用としての相対性理論の働きがある．

コラム 16　ローレンツ変換及び一般の座標系の導入は座標変換に当たるか

ガリレイ変換は，静止系から運動系への座標変換を与える．したがって，静止系の観測者や運動系の観測者は，ガリレイ変換によって互いの座標系（世界点）を乗り換えることが可能である．これと同様に，ローレンツ変換や一般の座標系の導入は，ガリレイ変換と同様な座標変換に当たるか？というのが，ここにおける表題の意味するところである．

重力を取り扱う一般相対性理論においては，一般の座標系を慣性座標系に座標変換することが可能であるという性質が活かされている．このことで，一般の座標系上に静止している観測者の見る局所的な運動が，慣性運動として取り扱われることが数学的に保証される．一般相対性理論を学ぶ者が，勢いぶつかる壁がここのところの解釈にある．

須藤靖著『一般相対性理論入門：文献 11)』に，次のような説明がある．

…一般相対論で登場する一般座標変換は，普通，2つの異なる世界点の間の変換ではなく，同一の世界点を単に異なる座標系で表示したことを示すに過ぎない．したがって，むしろ図 2.4（参考文献中の図）のように同一の点の近傍で，異なる座標系を設定するような2種類の基底ベクトル，$\boldsymbol{e}_\mu$，$\boldsymbol{e}_{\mu'}$を選んだことによって，その周りの点の座標成分がx^μから$x^{\mu'}$に変化したことを意味しているものと理解すべきである．喩えて言うならば，同じ点の近傍を首をかしげて見ているようなもので，基底ベクトルの局所的な選び方の任意性としてとらえるほうが適切であろう．…

この説明で，印象的なのが，「同じ点の近傍を，首をかしげて見ているようなもので…」という所にある．著者も，一般相対性理論を学びかけの頃，テンソル解析において，ここら辺のところの説明がとても難解であった．しかしながら，著者が新相対性理論を通じてたどり着いた解釈は，「座標変換」というようなものでも，また「首をかしげて見る」というようなものでもなかった．

新相対性理論においては，まずガリレイ変換が相対性理論構築の土台として位置付けられる．これは，文字通り，慣性系間の座標変換である．一方，新ローレンツ変換については，ガリレイ変換のような系間の座標変換というようなものではなく，静止系から放たれた光の伝播が，運動系でいかような伝播時間や伝播距離となって運動系で観測されるとものとなるのかを表す．したがって，光など電磁波の位相の変換に対応する．

さらに，新たな一般相対性理論における一般の座標系から慣性座標系への変換ということについては，変換そのものは確かに座標変換ではある．しかしながら，実際に座標変換を行うということではない．数学的に，重力下の物体の自由運動が一般の座標系上の測地線に沿うものと等価であることが示せて，測地線上の１点の周りの局所的な運動が一般の座標系上に静止している観測者には慣性運動として捉えられることの保証として活用される．すなわち，物体の局所的な運動軌跡に等価となる測地線を表す一般の座標系が確定されると，数学的な関係から，その測地線上のある点の近傍に見る物体の運動は，一般の座標系上からは，慣性運動として観測されることが保証されることになる．しかしながら，一般の座標系から慣性座標系への変換が，実際に物理的に行わるものではなく，あくまでも数学的な条件保証という背景を得るためにある．

したがって，一般の座標系の計量を明示する線素が，例えば，シヴァルツシルトの外部解として与えられるとき，もはや一般の座標系から慣性座標系への変換というような座標変換の認識は不必要となり，観測者がいかような場に立脚するものとなるのかということのみが問われる．重力場で静止している観測者は，数学的には一般の座標系上に静止している観測者となる．その観測者から慣性運動として観測される局所的な運動系は，数学的には一般の座標系の測地線上に沿う運動系となる．また，その観測者に計測される時間や長さは重力の影響を受けたものとなる．もちろん，その重力の影響を受ける時間や長さの計測には，基準となる不変的な時間及び長さの単位が用いられる．

重力源から無限遠の位置に座す観測者には，重力の影響を受けない時間及び長さが計測される．あるいは，数学的に重力源の質量を無視した座標系（基準座標系）を設定できる．そのような基準座標系の観測者からは，重力場の物体の運動は重力を受けて一般に歪んだ軌跡として観測される．この歪んだ軌跡に局所的に測地線が一致するように一般の座標系が局所的に設定される．その線素が，例えば，先に述べたシヴァルツシルトの外部解としての線素となる．

以上のことについては，第V部における演習を通じて確認される．

コラム17 新相対性理論の演習

本書の第V部における「演習 相対性理論」においては，例題に関して，エドウィン・F・テイラー／ジョン・アーチボルド・ホイーラー著，牧野伸義 訳:『一般相対性理論入門 ブラックホール探査』を全体的に参照している．この書は，アインシュタインの一般相対性理論の使い方の説明に関して大変優れている．これまで発行されてきた一般相対性理論を説明する殆どの書が，アインシュタインの一般相対性理論をいかに導くかに主眼が置かれているのに対して，この書は，一般相対性理論をいかに使い，ブラックホール周りの力学現象をいかに理解するかに主眼が置かれている．

これまで，アインシュタインの一般相対性理論を学ぼうとする者は，テンソル解析によって，アインシュタイン方程式と呼ばれる重力場の方程式を導くまでの長い道のりをゆかねばならなかった．その長い道のりを達成したとしても，取り扱う数式の複雑さがゆえにその理解に翻弄させられて，その内容を十分に知る余裕すら持てないという状況にあったと思う．この書は，そのようなものとなっていない．テンソル解析をまったく必要とせず，アインシュタインの重力場の方程式の一つの解であるシヴァルツシルトの解を基本的に用いて，一般相対性理論が取り扱う力学を学べる形にある．当然ながら，この書はアインシュタインの相対性理論に基づいている．重力場の時空が歪み，粒子や光などの運動や伝播は，無条件にその歪んだ時空に従うものとしての前提に立っている．

新相対性理論は，このような歪んだ時空を実態と位置付けるアインシュタインの相対性理論を否定している．新相対性理論では，歪んだ時空は，数学的取扱い上の利便性のために導入される架空の時空となっている．本書の第V部は，新相対性理論に則って説明されている．その結果，粒子や光の運動が，不変的な時間と長さの概念の下に，重力の影響を受けて計測される時間と長さ（重力下で計測される時間及び長さ）とを用いて説明されている．

第Ⅴ部

演習　新相対性理論

1. 基本物理量と基本公式

この第Ⅴ部においては，これまでに構築した新相対性理論（第Ⅳ部内容）について，実際に数値を用いて相対性理論の計算を行う．本章では，計算に必要となる様々な物理量をまずは示し，その後に，座標の定義，計算に必要となる基本公式のまとめを行う．

第２章においては，質量の周りで，静止した観測者が行う光測量の光の伝播に現れる伝播時間及び伝播距離について様々な計算を行う．第３章以降においては，順次，質量の周りで観測者が移動しながら観測する場合に現れる光の伝播時間及び伝播距離，質量の周りを運動する物体の軌跡，そして質量の周りにおける光など電磁波の伝播挙動について計算を行う．

物理量

まずはここで，以下の計算に必要となる物理的諸量についてまとめる．

1） 万有引力F：

$$F = G\frac{Mm}{r^2} \quad [\mathrm{kgms^{-2}}]$$

ここに，〔　　〕内は単位を表す．

2）万有引力定数G： $G = 6.6726 \times 10^{-11} \quad [\mathrm{m^3kg^{-1}s^{-2}}]$

3）真空中の光の速さc： $c = 2.99792458 \times 10^{8} \quad [\mathrm{ms^{-1}}]$

4）質量の無次元化係数

$$\frac{G}{c^2} = \frac{6.6726 \times 10^{-11} \ [\mathrm{m^3kg^{-1}s^{-2}}]}{(2.99792458 \times 10^{8})^2 \ [\mathrm{m^2s^{-2}}]}$$
$$= 7.424 \times 10^{-28} \quad [\mathrm{mkg^{-1}}]$$

5）換算質量M：

M_{kg}の質量に対して，

$$M = \frac{G}{c^2} M_{\mathrm{kg}} = \frac{6.6726 \times 10^{-11}\ [\mathrm{m^3 kg^{-1} s^{-2}}]}{(2.99792458 \times 10^8)^2\ [\mathrm{m^2 s^{-2}}]} M_{\mathrm{kg}}$$

$$= 7.424 \times 10^{-28}\ M_{\mathrm{kg}}\ \ [\mathrm{m}]$$

６）地球の質量　$M_{\mathrm{kg}} = 5.9742 \times 10^{24}$ [kg]

$$M = 4.44 \times 10^{-3} [\mathrm{m}]$$

７）太陽の質量　$M_{\mathrm{kg}} = 1.989 \times 10^{30}$ [kg]

$$M = 1.477 \times 10^{3} [\mathrm{m}]$$

８）銀河中心の質量 $M_{\mathrm{kg}} = 5.2 \times 10^{36}$ [kg]

$$M = 3.8 \times 10^{9} [\mathrm{m}]$$

９）地球半径 6.371×10^6 [m]
（地球と同じ体積を持つ球体の半径）

１０）太陽半径 6.9598×10^8 [m]

１１）地球の公転軌道平均半径 1.495978×10^{11} [m]
太陽と地球間の距離
（1天文半径，1AU）1.495978×10^{11} [m]

以下の計算では，３桁から４桁程度の有効数字に収めることにする．標準的に用いられている物理量については，上に示すように，できるだけ一般的に取り扱われている数値を用いることとし，その際の有効数値は適宜一般的なものにしたがった．

新特殊相対性理論における時間及び座標の定義

時間及び座標軸の定義をここで今一度明確にしておく．
まず，特殊相対性理論においては，静止系の時間及び空間座標は，それぞれt及び(x, y, z)で表される．次に，運動系の時間及び座標は，それぞれT及び(X, Y, Z)で表される．これら静止系と運動系の時間及び座標は，相対性原理を満たすために，ガリレイ変換で結ばれる．

このような時間及び座標の設定の上に，相対性理論が成立する．相対性理論は，静止系から放たれた光（電磁波）が運動系の観測者にいかように観測されるものとなるのかを規定する．すなわち，特殊相対性理論とは，相対速度を有する慣性系間で光のやり取りがどのように行われるかを規定するものであり，相対論的電磁気理論の基礎を成す．

静止系から放たれた光が静止系の観測者に観測される際の光の伝播の位相に現れる時間及び位置を(t, x, y, z)で表すとき，それが運動系を伝播する光となって運動系の観測者に観測されるときの伝播波の位相に現れる時間と位置は，(t', x', y', z')とプライム付きの変数で表される．それらの間には，新ローレンツ変換が成立する．運動系における伝播波の観測は，運動系の時間T及び座標(X, Y, Z)を持って測定される．

以上の定義によって，静止系の観測者の持つ腕時計及びものさしの単位は，運動系の観測者の持つ腕時計及びものさしの単位とまったく同じである．こうした両系における不変的単位をもって，静止系から放たれた光の伝播の位相を両系で観測した結果が新ローレンツ変換で結ばれる．このことが，特殊相対性理論の根幹を成す．

新一般相対性理論における時間及び座標の定義

重力が作用するような場合，上で述べた特殊相対性理論で規定する光（電磁波）の伝播に重力の影響が現れて観測される．

すなわち，重力の作用する空間において，時間及び距離の計測に光（電磁波）を用いるとき，計測される時間及び距離には必ず重力の影響が現れる．ただし，その計測には，基準となる時間と長さの単位が統一的に用いられなければならない．そうでないと，その計測される時間及び距離に，重力の影響がいかように現れているのかを知ることはできない．

したがって，一般相対性理論においては，重力が作用しない場合の基準時及び基準座標を与える基準座標系がまず設定されなければならない．この基準座標系において，物理学的に時間及び長さの単位が設定される．その上で，基準座標系においては，あまねくこの時間及び座標が適用される．基準系の時間及び座標には，特殊相対性理論の静止系と同様に(t, x, y, z)が用いられる．

次に，重力場で静止している観測者〔その時間及び場所は，基準座標系から(t, x, y, z)をもって指定される〕に，光（電磁波）測量によって測られる時間及び距離については，(t', x', y', z')が用いられる．

さらに，重力場で静止している観測者に対して一定速度で運動して観測される運動系の観測者に観測される先の光測量の光の伝播時間及び伝播距離には，(τ, ξ, η, ζ)が用いられる．

ここに，重力場で静止している観測者は静止系と呼ばれ，それに対して一定速度で運動する系は運動系と呼ばれる．それら両系における時間と空間は〔すなわち，(T', X', X', Z')と(t', x', y', z')との関係は〕，ガリレイ変換で結ばれる．ここに，(T', X', X', Z')は，重力場に静止している観測者に対して一定速度で運動している運動系の実際の時間及び空間を表す．

重力場で静止している観測者（静止系）の近傍における運動系の運動は，局所的に見ると慣性運動として観測される．このようなことが成立することは，数学的には一般の座標系の導入によって保証される．したがって，重力場で静止している観測者が運動系に向けて放った光（電磁波）を静止系が測る場合の位相と，運動系の観測者の測る位相とには，特殊相対性理論が適用される．すなわち，(t', x', y', z')と(τ, ξ, η, ζ)とが新ローレンツ変換にて結ばれる．

一般相対性理論は，光など電磁波の伝播を拠り所として，時間及び距離に関して，(t, x, y, z)と(τ, ξ, η, ζ)の関係を結ぶものとなる．その関係を具体的に表すのが，例えばシヴァルツシルトの解である．

基本公式

第Ⅳ部の新相対性理論で定義された基本式について重要なものを，ここに基本公式としてまとめることにする．

1) 特殊相対性理論の基本的公式

光測量によって，運動系内の離れた２点間の距離を静止系から光測量によって測る時の光の伝播時間及び伝播距離と，その光の伝播が運動系内の観測者に観測される際の伝播距離と伝播時間との関係は，次のように定められる．

$$(ct')^2 = (ct)^2 - (x^2 + y^2 + z^2) \qquad [1]$$

$$t' = \sqrt{1 - v^2/c^2}\,t \qquad [2]$$

$$l' = l/\sqrt{1 - v^2/c^2} \qquad [3]$$

$$l = x - vt \qquad [4]$$

ここに，公式[1]は，光の伝播に関して，静止系で計測される伝播波の位相とそれが運動系で計測されるときの位相の関係として導かれる．このとき，(x, y, z)は静止系で観測される運動系の座標原点位置を表す．cは光の速さを表し，tは運動系の移動及び光の伝播に要した時間を表す．したがって，ctは静止系における光の伝播距離を表す．ct'は運動系の観測者に観測される静止系から放たれた光の伝播距離を表す．よって，t'は運動系の観測者に計測されるその光の伝播時間を表す．

公式[2]は，公式[1]より，運動系の運動距離に対して相対速度vを用いて，$x^2 + y^2 + z^2 = (vt)^2$とおいて，与えられる．

公式[3]は，静止系の光測量の対象としている運動系の運動方向の長さlと，静止系の光測量の光の伝播が運動系で観測されるときの伝播距離との関係を表す．ガリレイ変換によって，長さlは，それが静止系で静止して計測されるときの長さl_0と同じである．

公式[4]は，ガリレイ変換の一部を表し，左辺が運動系の長さlを表す．右辺はそれを静止系の座標xと運動系の座標原点の移動距離vtとの関係で表している．すなわち，$l_0 = x - vt$を与える．

2) 一般相対性理論の基本的公式

これまで説明するように，重力場における計測には，いくつかの座標系が拘わる．その一つは，時間や空間を測る基準となる座標系(t,x,y,z)（これを基準座標系と呼ぶ）であり，次に重力場で静止している観測者〔その位置は，(t,x,y,z)で指定される〕に観測される時間及び空間に対して割り当てられる座標系(t',x',y',z')，そして重力場で運動系となる座標系(T',X',Y',Z')，さらにその運動系の観測者に計測される時間及び空間に対して割り当てられる座標系(τ,ξ,η,ζ)となる．

重力が作用しない場合の基本座標系として球対称な極座標系(t,r,θ)を用いるとき，特殊相対性理論に関して示した式[1]は，一般相対性理論では，次の式に対応する．

重力源となる質量が存在しない場合に対して，

$$(cd\tau)^2=(cdt)^2-(dr^2+r^2d\theta^2) \tag{5}$$

質量が存在する場合に対して，

$$(cd\tau)^2=\left(1-\frac{2M}{r}\right)(cdt)^2-\left(1-\frac{2M}{r}\right)^{-1}dr^2-r^2d\theta^2 \tag{6}$$

式[6]はアインシュタインの重力場の方程式のシヴァルツシルトの外部解である．

一方，式[6]の関係を，重力場で静止している観測者の観測する時間及び距離で表すと，次のように与えられる．

$$\begin{aligned}&(cdt')^2-(dr'^2+r^2d\theta'^2)\\ &=\left(1-\frac{2M}{r}\right)(cdt)^2-\left(1-\frac{2M}{r}\right)^{-1}dr^2-r^2d\theta^2\end{aligned} \tag{6'}$$

すなわち，重力場で静止している観測者の見る平坦な線素は，同じ場所にいる観測者であっても，基準座標系の時間及び距離の単位を用いて観測すると，歪んだ時空の線素として見えることになる．

したがって，重力場に静止している観測者が光測量を用いて測る時間dt'及び半径方向の距離dr'と，同じ場所に居る者ではあるが，基準座標系の観測者が光測量によって測る時間dt及び半径方向距離drとの関係は，次のように与えられる．

$$dt' = \sqrt{(1 - 2M/r)}dt \qquad [7]$$

$$dr' = \frac{1}{\sqrt{(1 - 2M/r)}}dr \qquad [8]$$

公式[5]は，重力が作用しない場合であり，特殊相対性理論における公式[1]と同じ意味を成す．運動系の計測時間にはτが用いられている．

公式[6]は，重力が作用する場合であり，重力の発生源となる距離換算質量 M の中心から(r, θ)の位置の近傍において，運動系の観測者に測定される光の伝播距離$cd\tau$及び伝播時間$d\tau$を表す．公式[6]は，質量 M が存在しない場合，あるいは$r \to \infty$において，公式[5]を与える．

ここで，計測される時間や距離は，光など電磁波の伝播に関する伝播時間や伝播距離であって，時間という概念あるいは長さという概念のことではないことに注意する必要がある．時間や長さという概念が，重力の存在や慣性運動の効果として変化することはない．変化するのは，不変的な時間及び長さの単位を用いて，重力場で計測される光の伝播に見る時間及び長さである．

公式[7]は，公式[6]において，運動系が静止したという条件で測定される時間，すなわち重力場で静止した観測者の測る時間を表し，運動系が静止しているという条件，$(dr, d\theta) = (0,0)$の下に与えられる．計測される時間には，プライムが付いている．

公式[8]は，公式[6]において，静止した観測者に対して半径方向に測定される光の伝播距離の関係を表し，同時計測の条件$dt = 0$及び半径方向の計測という条件$d\theta = 0$の下に与えられる．計測される半径方向距離には，プライムが付いている．

3) 近似公式

$$(1 + d)^n \cong 1 + nd \qquad [9]$$

計算の過程では，複雑な式を用いて計算を進めるのではなく，近似式を用いて簡単な式形にして計算を実行することが，計算上好ましい場合が多々ある．このようなとき，式[9]を公式として用いると大変便利となる．

例えば，

$$\sqrt{(1-M/r)}$$

という項を簡単な形に近似しておきたい場合が多々ある．このとき，1に比較してM/rの値が十分に小さい場合には，次のような近似を用いた方が便利な場合がある．

$$\sqrt{(1-M/r)} = (1-M/r)^{1/2} \approx 1 - \frac{1}{2}(M/r)$$

$$\frac{1}{\sqrt{(1-M/r)}} = (1-M/r)^{-1/2} \approx 1 + \frac{1}{2}(M/r)$$

$$\sqrt{(1-M/r)}^3 = (1-M/r)^{3/2} \approx 1 - \frac{3}{2}(M/r)$$

$$\frac{1}{\sqrt{(1-M/r)}^3} = (1-M/r)^{-3/2} \approx 1 + \frac{3}{2}(M/r)$$

2. 質量の周りに静止している観測者の測る時間及び空間長

異なる高さに静置された原子時間の時間及び振動数

地球上において時間を測るとはどういうことかについて調べてみよう．今日，正確な時間測定は，原子時計を用いて行われている．原子時計を用いた時間の計測が質量の影響をどのように受けるかが，ここにおける検討事項となる．

地球上において，異なる高さ（標高）に静置された原子時計の時間及び振動数の相違について検討する．時計は，ある高度に固定されているとすると，基本公式[6]を用い，それぞれの高度において，位置変化をゼロとして（すなわ，$dr = 0$及び$d\theta = 0$として），次なる関係が与えられる．

$$dt' = \sqrt{(1 - 2M/r)}dt \tag{1}$$

これは，前章で説明した公式[7]を与える．左辺に示す計測時間にプライムが付いていることに注意．この式は，質量Mが存在しない場合には，$dt' = dt$を与える．質量の存在，すなわち重力の作用が，原子時計など光（電磁波）を用いる計測時間に遅れを生じさせることを表している．

式(1)に，時計が設置されるそれぞれの高度（質量中心からの距離）をr_1及びr_2と与えて，

$$dt'_1 = \sqrt{(1 - 2M/r_1)}dt \tag{2}$$

$$dt'_2 = \sqrt{(1 - 2M/r_2)}dt \tag{3}$$

が得られる．ここに，dt'_1及びdt'_2は，それぞれ高度r_1及びr_2に設置される原子時計が示す時間経過を表す．また，dtは，質量Mが存在しない場合に，それぞれの原子時計が示す時間経過を表す．質量中心からの距離r_1及びr_2は，質量が存在しないとした場合の座標の距離で与えられている．

式(1)及び(2)より，次なる関係を得る.

$$\frac{dt'_2}{dt'_1} = \frac{\sqrt{(1 - 2M/r_2)}}{\sqrt{(1 - 2M/r_1)}}$$

これに，近似の公式[9]を適用すると，

$$\frac{dt'_2}{dt'_1} \cong \frac{\left\{1 - \frac{1}{2}(2M/r_2)\right\}}{\left\{1 - \frac{1}{2}(2M/r_1)\right\}} \tag{4}$$

以下，適宜，近似の関係をイコール（＝）で結ぶことにする．このとき，式(4)は次を与える.

$$\frac{dt'_2}{dt'_1} = 1 - \frac{M}{r_2} + \frac{M}{r_1} = 1 - \frac{M(\Delta r_1 - \Delta r_2)}{\bar{r}^2} \tag{5}$$

ここに，$\bar{r} = (r_1 + r_2)/2$，$r_1 = \bar{r} - \Delta r_1$，$r_2 = \bar{r} + \Delta r_2$である.

式(5)で，高度差を$\Delta h = r_2 - r_1 = \Delta r_2 + \Delta r_1$とおいて，最終的に，次式を得る.

$$\frac{dt'_2}{dt'_1} = 1 + \frac{M\Delta h}{\bar{r}^2} \tag{6}$$

あるいは,

$$dt'_2 = \left(1 + \frac{M\Delta h}{\bar{r}^2}\right)dt'_1 \tag{7}$$

よって，２つの原子時計の示す時間差$\Delta t'$は，次のように与えられる.

$$\Delta t' = dt'_2 - dt'_1 = \left(1 + \frac{M\Delta h}{\bar{r}^2}\right)dt'_1 - dt'_1 = \frac{M\Delta h}{\bar{r}^2}dt'_1 \tag{8}$$

したがって，原子時計の刻む時間は，地上に対して高度が高くなればなるほど速まる（進む）ことになる.

原子時計の振動数については，次なる関係が与えられる．

$$\frac{f'_2}{f'_1} = 1 + \frac{M\Delta h}{\bar{r}} \tag{9}$$

ここに，f'_1及びf'_2は，それぞれ質量中心より距離r_1及びr_2だけ離れた位置において，計測される原子時計の振動数（あるいは，光の伝播が示す振動数）に対応する．

すなわち，

$$f'_2 = \left(1 + \frac{M\Delta h}{\bar{r}}\right) f'_1 \tag{10}$$

が得られる．よって，地上において高度が高くなるにつれて，原子時計の振動数は高まることになる．

式(10)に示すように，高度の相違によって原子時計の振動数が異なることは，一般に重力赤方偏移（あるいは，青方偏移）と呼ばれる．すなわち，上で議論された原子時計の高度による時間や振動数の違いは，原子時計の持つ計測原理（メカニズム）によるものである．原子時計が何らかの形で光や電磁波の振動あるいは伝播を利用していると，こうして重力赤方偏移あるいは青方偏移を受ける．

電磁波が重力の作用を受けてその振動形態や伝播軌跡が曲げられるとき，重力が作用しないときの直線に比較して，曲った分だけ時間的な遅れが生じる．したがって，その遅れは重力の強さに依存することになる．こうしたことを要因として原子時計の刻む時間経過が遅れを示す．高度が増すことによる原子時計の進みは，重力の作用による影響が次第に薄れることによるものである．このように原子時計の時刻が遅れたり，進んだりするのは，時計自身の持つ物理的メカニズムによるものであり，そのような遅れ及び進みは，常に，基準となる時間単位を用いて計測される．したがつて，我々が経験的に認知している時間，あるいは物理的に定義される時間という概念が，重力の作用で変化することはない．

これに対して，従来のアインシュタインの相対性理論の説明では，時間や空間という概念が変化し，そのような時空の歪みに万物の時間や長さが従うため，原子時計の時間もそれに無条件にしたがって遅れを示す，と説明される．

公式[6]は，時間や空間の計測に光など電磁波を用いるときに，数学的便宜上導入される架空の時空の線素及び計量を表すものであるから，それから計算される時間や空間の歪みは，実際の時間や空間の歪みの存在を示すものではなく，光など電磁波を用いた計測に現れる計測上の歪みを表す．このことが，従来のアインシュタインの相対性理論では，実際の時間変化及び空間の歪みとして，誤って定義されている．

東京スカイツリーでの実験

ここでは，具体的な数値に，実際に香取らの光格子時計の実験条件を与えて，以下の計算を行う．

香取ら（Nature Photonics, letters, 2020）の報告によると，東京スカイツリー上の原子時計と地上の原子時計との高度差は$\Delta h = 452.631 \pm 0.039m$であり，地上の原子時計の振動数は$\nu_1 = 168{,}554{,}470.4 \pm 0.2$ MHzであったとされている．アインシュタインの相対性理論からの理論的予測からは，相対的振動数の変化量が$\Delta\nu/\nu_1 = 49{,}337.8 \pm 4.3 \times 10^{-18}$と予測されて，実測値は$\Delta\nu/\nu_1 = 49{,}337.8 \pm 4.0 \times 10^{-18}$であったと報告されている．その結果，1 日で 4.26ns の時間の遅れが観測されたと報告されている．

こうした計測に対して，近似式となる式(7)及び式(8)を用い，$\bar{r} = 6.4 \times 10^6\ m$，$M = 4.4 \times 10^{-3}\ m$，$\Delta h = 460.0\ m$，1 日（$= 24 \times 3600\ s$)を与えると，

$$dt'_2 = \left(1 + \frac{M\Delta h}{\bar{r}^2}\right) dt'_1 \tag{11}$$

に対して，

$$\Delta t = dt'_2 - dt'_1 = \left\{\left(1 + \frac{(4.4 \times 10^{-3})(460.0)}{(6.4 \times 10^6)^2}\right) - 1\right\}(24 \times 3600)$$
$$= 4.23 \times 10^{-9} \quad [\mathrm{s}] \tag{12}$$

を得る．

したがって，原子時計が計測する２高度間の時間差は4.23 ns程度と予測される．この計算値は，香取らの与えた実測値 4.26ns にほぼ一致する．

ただし，香取らの報告では，この実測値によって，アインシュタインの時空の歪みが実測されたことになっている．しかしながら，この時間遅れの実測値は，用いた時計の物理的メカニズムによるものであって，重力によって時間という概念に歪みが生じ，時計の計測時はその歪みに無条件に従うとするアインシュタインの時間遅れによる説明については破棄しなければならない．この実験からは，用いた時計が重力の影響を受けていたこと，すなわち「香取らが開発した高精度時計は，重力の影響を受ける」ことが，証明されたことになる．

距離計測に及ぼす重力の影響

上の計算では，式(7)及び式(8)が用いられた．それらの式の中には，高度差の算出のために，質量中心からの距離r_1及びr_2が用いられている．これらの距離は，質量が存在しない条件下での値で与えられている．しかし，地上で高度差を測定するのに光測量など電磁波を用いると，計測値には一般に質量の影響が現れる．すなわち，質量が存在しない場合の距離r_1及びr_2とは異なる値，距離r'_1及びr'_2が計測される．

以下においては，質量が存在しない場合に計測される距離rと質量が存在する場合に計測される距離r'との違いについて検討する．

いま距離としては，重力が計測値に及ぼす影響の高度による差異の計算を考えているため，半径方向の距離について計算を行う．距離の測定には，その始点と終点との２点が同時におさえられる必要がある．計算では，同時の条件として$dt = 0$が設定される．また，r方向の距離に限るので，$d\theta = 0$となる．このとき，公式[6]の左辺の$cd\tau$は，重力場で静止している観測者が計測する距離を表す．よって，これを距離dr'に置き換える．

公式[6]あるいは公式[6′]より，次の関係が与えられる．

$$-(dr')^2 = -\left(1 - \frac{2M}{r}\right)^{-1} dr^2 \tag{13}$$

すなわち，

$$dr' = \frac{1}{\sqrt{1 - 2M/r}} dr \tag{14}$$

これが，重力が作用する場で静止している観測者に計測される半径方向（高低差の方向）の距離と，重力が作用しない場合の距離との関係を表す．よって，公式[8]が与えられる．

時間については，先に式(10)で求めたとおりで，次式で与えられる．

$$dt' = \sqrt{(1 - 2M/r)} dt \tag{15}$$

これを微分できるように，次の形に表す．

$$t' = \sqrt{(1 - 2M/r)} t \tag{16}$$

半径方向の位置の変化drによる計測時間の変化を調べるため，式(16)を距離rで微分して，次式を得る．

$$\frac{dt'}{dr} = M \frac{1}{\sqrt{(1 - 2M/r)}} \frac{1}{r^2} t \tag{17}$$

これに式(14)及び式(16)の関係を代入し，次なる関係を得る．

$$dt' = M \frac{1}{r^2} \frac{dr'}{\sqrt{(1 - 2M/r)}} t' \tag{18}$$

近似公式を適用して，次式を得る．

$$\Delta t' = \frac{M\Delta h}{r^2} t' \tag{19}$$

ただし,

$$\Delta h = dr',\ \Delta t' = dt'$$

式(19)は，式(8)を与える.

チェサピーク湾上空での実験

1975年，実験では，平均高度9000mを飛行機で15時間飛行したことになっている．その結果，飛行機搭載の原子時計に47.2nsの進み（地上の基地に固定した原子時計に比較して）を観測したと報告されている.

この実験結果について，以下に計算してみる.

地球の換算質量と半径は，次のように与えられる.

$$M = 4.4 \times 10^{-3}\ m, \qquad r = 6.4 \times 10^{6}\ m$$

ここで，地球の半径rの値には（地球と同じ体積を成す球体の半径）が与えられている.

これらの数値より,

$$\frac{2M}{r} = \frac{2 \times 4.4 \times 10^{-3}}{6.4 \times 10^{6}} \sim 10^{-9} \ll 1$$

よって，式(8)あるいは式(19)より，上空での時間の進みが次のように与えられる.

$$\Delta t' = \frac{4.4 \times 10^{-3} \times 9000}{6.4 \times {10^{6}}^{2}} \times (15 \times 3600) \cong 52.20 \times 10^{-9}$$
$$= 52.20\ \mathrm{ns} \tag{20}$$

以上より，計算値は，実測値47.2 nsに近い値を与えていることが確かめられる．計算値と実測値との相異は，この場合，10%程度である.

GPS 衛星搭載の原子時計の振動数及び時間の変化

ここでは，運動系の観測者の測る時間が対象となるので，公式[6]より，

$$(cd\tau)^2 = \left(1 - \frac{2M}{r}\right)(cdt)^2 - \left(1 - \frac{2M}{r}\right)^{-1} dr^2 - r^2 d\theta^2 \tag{21}$$

GPS 衛星は，ある定まった高度を運動しているため，半径方向の変動はなく，$dr = 0$となる．したがって，

$$(cd\tau)^2 = \left(1 - \frac{2M}{r}\right)(cdt)^2 - r^2 d\theta^2 \tag{22}$$

よって，

$$\left(c\frac{d\tau}{dt}\right)^2 = \left(1 - \frac{2M}{r}\right)(c)^2 - r^2\left(\frac{d\theta}{dt}\right)^2 \tag{23}$$

ここで，$v_\theta = rd\theta/dt$を考慮し，さらに$v^*{}_\theta = v_\theta/c$と無次元化して，

$$\left(\frac{d\tau}{dt}\right)^2 = \left(1 - \frac{2M}{r}\right) - {v^*{}_\theta}^2 \tag{24}$$

GPS 衛星の位置を下側添字 2 で表し，地上の位置を下側添字 1 で表して，それぞれの位置に式(24)を適用し，

$$\left(\frac{d\tau_1}{dt}\right)^2 = \left(1 - \frac{2M}{r_1}\right) - {v^*{}_{\theta_1}}^2 \tag{25}$$

$$\left(\frac{d\tau_2}{dt}\right)^2 = \left(1 - \frac{2M}{r_2}\right) - {v^*{}_{\theta_2}}^2 \tag{26}$$

を得る．これらより，次式が与えられる．

$$\left(\frac{d\tau_2}{d\tau_1}\right)^2 = \frac{\left(1 - \frac{2M}{r_2}\right) - {v^*{}_{\theta_2}}^2}{\left(1 - \frac{2M}{r_1}\right) - {v^*{}_{\theta_1}}^2} \tag{27}$$

ここで，GPS衛星及び地上の位置を固定させるために，

$$v^*{}_{\theta_1} = v^*{}_{\theta_2} = 0$$

として，高度差による効果が，次のように与えられる．

$$\frac{d\tau_2}{d\tau_1} = \frac{\sqrt{(1 - 2M/r_2)}}{\sqrt{(1 - 2M/r_1)}} \tag{28}$$

式(28)に近似の公式[10]を適用して，

$$\frac{d\tau_2}{d\tau_1} = \left(1 - \frac{M}{r_2}\right)\left(1 + \frac{M}{r_1}\right) \tag{29}$$

すなわち，

$$\frac{d\tau_2}{d\tau_1} = 1 + M\left(\frac{1}{r_1} - \frac{1}{r_2}\right) = 1 + \frac{M(r_2 - r_1)}{r_1 r_2} \tag{30}$$

ここで，近似を，“=”で結んでいることに注意．

よって，時間差$\Delta\tau$は，

$$\Delta\tau = d\tau_2 - d\tau_1 = \frac{M(r_2 - r_1)}{r_1 r_2} \tag{31}$$

さらに，$\Delta h = r_2 - r_1$，$r^2 = r_1 r_2$を導入して，

$$\Delta\tau = \left(\frac{M\Delta h}{r^2}\right) d\tau_1 \tag{32}$$

以下に，実際に数値を代入して計算してみる．

$$M = 4.4 \times 10^{-3}\ m,\ \ r = 6.4 \times 10^{-6}\ m,\ \ \Delta h = 9000\ m$$

$$\frac{\Delta\tau}{d\tau_1} = \frac{M\Delta h}{r^2} = \frac{4.4 \times 10^{-3} \times 9000}{(6.4 \times 10^{-6})^2} = 0.97 \times 10^{-12} \tag{33}$$

次に，衛星が軌道上を周回運動している場合について考える．
式(27)より，

$$\frac{d\tau_2}{d\tau_1}=\frac{\sqrt{(1-2M/r_2)-{v^*{}_{\theta_2}}^2}}{\sqrt{(1-2M/r_1)-{v^*{}_{\theta_1}}^2}} \tag{34}$$

公式[10]によって，

$$\frac{d\tau_2}{d\tau_1}=\left(1-\frac{M}{r_2}-\frac{1}{2}{v^*{}_{\theta_2}}^2\right)\left(1+\frac{M}{r_1}+\frac{1}{2}{v^*{}_{\theta_1}}^2\right) \tag{35}$$

すなわち，

$$\frac{d\tau_2}{d\tau_1}=1-\frac{M}{r_2}+\frac{M}{r_1}-\frac{1}{2}{v^*{}_{\theta_2}}^2+\frac{1}{2}{v^*{}_{\theta_1}}^2 \tag{36}$$

$$\frac{d\tau_2}{d\tau_1}=1+\frac{M(r_2-r_1)}{r_1r_2}-\frac{1}{2}\left({v^*{}_{\theta_2}}^2-{v^*{}_{\theta_1}}^2\right) \tag{37}$$

が得られる．ここで，右辺の第三項は，従来のアインシュタインの相対性理論においては，通常，特殊相対性理論の効果として説明されている．

GPS 衛星の軌道上の速度v_θについては，次のようにニュートン力学から求められる．

地球の質量をM_{kg}，衛星の質量をm_{kg}，地球の中心から衛星までの距離をrとすると，

$$G\frac{M_{\mathrm{kg}}m_{\mathrm{kg}}}{r^2}=m_{\mathrm{kg}}\frac{{v_\theta}^2}{r} \tag{38}$$

これより，

$${v_\theta}^2=G\frac{M_{\mathrm{kg}}}{r}$$

よって，

$$\frac{v_\theta{}^2}{c^2} = \frac{GM_{\mathrm{kg}}}{c^2}\frac{1}{r} = \frac{M}{r}$$

$$v^*{}_\theta{}^2 = \frac{M}{r} \tag{39}$$

地上の原子時計は，地上に強制的に固定されているので，万有引力の関係式が使えず，この場合，地球の自転速度で置き換えられる．すなわち，地球の自転周期を$T_E(= 24\mathrm{h} = 24 \times 3600\mathrm{s})$とすると，地上の大円上の円周に沿う接線速度が，次のように与えられる．

$$r_1\frac{d\theta}{dt} = \frac{2\pi r_1}{T_E} \tag{40}$$

以上より，式(37)は次のようになる．

$$\frac{d\tau_2}{d\tau_1} = 1 - \frac{M}{r_2} + \frac{M}{r_1} - \frac{1}{2}v^*{}_{\theta 2}{}^2 + \frac{1}{2}v^*{}_{\theta 1}{}^2 \tag{41}$$

仮に，地表近くの観測者に対しても，式(39)に示す軌道上の速度の式を準用できる場合，次のように与えられる．

$$\frac{d\tau_2}{d\tau_1} = 1 + \frac{M(r_2 - r_1)}{r_1 r_2} - \frac{1}{2}\left(\frac{M}{r_2} - \frac{M}{r_1}\right) \tag{42}$$

すなわち，

$$\frac{d\tau_2}{d\tau_1} = 1 + \frac{M(r_2 - r_1)}{r_1 r_2} + \frac{1}{2}\frac{M(r_2 - r_1)}{r_1 r_2} \tag{43}$$

この式の右辺第二項は高度差による重力の影響を与えている．右辺第三項は，式(37)の段階では，ある高度を一定速度で運動していることによる特殊相対性理論的な効果として現れていたが，式(43)では，第二項に示す重力の影響と同様に質量Mの作用の高度による差として現れている．しかし，その強さは，第二項の 1/2 となっている．このようなことになるのは，GPS 衛星の運動が，慣性運動ではなく，地球から離れた周回軌道上を運動をしている（加速度運動している）ことの現れであり，このような効果が特殊相対性理論の効果ではないことの現れでもある．

高度を一定に保っての飛行実験や GPS 衛星の存在が，しばしば特殊相対性理論の検証実験として説明されることがある．上で見るように，こうした実験の運動は加速度運動の例であり，純粋な特殊相対性理論の検証にはならないことに注意する必要がある．

以上の議論では，GPS 衛星の軌道上の速度をニュートンの万有引力との関係で与えた．すなわち，相対性理論を用いていない速度である．このことについては，以下のように検討される．

まず，GPS 衛星の軌道上に静止している観測に対して，次の関係式が与えられる．

$$dt' = \sqrt{(1 - 2M/r)}dt \tag{44}$$

$$\frac{rd\theta}{dt} = \sqrt{(1 - 2M/r)}\frac{rd\theta'}{dt'} \tag{45}$$

ここに，角度方向の運動については，シヴァルツシルトの解においては質量Mの存在の効果が作用しないため，$d\theta' = d\theta$の関係が用いられている．

よって，近似の公式を用いて，

$$\frac{rd\theta}{dt} = \left(1 - \frac{M}{r}\right)\frac{rd\theta'}{dt'} \tag{46}$$

したがって，質量が存在しない基準座標系の軌道上の位置(r, θ)に静止している観測者に観測される接線速度と，質量Mが存在する場合とにおける軌道上の接線速度（重力場で静止している観測者の測る接線速度）との比は，$(1 - M/r)$で与えられる．

ここで，GPS 衛星の場合の数値を具体的に代入してみよう．

$$\left(1-\frac{M}{r}\right)=1-(4.4\times10^{-3})\times(2.66\times10^{7})=1-0.167\times10^{-9} \quad (47)$$

となって，結果はほとんど1.0の値となり，十分な精度で，座標(r,θ)において，質量Mが存在する場合に観測される軌道上の速度を，質量Mが存在しないとした場合における軌道上の速度で近似できることが示される．

Hafele と Keating の実験

条件設定として，$M=4.4\times10^{-3}\,m$，$r_1=6.4\times10^{6}\,m$，$r_2=r_1+10000\,m$，地表に対する飛行機の速さを800 km/hとする（Hafele と Keating の実験については，第I部を参照）．

地球の自転速度[km/h]は，$v_{\theta1}=2\pi r/24$であり，

$$v_{\theta1}=2\pi(6.4\times10^{6})/(24\times3600)=4.655\times10^{2}\ \mathrm{m/s}$$

と与えられる．よって，飛行機の飛行速度$v_{\theta2}$は，

$$v_{\theta2}=4.655\times10^{2}+800/3.6=4.655\times10^{2}+2.222\times10^{2}$$
$$=6.877\times10^{2}\ m/s$$

これらの速度を無次元化して，

$$v^*{}_{\theta1}=v_{\theta1}/c=4.655\times10^{2}\,/(3.0\times10^{8})=1.552\times10^{-6}$$

$$v^*{}_{\theta2}=v_{\theta1}/c=6.877\times10^{2}\,/(3.0\times10^{8})=2.292\times10^{-6}$$

次に，西に進む場合については，

$$v_{\theta2}=4.655\times10^{2}-800/3.6=4.655\times10^{2}-2.222\times10^{2}$$
$$=2.433\times10^{2}\ m/s$$

$$v^*{}_{\theta2}=v_{\theta1}/c=2.433\times10^{2}\,/(3.0\times10^{8})=0.811\times10^{-6}$$

その他，必要な設定が次のように計算される．

$$\frac{M}{r} = \frac{4.4 \times 10^{-3}}{6.4 \times 10^{6}} = 6.875 \times 10^{-10}$$

$$M\frac{r_2 - r_1}{r^2} = (4.4 \times 10^{-3})\frac{1.0 \times 10^{4}}{(6.4 \times 10^{6})^2}$$
$$= (4.4 \times 10^{-3}) \times (2.441 \times 10^{-10}) = 1.074\ \times 10^{-12}$$

地球を一周する時間は,

$$\tau_1 = 2 \times \pi \times 6.4 \times 10^{6}/(800 \times 10^{3}) = 50.27\ \mathrm{h} = 1.810 \times 10^{5}\ s$$

よって，式(37)の右辺第二項について，次なる計算値が与えられる.

$$M\frac{r_2 - r_1}{r^2}\tau_1 = 1.074\ \times 10^{-12} \times 1.8 \times 10^{5} = 194.4\ \mathrm{ns}$$

飛行速度による時間の遅れについては，式(37)の右辺第三項で与えられて，次のように計算される.

東回りについて：

$$-1/2\left({v^{*}}_{\theta 2}{}^{2} - {v^{*}}_{\theta 1}{}^{2}\right)\tau_1$$
$$= -1/2(2.292^2 - 1.552^2) \times 10^{-12} \times 1.81 \times 10^{5}$$
$$= -257.4\ \mathrm{ns}$$

よって，合計の時間遅れは，次のように与えられる.

$$\Delta\tau = 194.4 - 257.4 = -63.0\ \mathrm{ns} \tag{48}$$

西回りについて：

$$-1/2\left({v^{*}}_{\theta 2}{}^{2} - {v^{*}}_{\theta 1}{}^{2}\right)\tau_1$$
$$= -1/2(0.811^2 - 1.552^2) \times 10^{-12} \times 1.81 \times 10^{5}$$
$$= 158.5\mathrm{ns}$$

よって，合計の時間遅れは，次のように与えられる.

$$\Delta\tau = 194.4 + 158.5 = 352.9\ \mathrm{ns} \tag{49}$$

この場合，時計の経過時は進むことになる．

Hafele と Keating の実験結果では，東回り及び西回りについて，それぞれ 68ns の遅れ及び 273ns の進みであったと報告されている．しかし，これらの実測データは，その後何度か修正されているため，比較が確かではない．

ここで述べた飛行機（あるいは，GPS 衛星）の軌道上の速度の効果については，以下のことに注意が必要となる．

式(43)の後に説明したように，右辺第三項は，周回的な運動による効果と説明することができる．Hafele と Keating の実験のように，この第三項に当たる項について理論的予測値と実験結果との比較によって，アインシュタインの特殊相対性理論の検証が行われたと説明されている事例が散見される．しかし，このことで特殊相対性理論の効果を検証したことにはならない．ここに示すように，それは周回的な運動に伴う遠心力の作用によるものであるとする説明が与えられ，特殊相対性理論の検証にはならない．

特殊相対性理論の効果に関しては，一定の相対速度vが関係し，

$$(cdt')^2 = (cdt)^2 - (vdt)^2 \tag{50}$$

すなわち，

$$dt' = \sqrt{1 - v^2/c^2}dt \tag{51}$$

となり，相対速度を$v = v_{\theta 2} - v_{\theta 1}$として与えると，

$$\frac{dt'}{dt} \cong 1 - \frac{1}{2}\left(\frac{v^2}{c^2}\right) = 1 - \left\{\frac{1}{2}(v_{\theta 2} - v_{\theta 1})\right\}^2 /c^2 \tag{52}$$

$$\Delta t' = -\frac{1}{c^2}\left\{\frac{1}{2}({v_{\theta 2}}^2 - {v_{\theta 1}}^2 - 2v_{\theta 1}v_{\theta 2})\right\}^2 t \tag{53}$$

$$\Delta t' = -\frac{1}{2}({v^*_{\theta 2}}^2 - {v^*_{\theta 1}}^2 - 2v^*_{\theta 1}v^*_{\theta 2})t \tag{54}$$

となって，式(37)の右辺第三項の作用に似ているが，速度の２次の近似

において，式(54)の右辺カッコ内の第三項の存在の有無に相違が現れる．

したがって，これらの考察からも，式(43)に見る角速度の効果を特殊相対性理論による効果と判断することは誤りと結論される．したがって，飛行機搭載の原子時計も GPS 衛星搭載の原子時計も，いずれも遅れや進みを見せるのは，一般相対性理論の効果によるものと結論される．

ただし，この原子時計の示す時間遅れは，原子時計の時間計測のメカニズムに基づくものであり，当然ながら，アインシュタインの相対性理論が主張する時間という概念の遅れではない．ここでは，原子時計が重力の影響を受けるものであることが，相対論的に実証されたということになる．

したがって，これまでの物理学実験において，アインシュタインの特殊相対性理論による時間遅れが，飛行させた原子時計と地上に固定した原子時計の時間差をもって実証されたという判断は誤りであり，これまでの実験では実証されたことにはならない．

重力場における半径方向の距離の光測量

重力の作用下において光測量を実施し，極座標の半径方向の異なる２点間の距離を求めると，公式[6]より，同時に２点間が計測される条件（$dt = 0$）の下に，次の関係が与えられる．

$$-(dr')^2 = -\frac{1}{(1-2M/r)}dr^2 - r^2 d\theta^2 \tag{55}$$

左辺では，固定した位置での測量なので，$cd\tau$の代わりにdr'が設定される．

測量は，半径方向の距離に対して行われているため，さらに，$d\theta = 0$となり，次の関係式が得られる．

$$dr' = \frac{1}{\sqrt{(1-2M/r)}}dr \tag{56}$$

ここに，dr'は，重力の作用下で，極座標(r, θ)の位置に立つ観測者が光など電磁波を用いて２点間の距離を半径方向に測定した場合の距離を表す.

式(56)より，重力の作用しない極座標系でdrと計測される長さが，重力の作用する極座標系上では$(1+M/r)^{-1/2}dr$の長さとなって計測される.

さらに，公式[7]より，

$$dt' = \sqrt{(1-2M/r)}dt \tag{57}$$

となり，重力の作用する場で光など電磁波の伝播を計測する観測者は，用いている光測量の光の振動数及び長さの計測値にredshift（重力赤方偏移）が生じていることに気づくことになる.

式(56)に基づいて，重力の作用下で光など電磁波を用いた計測による半径方向の距離の測量について，r_1及びr_2上の位置における測定結果を比較すると次の関係を得る.

$$dr'_1 = \frac{1}{\sqrt{(1-2M/r_1)}}dr \tag{58}$$

$$dr'_2 = \frac{1}{\sqrt{(1-2M/r_2)}}dr \tag{59}$$

よって，

$$\frac{dr'_2}{dr'_1} = \frac{\sqrt{(1-2M/r_1)}}{\sqrt{(1-2M/r_2)}} \tag{60}$$

この関係式に，近似の公式[10]を適用すると，次なる関係を得る.

$$\frac{dr'_2}{dr'_1} = \left(1-\frac{M}{r_1}\right)\left(1+\frac{M}{r_2}\right)$$

$$\frac{dr'_2}{dr'_1} = 1-\frac{M}{r_1}+\frac{M}{r_2} \tag{61}$$

あるいは,

$$\frac{dr'_2}{dr'_1} = 1 - \frac{M}{r_1 r_2}(r_2 - r_1)$$

$$\frac{dr'_2}{dr'_1} = 1 - \frac{M}{r_1 r_2}\Delta h \tag{62}$$

ここに，$\Delta h = r_2 - r_1$である.

上で計算した半径方向に測定された距離の比較は，重力場の観測者の近傍で光測量によって計測される半径方向の距離を求め，その測定距離が半径方向の位置によってどう異なるものかを表すものとなっている．式(62)は，式(6)に示す時間変化の関係式と比較される.

次に，半径方向の２点間の距離を光測量によって計測した場合に，重力が存在する場合と，重力が存在しない場合との測定距離とにいかような違いが現れるかを具体的に計算する.

例えば，重力が存在しないとき，$r_1 = 4$ kmから$r_2 = 5$ kmまでの間の距離は，重力が存在しない場合，$\Delta r = 1$ mとなるが，重力が作用する場で直接光測量を行うといくらの距離となって観測されるかを計算する.

ここでは，重力源の質量として太陽を考える．よって,

$$M = 1.47 \times 10^3 \text{ m}$$

となる.

式(56)より，$r_1 = 4$ km及び$r_2 = 5$ kmのそれぞれの地点で計測される$dr = 1$ mの距離は，重力下の計測では，次のように与えられる.

$$dr'_1 = \frac{1}{\sqrt{(1 - 2 \times 1.44 \times 10^3/4 \times 10^3)}} \times 1 = 1.956 \times 10^3 \text{ m} \tag{63}$$

$$dr'_2 = \frac{1}{\sqrt{(1 - 2 \times 1.44 \times 10^3/5 \times 10^3)}} \times 1 = 1.563 \times 10^3 \text{ m} \tag{64}$$

次に，式(56)を$r_1 = 4$ km及び$r_2 = 5$ kmの間で積分して，式(56)から

累積して得られる距離の計算を行ってみる.

式(56)を積分することから，次式が与えられる.

$$\Delta r' = \int_{r_1}^{r_2} \frac{1}{\sqrt{\left(1 - \frac{2M}{r}\right)}} dr \tag{65}$$

この積分を実施するために，$r = z^2$と置換を行い，

$$\Delta r' = \int_{r_1}^{r_2} \frac{1}{\sqrt{\left(1 - \frac{2M}{r}\right)}} dr = \int_{z_1}^{z_2} \frac{2z^2}{\sqrt{(z - 2M)}} dz$$

これを積分して，

$$\begin{aligned} \Delta r' &= z(z^2 \quad 2M)^{\frac{1}{2}} + 2M\left[ln\left|z + (z^2 - 2M)^{\frac{1}{2}}\right|\right]_{z_1}^{z_2} \\ &= 1.723 \times 10^3 \text{ m} \end{aligned} \tag{66}$$

（ここまでの詳しい積分過程については，本章のコラムにまとめてある.）

式(63)及び式(64)で求めた値の平均を求めると，

$$\left(\frac{1.956 + 1.563}{2}\right) \times 10^3 = 1.760 \text{ m}$$

が得られて，式(66)の値にほぼ一致する.

よって，質量が存在しない場で光測量による半径方向の２点間の距離（$r_1 = 4$ km及び$r_2 = 5$ kmの間の距離）1×10^3 mは，太陽質量が存在する場合，1.723×10^3 mとなって（伸びて）計測される.

コラム 18 積分公式〔式(65)〕の導出

$$\Delta r' = \int_{r_1}^{r_2} \frac{1}{(1-2M/r)^{1/2}} dr$$

著者は，この積分の実行に苦しみ，ついに当時（2021 年度）卒業研究で私の研究室に在籍していた学生達に救いを求めた．学生の中の一人が，解けるかもしれないと言い出し，10 分ほどの間に，すいすいと流れるように積分し出した．その様のあまりの美しさに，見とれてしまった．卒業式当日，私は彼（白保柚佑さん）に，感謝状を贈った．

白保柚佑さんの積分過程を以下に示す．

まず，$r = z^2$ とおいて，$dr = 2ZdZ$，よって，

$$\Delta r' = \int_{r_1}^{r_2} \frac{1}{(1-2M/r)^{1/2}} dr = 2\int_{z_1}^{z_2} \frac{z}{(z^2-2M)^{1/2}} zdz$$

$$\Delta r' = 2\int_{z_1}^{z_2} \left\{(z^2-2M)^{1/2}\right\}' zdz$$

$$= 2\left[z(z^2-2M)^{1/2}\right]_{z_1}^{z_2} - 2\int_{z_1}^{z_2} (z^2-2M)^{1/2} \cdot 1 \cdot dz$$

ここで，

$$\int_{z_1}^{z_2} (z^2-2M)^{1/2} dz = \int_{z_1}^{z_2} z' \cdot (z^2-2M)^{1/2} dz$$

$$=\left[z(z^2-2M)^{1/2}\right]_{z_1}^{z_2} - \int_{z_1}^{z_2} z \cdot (z^2-2M)^{-1/2} z\, dz$$

$$= \left[z(z^2-2M)^{1/2}\right]_{z_1}^{z_2} - \int_{z_1}^{z_2} z^2 \cdot (z^2-2M)^{-1/2} dz$$

さらに，

$$\int_{z_1}^{z_2} z^2 \cdot (z^2 - 2M)^{-1/2}\,dz = \int_{z_1}^{z_2} \{(z^2 - 2M) + 2M\} \cdot (z^2 - 2M)^{-1/2}\,dz$$

$$= \int_{z_1}^{z_2} (z^2 - 2M)(z^2 - 2M)^{-1/2}\,dz + \int_{z_1}^{z_2} 2M \cdot (z^2 - 2M)^{-1/2}\,dz$$

$$= \int_{z_1}^{z_2} (z^2 - 2M)^{1/2}\,dz + \int_{z_1}^{z_2} 2M \cdot (z^2 - 2M)^{-1/2}\,dz$$

ここで，この右辺の第二項の積分を考える．

$$\int_{z_1}^{z_2} 2M \cdot (z^2 - 2M)^{-1/2}\,dz$$

に対して，$(z^2 - 2M)^{1/2} + z = t$と置いて，

$$\frac{(z^2 - 2M)^{1/2} + z}{(z^2 - 2M)^{1/2}}\,dz = dt$$

$$\frac{t}{(z^2 - 2M)^{1/2}}\,dz = dt$$

$$\frac{1}{(z^2 - 2M)^{1/2}}\,dz = \frac{1}{t}\,dt$$

よって，

$$\int_{z_1}^{z_2} 2M \cdot (z^2 - 2M)^{-1/2}\,dz = \int_{t_1}^{t_2} 2M \cdot t^{-1}\,dt$$

$$= 2M[lnt]_{t_1}^{t_2} = 2M\left[ln\left|z + (z^2 - 2M)^{1/2}\right|\right]_{z_1}^{z_2}$$

これより，

$$\int_{z_1}^{z_2}(z^2-2M)^{1/2}\,dz$$

$$=\left[z(z^2-2M)^{1/2}\right]_{z_1}^{z_2}-\int_{z_1}^{z_2}(z^2-2M)^{1/2}\,dz$$

$$-\left[2Mln\left|z+(z^2-2M)^{1/2}\right|\right]_{z_1}^{z_2}$$

$$2\int_{z_1}^{z_2}(z^2-2M)^{1/2}\,dz$$

$$=\left[z(z^2-2M)^{1/2}\right]_{z_1}^{z_2}-\left[2Mln\left|z+(z^2-2M)^{1/2}\right|\right]_{z_1}^{z_2}$$

以上より，

$$\Delta r'=2\left[z(z^2-2M)^{1/2}\right]_{z_1}^{z_2}-\left[z(z^2-2M)^{1/2}\right]_{z_1}^{z_2}$$

$$+2M\left[ln\left|z+(z^2-2M)^{1/2}\right|\right]_{z_1}^{z_2}$$

最終的に次式を得る.

$$\Delta r'=\left[z(z^2-2M)^{1/2}\right]_{z_1}^{z_2}+2M\left[ln\left|z+(z^2-2M)^{1/2}\right|\right]_{z_1}^{z_2}$$

こうしてこの積分過程を見ていると，数学の大学入試問題（微分積分の問題）を解くためのコツが集約されているのを見る．高校で学ぶ数学は，発見を求めるものではなく，すでに証明されている問題を解くことを通じて，微積分の基礎が学べるようになっている．これは，微積分を解くための一種の訓練でもある．高校野球などの練習で見られるように，できることを何度も何度も繰り返すことで，ホームランを打つその時が来る．これと同様に，基本的なことを，何度も何度も繰り返し解くことで，その数学の持つ意味が刷り込まれて，いざという時に，その技が数学を解くことを前に進めることになる．また，そのことが数学上の発見をももたらせることにつながる．単純な繰り返しではあるが，瞬発力を付けておくことも大事なことである．

3.　重力の作用下での物体の運動

従来のニュートンの運動法則によれば，慣性運動は力の作用のない運動であり，一定速度を保持する運動となる．しかし，第Ⅱ部において，従来のニュートンの運動法則は，物体が観測者に対して静止している場合に限られるべきであることが示され，その修正が行われた．さらに，第Ⅳ部第７章において，相対論的な運動法則が説明された．本書が対象としている新相対性理論においては，こうしてニュートンの運動法則としての慣性の法則は，観測者に対して静止している物が静止し続けることに限定される．

物体が観測者に対して一定速度で運動している場合，観測者はその運動状態を測定するのに光など電磁波を必要とする．すなわち，動いているものに対する電磁気理論を必要とする．また，重力が作用する場で，光など電磁波計測を行うとき，重力場の電磁気理論としての一般相対性理論が必要となる．一般相対性理論からは，物体の運動及び光の伝播のいずれに対しても重力の影響は電磁的な作用であることに帰結されるので，それらにも必然的に一般相対性理論が拘わることになる．こうしたことが我々に，相対論的な運動の法則を必要とさせる．

相対性理論は，運動の法則にいかように拘わるものとなるかを明らかにすると共に，そのことの具体的な計算を示すことがここでの目的となる．

特殊相対性理論における慣性運動を規定する相対論的法則

特殊相対性理論においては，公式[1]により，$c = 1$とおいて（以下，この設定に注意），次なる関係が与えられる．

$$(t')^2 = (t)^2 - (x^2 + y^2 + z^2) \tag{1}$$

ここで，従来のアインシュタインの相対性理論によれば，左辺に示すプライムの付く時間t'は，運動系の実際の時間（例えば，運動系の観測者の腕時計の指し示す時間）を表す．対して，右辺に示す時間tは，静止系の実際の時間（例えば，静止系の観測者の腕時計の指し示す時間）を表す．$x^2 + y^2 + z^2$は，静止系から観測した運動物体の座標原点位置までの距離の２乗，すなわち運動物体の位置ベクトルの大きさの２乗を表す．したがって，従来のアインシュタインの相対性理論における，式(1)は，静止系の実時間と運動系の実時間との対応関係を表し，相対速度の存在に応じて，運動系の実際の時間や空間が伸び縮みすることになる．

しかしながら，こうしたアインシュタインの相対性理論の定義は誤りであることについては，第Ⅲ部及び第Ⅳ部において説明した通りである．ここでは，新相対性理論にもとづいて，以下に示す解釈と計算が行われる．

新相対性理論においては，静止系と運動系の時間及び空間は，ガリレイ変換によって結ばれる．その上で，式(1)は，静止系から運動系に向けて放たれた光など電磁波が静止系の観測者に観測される場合の位相（伝播時間及び伝播距離）と，それが運動系で運動系の観測者に観測される場合の位相との関係を表すものとして定義されている．

ここでは，運動系が相対論的に慣性運動していることが対象となるので，新相対性理論に基づいて，常に式(1)に示す位相の関係が成立してなければならない．

式(1)において，$s^2 = x^2 + y^2 + z^2$と置き，運動系が時間$t = T$の間に距離$s = S$だけ移動する場合を想定する．このとき，静止系から運動系に向けて発射された光の伝播距離が静止系でt（すなわち，ct）となるとき，その光が運動系を伝播する際の伝播時間t'が極値を取るように，光の伝播と運動系の運動とが行われていると仮定すると，相対論的にいかような関係式が得られるのかについて，以下に検討する．

静止系における光の伝播時間t及び運動系の移動距離sについて次のように２区間に分け，光の伝播時間t'が極値を取ることの条件を求める．

$$T = t + (T - t) \tag{2}$$

$$S = s + (S - s) \tag{3}$$

上で分けた2区間をそれぞれA区間及びB区間とし，それらの区間に対する運動系における光の伝播時間t'をそれぞれt'_A及びt'_Bとすると，式(1)の関係は，次のように与えられる．

$$t'_A = (t^2 - s^2)^{\frac{1}{2}} \tag{4}$$

$$t'_B = \{(T-t)^2 - (S-s)^2\}^{\frac{1}{2}} \tag{5}$$

これらの式をそれぞれ静止系における光の伝播時間tで微分して，次式を得る．

$$\frac{dt'_A}{dt} = (t^2 - s^2)^{-\frac{1}{2}} t = \frac{t}{t'_A} \tag{6}$$

$$\frac{dt'_B}{dt} = \{(T-t)^2 - (S-s)^2\}^{-\frac{1}{2}} (T-t)(-1) = -\frac{(T-t)}{t'_B} \tag{7}$$

よって，

$$\frac{dt'}{dt} = \frac{d(t'_A + t'_B)}{dt} = \frac{t}{t'_A} - \frac{(T-t)}{t'_B} \tag{8}$$

ここで，光の伝播時間t及び$(T-t)$は，それぞれ時間的に分かれているため，それらをそれぞれ$t_A = t$，$t_B = (T-t)$と置くと，次の関係が得られる．

$$\frac{dt'}{dt} = \frac{t_A}{t'_A} - \frac{t_B}{t'_B} \tag{9}$$

運動系における光の伝播時間t'が静止系における伝播時間に対して極値を取るように，運動系が運動しているとすると，$dt'/dt = 0$であり，式(9)は次式を与える．

$$\frac{t_A}{t'_A} = \frac{t_B}{t'_B} \tag{10}$$

すなわち，光の伝播時間に関して，静止系で観測される光の伝播時間tとそれが運動系で観測される時の伝播時間t'に関して，伝播時間比t/t'が常に一定となるように運動系は移動しており，t/t'は一種の保存量を与える．これが，一定速度で移動している運動系と静止系とを繋ぐ相対論的な運動の支配法則となる．

よって，次式が成立する．

$$d\left(\frac{t}{t'}\right) = 0 \tag{11}$$

運動系の移動距離が一定速度vを用いて$s = vt$と与えられるとき，式(1)は次なる関係を与える．

$$\frac{dt'}{dt} = (1 - v^2)^{\frac{1}{2}} \tag{12}$$

これより，微小時間経過に対して，

$$\frac{t}{t'} = (1 - v^2)^{-\frac{1}{2}} \tag{13}$$

が与えられる．

式(13)に示す関係式は，光の振動数の２次シフト（redshift）に起因するものであり，静止系で放たれた光の伝播の振動数とそれが運動系で観測されるときの振動数との振動数比について，次なる関係が成立している．

$$\frac{f}{f'} = (1 - v^2)^{-\frac{1}{2}} \tag{14}$$

ここに，fは静止系で観測される光の伝播の振動数，f'はその光の伝播が運動系で観測されるときの振動数を表す．

さらに，相対論的エネルギーの定義〔式(IV.8.36)〕より，

$$\frac{E}{m} = (1 - v^2)^{-\frac{1}{2}} \tag{15}$$

の関係も成立している．

ここで，光の速度を明示すると，式(15)は次なる関係を与える．

$$\frac{E^*}{m} = \frac{c^2}{\sqrt{1 - v^2/c^2}} \tag{16}$$

ここに，E^*は有次元による全エネルギーを表す．この式の右辺は，光のエネルギーが振動数の２次シフトの影響を受けることを表している．このことの存在が，式(15)においては，全エネルギーの保存そのものではなく，単位質量当たりの全エネルギーの保存となることを要請している．

第IV部第６章〔式(IV.6.47)〕によって，式(16)は，次なる関係を与える．

$$E^{*2} = (mc^2)^2 + p^2c^2 \tag{16$'$}$$

さらに，

$$E^* = \frac{mc^2}{\sqrt{1 - v^2/c^2}} = mc^2\left(1 + \frac{v^2}{c^2} + \cdots\right) \tag{16$''$}$$

を与える．

式(16″)が示すように，相対性理論においては，運動系が静止している場合（$v = 0$），全エネルギーE^*は光の伝播速度を持つ粒子の運動エネルギーmc^2を与える．新相対性理論においては，力学計測に光を用いることを基本としており，相対速度のみでなく，運動系の運動エネルギーについても光速度を基準として測られることを表している．

物体の慣性運動は，ニュートンの運動法則からは一定速度で運動していることであるが，光など電磁波を用いた計測に頼る新相対性理論においては，式(13)〜式(16″)が示すように，基準となる静止系から放

たれた光が運動系では相対速度に応じた振動数の２次シフト（redshift）を発生させて観測されることが，慣性運動の相対論的背景（支配法則）となる．ただし，ここでは振動数の２次シフトのみに言及しているが，実際には波数にも同様に２次シフトが生じていることに注意が必要である．

以上の議論において，相対速度v/cが単にvとなっている箇所については，光速度を$c = 1$とした展開になっていることによる．以降についても，このことに注意を要する．

重力が作用する場合の一般相対性理論における相対論的支配法則

重力が作用する場においては（一般相対性理論においては），公式[6]より，球対称極座標を用いた一般の座標系に対して，次式が与えられる．

$$(d\tau)^2 = \left(1 - \frac{2M}{r}\right)(dt)^2 - \left\{\left(1 - \frac{2M}{r}\right)^{-1} dr^2 + r^2 d\theta^2\right\} \qquad (17)$$

あるいは，光の伝播時間及び伝播距離の変化が微小であることを条件に，次式が成立する．

$$(\tau)^2 = \left(1 - \frac{2M}{r}\right)(t)^2 - \left\{\left(1 - \frac{2M}{r}\right)^{-1} r^2 + r^2 \theta^2\right\} \qquad (18)$$

これらの関係式の意味を理解するために，まず質量Mが存在しないと仮定しよう．このとき，式(17)に$M = 0$を与えて，

$$(dt')^2 = (dt)^2 - \{dr^2 + r^2 d\theta^2\} \qquad (19)$$

すなわち，球対称極座標で表した特殊相対性理論の基礎方程式[1]が得られる．ここに，$d\tau = dt'$と置換えている点に注意を要する．

式(17)及び式(18)の右辺に見る時間t，座標原点からの距離rなどは，質量Mが存在しない場合に，空間位置(r, θ)に静止している観測者に計測される光の伝播時間及び運動系の移動距離を表す．このとき設定される静止系の座標が，以下に，基準座標系(t, r, θ)と呼ばれる．座標原

点は，質量Mが設置される位置に取られる.

このように計測される時間及び運動系の移動距離が，それぞれ基準座標系における伝播時間，移動距離として定義され，それらは式(19)の関係を満たす.

以上のような設定によって，式(18)に見る$\sqrt{(1-2M/r)}t$及び$r/\sqrt{(1-2M/r)}$は，それぞれ質量Mが存在する場合に，静止している観測者による光測量によって計測される光の伝播時間及び伝播距離を表す．このとき，観測位置はいずれの場合も，質量が存在しないとした基本座標系の空間位置(r,θ)となっている．すなわち，質量Mが存在しない場合に，静止している観測者に，光の伝播時間がtで，伝播距離がrであったことに対して，質量Mが存在する場合には，光の伝播時間が$\sqrt{(1-2M/r)}t$と計測され，伝播距離が$r/\sqrt{(1-2M/r)}$と計測されることを表す．計測に用いている時間単位及び距離単位は，基準座標系でも重力作用下でもまったく同じで，基準座系の単位が用いられる．したがって，質量Mの下では，光の伝播時間は遅れて計測され，半径方向の長さは伸びて計測されることになる．すなわち，時間と長さの単位は質量Mの存在下であっても不変であり，そのような単位を用いている原子時計などが重力場に固定されるとき，原子時計は質量が存在しないときの経過時間よりも遅れた経過時間を表示する.

こうした新相対性理論の設定に対して，従来のアインシュタインの相対性理論では，質量Mの存在で実際の時間や空間がひずみ，運動系はそうした時間や空間のひずみに無条件に従って運動するものと定義されている．したがって，アインシュタインの原子時計の時間の遅れは，同時に重力場における実時間の遅れとなる.

以上より，式(17)及び式(18)の左辺の意味は，重力下の観測者に計測される光の伝播時間を表す．$dr=0$及び$d\theta=0$に対しては，静止している観測者の測る光の伝播時間となり，$dr\neq 0$かつ$d\theta=0$の場合については，半径方向に移動する観測者に計測される光の伝播時間，逆に$dr=0$かつ$d\theta\neq 0$の場合については，円周方向に移動する観測者に計測される光の伝播時間を表す.

重力の作用下の運動は，一般の座標系を導入し，その測地線上の局所的な自由運動として取り扱われるため，特殊相対性理論において式(10)を得たように，一般の座標系の測地線上の自由運動を規定する相対論的な運動法則が存在するはずである．この条件を求めるために，以下において，計測される光の伝播時間が極値を取る条件を求める．

特殊相対性理論の場合に行ったと同様に，重力が作用している場合に対しても，重力の作用を考えない基本座標系において，静止している観測者に観測される光の伝播時間が$t = T$となる間に，重力の作用する場で，粒子あるいは運動系が距離$s = S$だけ移動し，基本座標系の観測者の放つ光の伝播が重力場の運動系で観測されるときの伝播時間をτとする．このとき，伝播時間tに対して伝播時間τが極値を取るように，運動系が運動していると仮定する．

光の伝播時間及び運動系の運動距離について，次のように２区間に分け，それぞれの区間における伝播時間τが極値を取ることの条件を求める．

$$T = t + (T - t) \tag{20}$$

$$S = s + (S - s) \tag{21}$$

上で分けた２区間をそれぞれ A 区間及び B 区間とし，それらの区間に対する伝播時間τをそれぞれτ_A及びτ_Bとすると，式(18)の関係はそれぞれ次のように与えられる．

$$\tau_A = \left[\left(1 - \frac{2M}{r}\right)(t)^2 - \{r, \theta\}\right]^{\frac{1}{2}} \tag{22}$$

$$\tau_B = \left[\left(1 - \frac{2M}{r}\right)(T - t)^2 - \{r, \theta\}\right]^{\frac{1}{2}} \tag{23}$$

ここに，$\{r, \theta\}$は，位置r及びθのみに関係する項を表す．このようにひとまとめにくくってあるのは，光の伝播時間tとは独立した変数であることからそれらの時間微分量がゼロとなるような変数についてはまとめておくという理由によるもので，計算の簡便さのための施しである．

式(22)及び式(23)をそれぞれ時間tで微分して，次の関係式を得る．

$$\frac{d\tau_A}{dt} = \frac{1}{2}\left[\left(1 - \frac{2M}{r}\right)t^2 - \{r, \theta\}\right]^{-\frac{1}{2}}\left(1 - \frac{2M}{r}\right)2t = \frac{\left(1 - \frac{2M}{r}\right)t}{\tau_A} \tag{24}$$

$$\begin{aligned}\frac{d\tau_B}{dt} &= \frac{1}{2}\left[\left(1 - \frac{2M}{r}\right)(T - t)^2 - \{r, \theta\}\right]^{-\frac{1}{2}}\left(1 - \frac{2M}{r}\right)2(T - t)(-1) \\ &= -\frac{\left(1 - \frac{2M}{r}\right)(T - t)}{\tau_B}\end{aligned} \tag{25}$$

よって，

$$\frac{d\tau}{dt} = \frac{d(\tau_A + \tau_B)}{dt} = \frac{\left(1 - \frac{2M}{r}\right)t}{\tau_A} - \frac{\left(1 - \frac{2M}{r}\right)(T - t)}{\tau_B} \tag{26}$$

ここで，光の伝播時間は，前半の間t及び後半の$(T - t)$となってそれぞれ時間的に分かれているため，経過時間をそれぞれ$t_A = t$，$t_B = (T - t)$という具合に下側添字A及びBをつけて表すことにする．このとき，式(26)は，次のように書ける．

$$\frac{d\tau}{dt} = \frac{\left(1 - \frac{2M}{r}\right)t_A}{\tau_A} - \frac{\left(1 - \frac{2M}{r}\right)t_B}{\tau_B} \tag{27}$$

光の伝播時間τが極値を取るように運動が決定されているとすると，$d\tau/dt = 0$であり，次なる関係式が成立する．

$$\left(1 - \frac{2M}{r}\right)\frac{t_A}{\tau_A} = \left(1 - \frac{2M}{r}\right)\frac{t_B}{\tau_B} \tag{28}$$

すなわち，$(1 - 2M/r)t/\tau$は，一種の保存量を成す．

よって，次の微分方程式が成立する．

$$d\left\{\left(1-\frac{2M}{r}\right)\frac{t}{\tau}\right\}=0 \tag{29}$$

以上のことから，重力の作用下における相対論的な運動（一般の座標系の測地線上の自由運動）を規定する基本法則は，式(28)や式(29)で与えられる．

次にこれらの式の物理的意味について，以下に検討を行う．

式(28)において，質量について$M=0$を与えるか，もしくは質量中心からの距離を$r\to\infty$と与えると，次の関係を得る．

$$\frac{t_A}{\tau_A}=\frac{t_B}{\tau_B} \tag{30}$$

これは，式(10)を与え，特殊相対性理論における光の伝播の振動数に現れる２次シフト（redshift）の効果を表す．

質量Mによる重力の効果が効くようになると，式(30) は式(28)を与えるので，式(28)は，光伝播の振動数の２次シフトがさらに重力の効果を受けるものであることを表す．式(29)及び式(15)からは，さらに次の関係が示唆される．

$$\frac{E}{m}=\left(1-\frac{2M}{r}\right)\frac{t}{\tau} \tag{31}$$

これは，質量について$M=0$を与えるか，もしくは質量中心からの距離を$r\to\infty$と与えると，その極限において式(10)すなわち(15)を与える．式(31)は，式(29)の下において，単位質量当たりの全エネルギーの保存則を表す．

ここで，公式[7]によって，重力場で静止している観測者に対して，式(31)は次式を与える．

$$\frac{E}{m}=\left(1-\frac{2M}{r}\right)\frac{t}{\tau}=\left(1-\frac{2M}{r}\right)\cdot\frac{t}{\left(1-\frac{2M}{r}\right)^{1/2}t}$$
$$=\left(1-\frac{2M}{r}\right)^{1/2}\approx 1-\frac{M}{r} \tag{32}$$

ここに，最右辺の第２項は，ニュートン力学で定義する質量Mによるポテンシャルエネルギーに対応する．すなわち，式(32)は単位質量当たりの全エネルギーが，ポテンシャルエネルギーに関連付けられていることを表す.

この式の右辺にみる$\sqrt{1-2M/r}$は，光の伝播に現れる重力赤方偏移（gravitational redshift）の効果を表している

式(31)は，$r\to\infty$において，運動系が静止状態から運動を開始するとき，$E/m=1$の条件によって，次式を与える.

$$\tau=\left(1-\frac{2M}{r}\right)t \tag{33}$$

角運動量の保存

次に，角運動量の保存則について検討する.

公式[6]より，

$$(d\tau)^2=\left(1-\frac{2M}{r}\right)(dt)^2-\left\{\left(1-\frac{2M}{r}\right)^{-1}dr^2+r^2d\theta^2\right\} \tag{34}$$

ここで，式(34)の右辺の{　}内の第二項$rd\theta$に関して，単位質量当たりの角運動量L/mを，次のように定義する.

$$\frac{L}{m}=r\left(\frac{rd\theta}{d\tau}\right) \tag{35}$$

式(34)を基に，微小時間及び運動系の微小移動量について，

$$\tau^2 = -r^2\theta^2 - \left\{-\left(1 - \frac{2M}{r}\right)t^2 + \left(1 - \frac{2M}{r}\right)^{-1} r^2\right\} \tag{36}$$

が与えられる．この式の右辺をθに関する項とその他の項に分けると

$$\tau^2 = -r^2\theta^2 - \{\quad\} \tag{37}$$

ここに，$\{\quad\}$はその他の項を表す．

物体が角度$\theta = \Theta$だけ方向角の方向に回転することに対して，時間τが極値を取ると仮定すると，いかような関係式が得られるのかについて検討する．

角度について，次のように２区間に分け，時間τが極値を取ることの条件を求める．

$$\Theta = \theta + (\Theta - \theta) \tag{38}$$

上で分けた２区間をそれぞれ A 区間及び B 区間とし，それらの区間に対する時間t'をそれぞれτ_A及びτ_Bとすると，式(36)の関係はそれぞれ次のように与えられる．

$$\tau_A = [-r^2\theta^2 - \{r,t\}]^{\frac{1}{2}} \tag{39}$$

$$\tau_B = [-r^2(\Theta - \theta)^2 - \{r,t\}]^{\frac{1}{2}} \tag{40}$$

ここに，$\{r,t\}$は，r及びtのみに関する項を表す．

これらの式をそれぞれ時間θで微分して，次の関係式を得る．

$$\frac{d\tau_A}{d\theta} = \frac{1}{2}[-r^2(\theta)^2 - \{r,t\}]^{-\frac{1}{2}}(-r^2)2\theta = -\frac{r^2\theta}{\tau_A} \tag{41}$$

$$\begin{aligned}\frac{d\tau_B}{dt} &= \frac{1}{2}[-r^2(\Theta - \theta)^2 - \{r,t\}]^{\frac{1}{2}}(-r^2)2(\Theta - \theta)(-1) \\ &= \frac{r^2(\Theta - \theta)}{\tau_B}\end{aligned} \tag{42}$$

よって，

$$\frac{d\tau}{d\theta}=\frac{d(\tau_A+\tau_B)}{d\theta}=-\frac{r^2\theta}{\tau_A}+\frac{r^2(\Theta-\theta)}{\tau_B} \tag{43}$$

ここで，時間θ及び$(\Theta-\theta)$はそれぞれ時間的に分かれているため，それらをそれぞれ$\theta_A=\theta$，$\theta_B=(\Theta-\theta)$と置くと，

$$\frac{d\tau}{d\theta}=-\frac{r^2\theta_A}{\tau_A}+\frac{r^2\theta_B}{\tau_B} \tag{44}$$

よって，時間τが極値を取るように運動しているとすると，$d\tau/d\theta=0$であり，式(44)より次なる関係式が成立する．

$$r^2\left(\frac{\theta_A}{\tau_A}\right)-r^2\left(\frac{\theta_B}{\tau_B}\right) \tag{45}$$

すなわち，$r^2(\theta/\tau)$で与えられる量は保存量であることが示される．

よって，一般に，

$$r^2\frac{\theta}{\tau}=const. \tag{46}$$

$$d\left(\frac{r^2\theta}{\tau}\right)=0 \tag{47}$$

ここに，式(35)の定義より，

$$\frac{L}{m}=r^2\left(\frac{d\theta}{d\tau}\right) \tag{48}$$

よって，角度の時間変化について，次の関係を得る．

$$\frac{d\theta}{d\tau}=\left(\frac{L}{m}\right)^{-1}\frac{1}{r^2} \tag{49}$$

以上より，角度変化を伴う運動については，式(31)の全エネルギー保

存に加えて，式(46)もしくは式(47)に示す角運動量が保存則されることが相対論的な運動の支配方程式となる．

重力場で半径方向に運動する運動系の運動方程式

以上の議論によって，重力が作用する場における粒子及び運動系の運動を相対論的に支配する方程式が得られた．以下では，そのような相対論的支配方程式によって，粒子及び運動系の運動がいかように観測されるものとなるのかについて，議論を行う．

1) 無限遠で初速度ゼロの場合の運動

半径方向の運動については，公式[6]は，次式を与える．

$$d\tau^2 = \left(1 - \frac{2M}{r}\right) dt^2 - \left(1 - \frac{2M}{r}\right)^{-1} dr^2 \tag{50}$$

これに支配方程式 (28)あるいは式(33)を代入し，次式を得る．

$$\left(1 - \frac{2M}{r}\right)^2 \left(\frac{dt}{dt}\right)^2 = \left(1 - \frac{2M}{r}\right) - \left(1 - \frac{2M}{r}\right)^{-1} \left(\frac{dr}{dt}\right)^2$$

すなわち，

$$\left(1 - \frac{2M}{r}\right)^2 = \left(1 - \frac{2M}{r}\right) - \left(1 - \frac{2M}{r}\right)^{-1} \left(\frac{dr}{dt}\right)^2$$

$$\left(1 - \frac{2M}{r}\right)\left\{\left(1 - \frac{2M}{r}\right) - 1\right\} = -\left(1 - \frac{2M}{r}\right)^{-1} \left(\frac{dr}{dt}\right)^2$$

$$\left(\frac{dr}{dt}\right)^2 = \left(1 - \frac{2M}{r}\right)^2 \left(\frac{2M}{r}\right) \tag{51}$$

これより，次式得る．

$$\frac{dr}{dt} = -\left(1 - \frac{2M}{r}\right)\left(\frac{2M}{r}\right)^{\frac{1}{2}} \tag{52}$$

これは，質量Mが存在しない場合の基準座標系における時間経過t及び半径方向距離rで表した運動系の重力場での半径方向の運動速度を表す．マイナス符号は，質量の中心に向かう速度であることによる．ここで，$r \to \infty$とすると，速度$dr/dt = 0$を与えて，無限遠で初速度がゼロとなっていることを確かめられる．

ここで，ニュートン力学によって，重力による半径方向への落下の問題を検討しておく．

ニュートンの万有引力によれば，質量間に作用する引力は次のように与えられる．

$$F = G\frac{Mm}{r^2}$$

この時，重力ポテンシャル$\varphi(r)$は，次のように与えられる．

$$\varphi(r) = -G\frac{Mm}{r}$$

これは，$r \to \infty$で，$\varphi = 0$を与える．さらに，$r \to \infty$で運動系が静止しているとすると，全エネルギーについて，$E = 0$を与える．
すなわち，$r \to \infty$で，

$$E = \frac{1}{2}mv^2 - G\frac{Mm}{r} = 0$$

よって，

$$v^* = -\left(2G\frac{M}{r}\right)^{1/2}$$

ここで，有次元の速度v^*を光速度で無次元化すると，

$$v = \frac{v^*}{c} = -\left(2G\frac{M}{c^2 r}\right)^{1/2}$$

質量Mを距離の次元で表し，速度を無次元速度で表すと，

$$v = -\left(\frac{2M}{r}\right)^{1/2}$$

が得られる．ここで，運動エネルギーを求めると

$$\frac{1}{2}v^2 = \frac{M}{r}$$

を得る．これは，力学的エネルギー保存則をも意味する．

ここで，一般相対性理論の公式[7]及び[8]を導入すると，

$$\frac{dr'}{dt'} = \frac{1}{1-2M/r}\frac{dr}{dt}$$

よって，

$$\frac{dr}{dt} = (1-2M/r)\frac{dr'}{dt'}$$

ここで，

$$\frac{dr'}{dt'} = v$$

とおくと，

$$\frac{dr}{dt} = -(1-2M/r)\left(\frac{2M}{r}\right)^{1/2}$$

が得られる．これは，式(52)と一致する．

しかしながら，これは，ニュートン力学のみから相対性理論の式(52)が予測されることを示す訳ではない．この式の誘導には，一般相対性理論の重力赤方偏移に関する公式[7]及び公式[8]を必要としている．ニュートン力学においては，質量（すなわち，重力）の作用が，計測される光の伝播時間及び伝播距離に重力赤方偏移の影響となって現れることについては，知る余地もなかったことである．

ここで，ニュートン力学から得られる結論に，重力場で計測される

光など電磁波の伝播時間の遅れ（公式[7]）と伝播距離の変化（公式[8]）とを導入して，式(52)が得られたことから判断すると，極めて重要な物理的意味が以下のように現れる．

式(52)は，質量すなわち重力の作用が運動系の運動に及ぼす影響を表している．このことから，ニュートン力学から得られる重力の作用$(2M/r)^{1/2}$に，相対性理論からの帰結として，重力赤方偏移$(1-2M/r)^{1/2}$が，時間的及び距離的に加わることを表し，重力の作用が電磁波の一種として伝播するものであることを表している．

2) 初速度を持つ場合

以上の検討結果に対して，$r\to\infty$で初速度$-v$（質量の中心に向かう半径方向の速度）を持つ場合に対しては，条件より，以下が成立する．

$$\frac{E}{m}=\left(1-\frac{2M}{r}\right)\frac{dt}{d\tau}=\frac{1}{\sqrt{(1-v^2)}}=\gamma$$

よって，公式[6]に支配方程式(33)を考慮して，次式を得る．

$$\left(1-\frac{2M}{r}\right)dt=\gamma d\tau=\gamma\left\{\left(1-\frac{2M}{r}\right)dt^2-\left(1-\frac{2M}{r}\right)^{-1}dr^2\right\}^{\frac{1}{2}} \quad (53)$$

式(53)を以下のように展開する．

$$\left(1-\frac{2M}{r}\right)^2dt^2=\gamma^2\left\{\left(1-\frac{2M}{r}\right)dt^2-\left(1-\frac{2M}{r}\right)^{-1}dr^2\right\} \quad (54)$$

$$\left(1-\frac{2M}{r}\right)^2=\gamma^2\left\{\left(1-\frac{2M}{r}\right)-\left(1-\frac{2M}{r}\right)^{-1}\left(\frac{dr}{dt}\right)^2\right\}$$

$$-\left(1-\frac{2M}{r}\right)^{-1}\left(\frac{dr}{dt}\right)^2=\frac{1}{\gamma^2}\left(1-\frac{2M}{r}\right)^2-\left(1-\frac{2M}{r}\right)$$

$$\left(\frac{dr}{dt}\right)^2=\left(1-\frac{2M}{r}\right)^2\left\{1-\frac{1}{\gamma^2}\left(1-\frac{2M}{r}\right)\right\}$$

$$\frac{dr}{dt} = -\left(1 - \frac{2M}{r}\right)\left\{1 - \frac{1}{\gamma^2}\left(1 - \frac{2M}{r}\right)\right\}^{\frac{1}{2}} \tag{55}$$

式(55)が，重力場で半径方向（質量Mの中心方向）に運動する粒子及び運動系の運動を決定する運動方程式となる．

式(55)で初速度をゼロとして与えると，$\gamma = 1$であり，次式を得る．

$$\frac{dr}{dt} = -\left(1 - \frac{2M}{r}\right)\left(\frac{2M}{r}\right)^{\frac{1}{2}} \tag{55'}$$

これは，式(52)に一致する．

式(55)は，$r \to \infty$に対しては$dr/dt = -v$，$r = 2M$に対しては$dr/dt = 0$を与える．初速度がゼロの場合のみでなく，初速度を任意に与えても，$r = 2M$においては$dr/dt = 0$を与える．

3) 重力場に静止している観測者の測定する運動方程式

上の議論は，質量の存在しない状況で設定される基準座標系の時間及び座標を用いて行われている．このような観測を，重力場で静止している観測者が行うとき，物体の運動はどのように書き表されるかについて以下に検討する．

重力場に静止している観測者に対して，計測される時間及び空間座標は，(t', r', θ')という具合にプライム付きの変数で表すことにする．

公式[6]あるいは，公式[7]及び公式[8]は，次の関係を与える．

$$dt' = \left(1 - \frac{2M}{r}\right)^{\frac{1}{2}} dt \tag{56}$$

$$dr' = \left(1 - \frac{2M}{r}\right)^{-\frac{1}{2}} dr \tag{57}$$

ここに，式(56)及び式(57)は，重力場で（静止している観測者によって）光の伝播に基づいて計測される時間dt'及び半径方向距離dr'と，無重力場となる基準座標系で静止している観測者によって計測される時間dt及び距離drとの関係を表す．

これらより，次なる関係を得る．

$$\frac{dr'}{dt'} = \left(1 - \frac{2M}{r}\right)^{-1} \frac{dr}{dt} \tag{58}$$

これを式(55)に代入し，次式を得る．

$$\left(1 - \frac{2M}{r}\right)\frac{dr'}{dt'} = -\left(1 - \frac{2M}{r}\right)\left\{1 - \frac{1}{\gamma^2}\left(1 - \frac{2M}{r}\right)\right\}^{\frac{1}{2}} \tag{59}$$

すなわち，

$$\frac{dr'}{dt'} = -\left\{1 - \frac{1}{\gamma^2}\left(1 - \frac{2M}{r}\right)\right\}^{\frac{1}{2}} \tag{60}$$

無限遠で初速度がゼロのとき，$\gamma = 1$であり，式(60)は次式を与える．

$$\frac{dr'}{dt'} = -\left(\frac{2M}{r}\right)^{\frac{1}{2}} \tag{60'}$$

この結果は，先にニュートン力学から予測した速度の式に一致する．この結論は，重要な意味を持つ．すなわち，重力場において，電磁波の伝播などに現れる計測時間及び計測距離を用いるとき，運動系の運動は，ニュートン力学で表されることを示している．

式(60)は，$r \to \infty$に対しては

$$dr'/dt' = -\{1 - 1/\gamma^2\}^{\frac{1}{2}} = -\{1 - (1 - v^2)\}^{\frac{1}{2}} = -v$$

となり，与条件である初期条件を与える．$r = 2M$に対しては，$dr'/dt' = -1$を与える（次元量にすると，$dr'/dt' = -c$となり光速度と一致する）．この結果は，驚くべきことである．なぜなら，式(52)や(55)においては，いずれも$dr/dt = 0$を与えていることによる．こうして，観測者の立つ座標系によって計測値が大きく異なることについては，従来のニュートンの運動方程式からは予測不可能なことであり，一般相

対性理論に関して特筆すべき点といえる.

以上の議論から，観測者の立つ座標系が異なれば，観測される物理現象は異なる計測値を与えることが明らかとなった．従来のアインシュタインの相対性理論からは，重力の作用（すなわち，質量の存在）によって実際の時間や空間が歪むことが定義されて，歪んだ相対論的時空を議論することが一般相対性理論の本質となっている.

しかしながら，これまでに見てきたように，実際の時間や空間を物理的に位置付ける座標系は，質量の存在が無いとした基準座標系の時間及び空間座標(t, r, θ)によるものであり，その座標系における時間及び長さの単位を用いて，重力場の観測者には光など電磁波の伝播に基づいて時間や距離が計測される．このように重力場で計測される時間や距離が，従来のアインシュタインの相対性理論では，誤って，実際の時空のひずみとして定義されている.

すなわち，アインシュタインの相対性理論によって実際に歪んでいると判断されてきた時空は，重力場の観測者に光測量によって計測される時間や空間の計測値のことであって，数学的取扱い上の工夫として導入される架空の４次元時空に当たる．実際の時間や空間は，相対性理論を成立させるための土台として定義されていて，互いに独立した時間及び空間の単位を不変的な量として用いて測られる.

4) 重力場で測定される運動エネルギー

重力場の観測者は，その近傍において，一般の座標系の測地線上を慣性運動している運動物体を観測することになるため，その観測者に対する物体の単位体積当たりの運動エネルギーは，次のように与えられる.

重力場で静止している観測者の観測する物体の相対速度v'は，式(60)によって次のように与えられる.

$$v' = -\left\{1 - \frac{1}{\gamma^2}\left(1 - \frac{2M}{r}\right)^2\right\}^{\frac{1}{2}} \tag{61}$$

重力場で静止している観測者の近傍を運動する粒子は，一般の座標系上の測地線上の自由運動として観測されるため，この観測者に計測される粒子の全エネルギーは，局所的には特殊相対性理論によって与えられて，次のようになる．

$$\left(\frac{E}{m}\right)' = \frac{1}{\left(1 - v'^2\right)^{\frac{1}{2}}} \tag{62}$$

ここに，左辺に示す単位質量当たりの全エネルギーにプライムが付くのは，重力場で静止している観測者に計測されるものであることを表す．

ここで，式(61)に対して

$$v' = \left\{1 - \frac{1}{\gamma^2}\left(1 - \frac{2M}{r}\right)\right\}^{1/2} = \left[1 - \left\{\frac{1}{\gamma}\left(1 - \frac{2M}{r}\right)^{1/2}\right\}^2\right]^{1/2}$$

$$\approx \left[1 - 2\frac{1}{\gamma}\left(1 - \frac{2M}{r}\right)^{1/2}\right]^{1/2} \approx 1 - \frac{1}{\gamma}\left(1 - \frac{2M}{r}\right)^{1/2}$$

ここに，γは無限遠における初速度によって決定される．

よって，

$$v'^2 \approx \left\{1 - \frac{1}{\gamma}\left(1 - \frac{2M}{r}\right)^{1/2}\right\}^2 \approx 1 - 2\frac{1}{\gamma}\left(1 - \frac{2M}{r}\right)^{1/2}$$

さらに，

$$\left(1 - v'^2\right)^{\frac{1}{2}} \approx 1 - \frac{1}{2}v'^2 \approx \frac{1}{\gamma}\left(1 - \frac{2M}{r}\right)^{1/2}$$

以上より，最終的に（≈を=で置き換えて），次式を得る．

$$\left(\frac{E}{m}\right)' = \gamma\left(1 - \frac{2M}{r}\right)^{-\frac{1}{2}} \tag{63}$$

これは，$r \to \infty$に対して，次式を与える．

$$\left(\frac{E}{m}\right)' = \gamma \tag{64}$$

一方，重力場における粒子及び運動系の運動の時間経過が極値を取ることを表す条件式(31)より，

$$\left(\frac{E}{m}\right)' = \left(1 - \frac{2M}{r}\right)\frac{dt}{d\tau} \tag{65}$$

この関係式は，いかような運動状態に対しても成立する条件である．

さらに，公式[7]より，重力場で静止している観測者の観測する光の伝播時間に対して，次の関係が与えられる．

$$dt' = \left(1 - \frac{2M}{r}\right)^{\frac{1}{2}} dt \tag{66}$$

よって，重力場で静止している観測者に対して静止している物体の全エネルギーは，次のように与えられる．

$$\left(\frac{E}{m}\right)'_0 = \left(1 - \frac{2M}{r}\right)\frac{dt}{d\tau} = \left(1 - \frac{2M}{r}\right)\left(1 - \frac{2M}{r}\right)^{-\frac{1}{2}} \tag{67}$$

よって，

$$\left(\frac{E}{m}\right)'_0 = \left(1 - \frac{2M}{r}\right)^{\frac{1}{2}} \tag{68}$$

$$\left(\frac{E}{m}\right)'_0 \approx 1 - \frac{M}{r} \tag{68'}$$

ここに，$(E/m)'_0$は重力場で静止している観測者に観測される静止している物体の単位体積当たりのエネルギーを表す．式(68′)の右辺第一項は，有次元でm_0c^2を表す．これは，相対性理論が時間及び距離の測定に光など電磁波を用いており，その速度を基準としていることから現れる量である．運動エネルギーやポテンシャルエネルギーは，この基

準量に対して相対的に現れる．式(68′)の右辺第二項は，後にニュートン力学で求められる式(80)の位置エネルギーに一致する．

以上より，重力場で静止している観測者に対して，一定速度で運動している物体の運動エネルギーは，式(63)及び(68)より，次のように与えられる．

$$\left(\frac{E}{m}\right)' - \left(\frac{E}{m}\right)'_0 = \gamma\left(1-\frac{2M}{r}\right)^{-\frac{1}{2}} - \left(1-\frac{2M}{r}\right)^{\frac{1}{2}} \tag{69}$$

すなわち，

$$E' - E'_0 = m\left(1-\frac{2M}{r}\right)^{-\frac{1}{2}}\left\{\gamma - \left(1-\frac{2M}{r}\right)\right\} \tag{70}$$

したがって，式(70)の右辺に見るように，運動エネルギーと重力のポテンシャルエネルギーとは分離できないことが示される．また，$(1-2M/r)^{-1/2}$が現れており，重力赤方偏移の効果が運動エネルギーに及ぶことを表している．

$r\to\infty$において，初速度をゼロとすると，$\gamma=1$と与えられて，この場合の運動エネルギーが，次のように与えられる．

$$E' - E'_0 = m\left(1-\frac{2M}{r}\right)^{-\frac{1}{2}}\left(\frac{2M}{r}\right) \tag{71}$$

この場合，$r\to\infty$に対して，

$$E' - E'_0 = 0 \tag{72}$$

となり，初速度ゼロに対して，正しい結果を与える．

初速度がゼロでない場合，式(70)は，$r\to\infty$に対して，

$$E' - E_0 = m(\gamma - 1) \tag{73}$$

ここで，γに近似の公式を適用して，

$$E' - E_0 = m(\gamma - 1) = m\left(\frac{1}{2}v'^2\right) \tag{74}$$

を得る．したがって，$r \to \infty$に対しては，これらの結果は，ニュートン力学で定義する運動エネルギーを与えている．

一方，$r = 2M$に対して，式(71)は，

$$E' - E_0 = \infty \tag{75}$$

を与える．

ここで，比較のために，ニュートン力学の場合の全エネルギーについて考える．

ニュートン力学における全エネルギーは，一般に次のように与えられる．

$$E^{*}{}_{Newton} = \frac{1}{2}m_{\mathrm{kg}}v^{*2} - m_{\mathrm{kg}}gr \tag{76}$$

ここに，$E^{*}{}_{Newton}$は力学的全エネルギー，v^{*}は速度（cで無次元化されていない），gは重力加速度，右辺の第一項は運動エネルギー，第二項は位置エネルギーを表す．

$$E^{*}{}_{Newton} = m_{\mathrm{kg}}\frac{1}{2}v^{*2} - m_{\mathrm{kg}}\frac{GM_{\mathrm{kg}}}{r^2}r \tag{77}$$

$$E^{*}{}_{Newton} = c^2 m_{\mathrm{kg}}\left(\frac{1}{2}\frac{v^{*2}}{c^2} - \frac{GM_{\mathrm{kg}}}{c^2}\frac{1}{r}\right) \tag{78}$$

ここで，質量M_{kg}を距離の次元で，エネルギーを質量の単位に，速度を無次元量vで表し，質量m_{kg}を単にmで表して，次のように与えられる．

$$\frac{\left(\frac{E^*{}_{Newton}}{c^2}\right)}{m} = \frac{1}{2}v^2 - \frac{M}{r} \tag{79}$$

$$\frac{E_{Newton}}{m} = \frac{1}{2}v^2 - \frac{M}{r} \tag{80}$$

ここに，E_{Newton}は質量の単位で表したニュートン力学の全エネルギーを表す．

式(80)の右辺に見るように，全エネルギーは，ニュートン力学においては運動エネルギーと位置エネルギーの和で表されることが示される．

---

5) 重力の作用しない座標系から見た場合のエネルギー

これまでの議論は，重力場に静止している観測者から見た物体のエネルギーであった．以下においては，質量が存在しない場合の時間及び空間座標を用いた（基準座標系から行う）計測について検討する．

式(31)及び公式[6]より，

$$\frac{E}{m} = \left(1 - \frac{2M}{r}\right)\frac{dt}{d\tau} \tag{81}$$

$$(d\tau)^2 = \left(1 - \frac{2M}{r}\right)(dt)^2 - \left\{\left(1 - \frac{2M}{r}\right)^{-1} dr^2 + r^2 d\theta^2\right\} \tag{82}$$

粒子の運動はいま半径方向のみに限るので，式(82)は，

$$d\tau = dt\left[\left(1 - \frac{2M}{r}\right) - \left\{\left(1 - \frac{2M}{r}\right)^{-1}\left(\frac{dr}{dt}\right)^2\right\}\right]^{\frac{1}{2}} \tag{83}$$

よって，

$$dt = d\tau\left[(1-2M/r) - \left\{(1-2M/r)^{-1}\left(\frac{dr}{dt}\right)^2\right\}\right]^{-1/2}$$

$$\frac{dt}{d\tau} = \left[\left(1-\frac{2M}{r}\right) - \left\{\left(1-\frac{2M}{r}\right)^{-1}\left(\frac{dr}{dt}\right)^2\right\}\right]^{-\frac{1}{2}} \tag{84}$$

式(81)に式(84)を代入して,

$$\frac{E}{m} = \left(1-\frac{2M}{r}\right)\left[\left(1-\frac{2M}{r}\right) - \left\{\left(1-\frac{2M}{r}\right)^{-1}\left(\frac{dr}{dt}\right)^2\right\}\right]^{-\frac{1}{2}} \tag{85}$$

さらに,公式[7]及び公式[8]より,

$$dt' = \left(1-\frac{2M}{r}\right)^{1/2} dt \tag{86}$$

$$dr' = \left(1-\frac{2M}{r}\right)^{-1/2} dr \tag{87}$$

これらより,

$$\frac{dr'}{dt'} = \left(1-\frac{2M}{r}\right)^{-1}\frac{dr}{dt} \tag{88}$$

式(88)を式(85)に代入して,次式を得る.

$$\frac{E}{m} = \left(1-\frac{2M}{r}\right)\left[\left(1-\frac{2M}{r}\right) - \left(\frac{dr'}{dt'}\right)^2\right]^{-\frac{1}{2}} \tag{89}$$

ここで,重力場で静止している観測者に観測される速度を次のように設定する.

$$v' = \frac{dr'}{dt'} \tag{90}$$

よって，

$$\frac{E}{m}=\left(1-\frac{2M}{r}\right)\left(1-\frac{2M}{r}\right)^{-\frac{1}{2}}\left(1-v'^2\right)^{-\frac{1}{2}} \tag{91}$$

ここに，$v'^2\left(1-\frac{2M}{r}\right)^{-1/2}$には近似として，$v'^2$を与えてある．

よって，

$$\frac{E}{m}=\left(1-\frac{2M}{r}\right)^{\frac{1}{2}}\left(1-v'^2\right)^{-\frac{1}{2}} \tag{92}$$

ここで，右辺に近似の公式を適用して，

$$\frac{E}{m}=\left(1-\frac{M}{r}\right)\left(1+\frac{1}{2}v'^2\right) \tag{93}$$

$$\frac{E}{m}=1-\frac{M}{r}+\frac{1}{2}v'^2-\frac{1}{2}\frac{M}{r}v'^2 \tag{94}$$

さらに近似を適用して，次式を得る．

$$\frac{E}{m}=1+\frac{1}{2}v'^2-\frac{M}{r} \tag{95}$$

ここで，右辺第一項は光の速さで運動する粒子の運動エネルギーに対応し，第二項以降がそれぞれニュートン力学における運動エネルギー及び位置エネルギーに対応する．すなわち，相対論的には運動は光を用いた計測によって把握されるため，相対論的エネルギーは，常に光の速度で運動する粒子の運動エネルギーを基準として相対的に測られることを表している．

重力場に静止している観測者が投じる物体の運動

次に，$r=r_0$に静止している観測者から観測して，初速度$-dr'/dt'=v'$で運動を開始した物体の半径軸方向の運動について，検討する．

ここでも，式(31)の時間極値の条件及び公式[6]より始める．

$$\frac{E}{m}=\left(1-\frac{2M}{r}\right)\frac{dt}{d\tau} \tag{96}$$

$$(d\tau)^2=\left(1-\frac{2M}{r}\right)(dt)^2-\left\{\left(1-\frac{2M}{r}\right)^{-1}dr^2+r^2d\theta^2\right\} \tag{97}$$

式(97)より，運動を半径方向に限って，

$$d\tau=dt\left[\left(1-\frac{2M}{r}\right)-\left\{\left(1-\frac{2M}{r}\right)^{-1}\left(\frac{dr}{dt}\right)^2\right\}\right]^{\frac{1}{2}} \tag{98}$$

$$dt=d\tau\left[\left(1-\frac{2M}{r}\right)-\left\{\left(1-\frac{2M}{r}\right)^{-1}\left(\frac{dr}{d\tau}\right)^2\right\}\right]^{-\frac{1}{2}} \tag{99}$$

$$\frac{dt}{d\tau}=\left[\left(1-\frac{2M}{r}\right)-\left\{\left(1-\frac{2M}{r}\right)^{-1}\left(\frac{dr}{dt}\right)^2\right\}\right]^{-\frac{1}{2}} \tag{100}$$

式(100)に式(96)を代入して，

$$\frac{E}{m}=\left(1-\frac{2M}{r}\right)\left[\left(1-\frac{2M}{r}\right)-\left\{\left(1-\frac{2M}{r}\right)^{-1}\left(\frac{dr}{dt}\right)^2\right\}\right]^{-\frac{1}{2}} \tag{101}$$

ここで，

$$\frac{dr'}{dt'}=\left(1-\frac{2M}{r}\right)^{-1}\frac{dr}{dt} \tag{102}$$

より，

$$\frac{dr}{dt}=\left(1-\frac{2M}{r}\right)\frac{dr'}{dt'} \tag{103}$$

$r = r_0$で，初速度$-dr'/dt' = v'$であることから，

$$\frac{dr}{dt} = \left(1 - \frac{2M}{r_0}\right)(-v') \tag{104}$$

よって，式(101)は，次のように展開される．

$$\frac{E}{m} = \left(1 - \frac{2M}{r}\right)\left[\left(1 - \frac{2M}{r}\right) - \left\{\left(1 - \frac{2M}{r}\right)^{-1}\left(1 - \frac{2M}{r}\right)^{2} v'^2\right\}\right]^{-\frac{1}{2}} \tag{105}$$

$$\frac{E}{m} = \left(1 - \frac{2M}{r}\right)\left[\left(1 - \frac{2M}{r}\right) - \left\{\left(1 - \frac{2M}{r}\right) v'^2\right\}\right]^{-\frac{1}{2}} \tag{106}$$

$$\frac{E}{m} = \left(1 - \frac{2M}{r}\right)^{\frac{1}{2}}\left[1 - v'^2\right]^{-\frac{1}{2}} \tag{107}$$

いま，$r = r_0$で計測しているので，式(107)は次を与える．

$$\frac{E}{m} = \left(1 - \frac{2M}{r_0}\right)^{\frac{1}{2}}\left[1 - v'^2\right]^{-\frac{1}{2}} \tag{108}$$

ここにも，相対論的エネルギーは，常に$E/m = 1$を基準として測られていることが現れている．

式(108)及び式(101)より，

$$\begin{aligned}\frac{E}{m} &= \left(1 - \frac{2M}{r_0}\right)^{\frac{1}{2}}\left[1 - v'^2\right]^{-\frac{1}{2}} \\ &= \left(1 - \frac{2M}{r}\right)^{\frac{1}{2}}\left[1 - \left(1 - \frac{2M}{r}\right)^{-2}\left(\frac{dr}{dt}\right)^{2}\right]^{-\frac{1}{2}}\end{aligned} \tag{109}$$

ここで，

$$\gamma'_{r_0} = \left[1 - v'^2\right]^{-\frac{1}{2}}$$

とおいて，式(109)より，

$$\gamma'_{r_0}\left(1-\frac{2M}{r_0}\right)^{1/2}/\left(1-\frac{2M}{r}\right)^{1/2}=\left[1-\left(1-\frac{2M}{r}\right)^{-2}\left(\frac{dr}{dt}\right)^2\right]^{-1/2}$$

$$\left(1-\frac{2M}{r}\right)^{-2}\left(\frac{dr}{dt}\right)^2=1-\frac{1}{{\gamma'_{r_0}}^2}\left(1-\frac{2M}{r}\right)/\left(1-\frac{2M}{r_0}\right)$$

$$\left(1-\frac{2M}{r}\right)^{-2}\left(\frac{dr}{dt}\right)^2=\left\{\left(1-\frac{2M}{r_0}\right)-\frac{1}{{\gamma'_{r_0}}^2}\left(1-\frac{2M}{r}\right)\right\}/\left(1-\frac{2M}{r_0}\right)$$

$$\left(1-\frac{2M}{r}\right)^{-1}\left(\frac{dr}{dt}\right)=\left\{\left(1-\frac{2M}{r_0}\right)-\frac{1}{{\gamma'_{r_0}}^2}\left(1-\frac{2M}{r}\right)\right\}^{1/2}/\left(1-\frac{2M}{r_0}\right)^{1/2}$$

以上より，次を得る．

$$\frac{dr}{dt}=-\left(1-\frac{2M}{r}\right)\left\{1-\left(\frac{1}{{\gamma'_{r_0}}^2}\right)\frac{\left(1-\frac{2M}{r}\right)}{\left(1-\frac{2M}{r_0}\right)}\right\}^{\frac{1}{2}} \tag{110}$$

ここに，式(103)を導入して，

$$\frac{dr'}{dt'}=-\left\{1-\left(\frac{1}{{\gamma'_{r_0}}^2}\right)\frac{\left(1-\frac{2M}{r}\right)}{\left(1-\frac{2M}{r_0}\right)}\right\}^{\frac{1}{2}} \tag{111}$$

これは，重力下で静止している観測者に観測される粒子及び運動系の運動速度の式を表す．

式(111)に，$r=r_0$に対して，$dr'/dt'=-\left(1-1/{\gamma'_{r_0}}^2\right)=-v'$を与えると，

$$\frac{dr'}{dt'} = -\left\{1-\left(\frac{1}{{\gamma'_{r_0}}^2}\right)\left(1-\frac{2M}{r}\right)\right\}^{\frac{1}{2}}$$

となり，式(60)を与えることを確認できる．

式(138)より，$r = r_0$で静止状態から半径方向への運動に対しては，$\gamma'_{r_0} = 1$を与えて，

$$\frac{dr'}{dt'} = -\left\{1-\frac{\left(1-\dfrac{2M}{r}\right)}{\left(1-\dfrac{2M}{r_0}\right)}\right\}^{\frac{1}{2}} \tag{112}$$

を得る．

これをさらに，$r_0 \to \infty$と与えると，

$$\frac{dr'}{dt'} = -\left\{1-\left(1-\frac{2M}{r}\right)\right\}^{\frac{1}{2}} = -\left(\frac{2M}{r}\right)^{\frac{1}{2}} \tag{113}$$

を得る．これは，式(60′)に一致する．また，式(112)に近似公式を適用して，ニュートン力学で予測されるポテンシャルエネルギーの変化による速度変化を得ることができる．

以上に見るように，質量Mの影響，すなわち重力の影響は，常に，その作用に重力赤方偏移の効果が現れることを示し，その作用が光など電磁波の伝播の作用とまったく同じものとして現れることを表している．このような重力の作用を，重力波の作用と呼ぶことができる．

コラム 19 フックの法則

物体の運動の法則は，ニュートンの運動法則として我々がよく知るところとなっている．これに匹敵する法則が，物質の変形については，フックの法則である．

運動方程式 $f = ma$ フックの法則 $f = kx$

ニュートンの運動方程式は，物体が速度を獲得するには力の作用が必要であると主張している．対して，フックの法則は，物質が変形するには，力の作用が必要であると主張している．フックの法則は 1878 年頃，ニュートンの運動法則は 1887 年頃に見いだされている．

フックは，バネを引っ張ると伸びることについて，作用力の大きさとバネの変形量に比例関係が存在することを見出した．そして，金属や木，石，レンガ…，色々な弾性のある物質についても比例関係が当てはまることを見出している．これが，フックの法則と呼ばれている．

様々な弾性材料が受けている応力については，このフックの法則を基本として計測や計算が行われている．こうして，古典論的な材料の力学においては，フックの法則が支配方程式として君臨している．

フックの法則は，等方性材料に対し，一般には次のように，応力σと弾性係数Y，そして歪み量εをもって表される（弾性係数Yは，通常，ヤング率と呼ばれる）．

$$\text{フックの法則} \quad \sigma = Y\varepsilon \tag{i}$$

棒のようなものを縦にして引っ張ってみると，確かに，縦方向には，このフックの法則が多くの材料について成立しているのを確かめることができる．しかし，棒の変形をよく見てみると，棒の縦伸びと同時に，棒の断面積の収縮も観察できる．フックの法則は，「物質の変形は力の作用による」ということであった．しかし，棒は縦方向のみに引っ張られているのであって，断面方向，すなわち横方向には外からは何の力も作用していない．すなわち，横方向には力の作用なくして変形が生じることになり，これでは，フックの法則に反することになる．

19 世紀の初頭から約一世紀にまたがって，弾性係数論争が繰り広げられている．これは，先に述べた「力が作用していない横方向の変形はフックの法則に反する」とする問題と関連している．断面の変形，すなわち横方向の変形をどう説明するかが問題となり，弾性係数がヤング率に加えてもう一つ必要ではないか，という議論が生じたのである．これに，ポアソンが，断面の変形は，棒の伸びに比例して現れると説明し，比例定数としてポアソン比νを導入した．このことによって，ヤング率に加えて，ポアソン比という係数が現れて，弾性係数は合計２つとなった〔その後，２つの係数は，別の２つの弾性係数（せん断弾性係数と体積弾性係数）に置き換えることができることが示されている〕．１世紀ほどの論争を経て，現在の材料の古典的力学においては，２つの弾性係数が必要との認識に落ち着いている．

しかし，よく考えてみると，横歪みが縦歪みから予測されることは分るのだが，そもそもの問題，「横歪みは，何の力によるものか」に応えていない．力の存在は分からないが，変形量は分かることになっている．すなわち，２つの弾性係数を導入する現在のフックの法則は，実は「フックの法則」を成していない．2000 年頃に，著者はこのことに気づいた．思考に思考をつづけ，著者は，フックの法則に拘わる弾性係数は１つであるという結論に達する（2005 年）．

$$\text{仲座によるフックの法則}\quad \sigma = -p + 2E\varepsilon \tag{ii}$$

フックの法則に，「弾性」に加えて「圧力p」が存在することの発見である．加えて，弾性応力がただ１つの弾性係数をもって新たに定義された．圧力は，材料の密度と体積の存在から現れる．

近代材料力学の父と位置付けられる Navier は，「弾性係数はただの１つでなければならい」と主張し続けた（1823 年頃）．これに，ポアソンやコーシーらが賛同している．式(ii)はこのことを具現化している．

式(ii)は，右辺に弾性応力の項のみを残して，次のように書ける．

$$\sigma + p = 2E\varepsilon \tag{iii}$$

棒の縦軸方向の引っ張りに対して，「σ」の作用のみではなく，圧力「p」

の作用も存在することの発見である．横方向（断面方向）には，$\sigma = 0$ であるが，$p = 2E\varepsilon$ となり，圧力によって変形が生じることが明らかにされる．圧力の等方性によって，等方的な変形が引き起こされる．これがポアソンの見た横方向変形である．Navier が求めた材料の力学は，二世紀を経て最終的な形に確立されている．

対して，従来の弾性理論は，以下の式を基本としている．

フックの法則 $\sigma_1 = Y\varepsilon_1$ (iv), ポアソン比の導入 $\epsilon_2 = \epsilon_3 = -\nu\epsilon_1$ (v)

ここに，Yはヤング率，νはポアソン比を表す．これらに対して，２つの弾性係数を導入する場合もあるが，本質は同じである．

従来の関係式(iv)及び(v)をよく見ると，等方性材料に対して，前者は「応力の作用で歪みが生じる」となり，後者は「応力の作用に無関係に歪みが生じる」という形になっているので，両者は互いに相反する意味を有していることになる．式(v)は応力に直接拘わらずして変形が生じることを意味しており，力学を成していない．したがって，数値計算などで，応力の分布及び歪み分布を得たとしても，それらは一般に互いに異なる分布形を示す．このとき，いずれの分布形を材料が受けている力学的状態として評価してよいものかが分からなくなってしまう．

仲座が示した弾性理論，すなわちフックの法則は，次の通りである．

$$\text{フックの法則}\ \sigma_{ij} + p\delta_{ij} = 2E\varepsilon_{ij} \tag{vi}$$

あるいは,

$$\text{弾性応力}\ \tau_{ij} = 2E\varepsilon_{ij} \tag{vii}$$

$$\text{圧力の状態方程式}\quad p = 2E\varepsilon_p \tag{viii}$$

すなわち,

$$\text{フックの法則}\ \sigma_{ij} = -p\delta_{ij} + \tau_{ij} \tag{ix}$$

ここに，τ_{ij}は弾性応力テンソル，ε_{ij}は歪みテンソル，Eは唯一の弾性係数，pは圧力，ε_pは圧力が引き起こす等方歪を表す．

材料は応力σ_{ij}と圧力pとを同時に受ける．式(vii)及(viii)は，従来の弾性理論が示す式(iv)や式(v)の設定が誤りであり，ポアソン効果は式(viii)によってフックの法則に則って現れるものであることを示している．材料が受けている弾性応力分布は$2E\varepsilon_{ij}$で与えられ，歪み分布ε_{ij}と相対的にまったく同じものとなる．材料が受けている応力状態としては，新たな定義による弾性応力分布と圧力分布とが同時に示されことになるが，圧力分布（密度分布や温度分布の影響を表す）と弾性応力分布とは，材料が受けている応力状態を相補的に表す．

すなわち，弾性力学，あるいは材料力学とは，応力σと歪みεの関係を明らかにするものではなく，圧力p及び弾性応力τ，それぞれの分布特性を明らかにする（分析する）力学であったことになる．

フックは，バネに対してフックの法則を見出し，その他の材料についても，同じ法則が適用されることを見出したとされるが，それが式(iv)なら，それは誤っていたことになる．また，当時 Navier が主張し続けた「弾性係数はただの 1 つに限られる」としたことは，正しかったことがここに結論される．

剛体バネモデルや個別要素法など，破壊力学においては，材料の弾性の基本特性を表すのに弾性バネの導入が通常行われている．こうしたモデルにおいては，従来の式(iv)や式(v)の存在を念頭に，モデル化が行われている．すなわち，式(vii)に見る圧力p及び新たな定義による弾性応力$2E\varepsilon_{ij}$のモデル化ができていない．したがって，従来の破壊力学に，仲座の提案する圧力の存在と新たな弾性応力の定義とを取り入れた改良が期待される．

4. 角運動量を伴う運動

計測される時間及び距離の定義

前章までにおいては，重力の作用下で，物体が静止もしくは基準座標系（極座標）の半径方向に運動する場合を主に取り扱った．ここでは，物体が円周方向の運動を伴う（すなわち，角速度を伴う）場合について議論する．本章においては，人工衛星の運動のような周回軌道上の運動の問題からはじめて，彗星の近日点の移動の問題にまでも議論を展開する．

議論を始める前に，重力場で静止している観測者に計測される時間及び距離に関して混乱を避けるために，再度注意深く定義しておかなければならない．

球対称座標を用いるシヴァルツシルトの線素（外部解）は，次のように書ける（公式[6]）．

$$(d\tau)^2 = \left(1 - \frac{2M}{r}\right)(dt)^2 - \left(1 - \frac{2M}{r}\right)^{-1} dr^2 - r^2 d\theta^2 \qquad (1)$$

式(1)は，質量Mが存在しない場合，もしくは$r \to \infty$となる空間において，次のように書ける．

$$(d\tau)^2 = (dt)^2 - dr^2 - r^2 d\theta^2 \qquad (2)$$

まず，式(2)に着目すると，それは特殊相対性理論で定義される新ローレンツ変換を与える．すなわち，静止系及び運動系における光の伝播が示す位相の関係を表す．球対称な極座標を用いるとき，$(dr, d\theta)$は空間における運動系の微小な移動量を表し，dtはこの間の微小時間経過を表す．同時に，この微小時間は，静止系から運動系に向けて放った光が静止系の観測者に観測されるときの伝播時間にも対応する．一方，経過時間$d\tau$は，運動系の座標原点にいる観測者に計測される静止系の放った光の運動系における伝播時間を表す．

運動系の微小移動量が，一定速度ベクトル$\boldsymbol{v}$の下に$\boldsymbol{v}t$と与えられるとき，式(2)は，次式を与える．

$$(d\tau)^2 = (dt)^2 - (|\boldsymbol{v}|dt)^2 \tag{3}$$

すなわち，

$$d\tau = \sqrt{1 - v^2}dt \tag{4}$$

ここに，vは速度ベクトルの大きさを表し，$v = |\boldsymbol{v}|$と与えられる．

式(3)を直観的に見ると，右辺の第一項は静止系から運動系に向けて放たれた光の伝播距離に対応し，第二項はその間に運動系の動いた距離に対応する．したがって，右辺は光の伝播した距離から運動系の移動距離を差し引いた分に対応する．よって，左辺は，静止系から運動系に届いた光が，運動系内を伝播した距離に対応することになる．ただし，両辺とも各項には２乗がかかっており，単に距離の引き算にはなっていないことに注意が必要である．

上述の直観的な説明で着目すべきことは，相対性理論の根幹を成す基礎式が，「静止系から運動系に向けて光を放つ」という基本設定に基づいて構築されているという点にある．その結果，相対性理論は，静止系における光の伝播距離の設定が物理量を議論する上での基準となる．

式(3)が単に距離の引き算になっていないのは，静止系から放たれた光の伝播が，運動系の観測者に観測されるとき，その光の伝播に，振動数の２次シフト（redshift）が現れるということを表していることによる．このことを表すのが，式(4)である．したがって，設定される空間において，光の伝播が式(3)及び式(4)で表される性質を持つことが，質量Mが存在しない場合や，質量Mが存在したとしてもその影響が無視できる遠方場（$r \to \infty$となる場合）における式(1)の振る舞いとなる．

上述のような式(1)の持つ特殊相対性理論的な性質を理解した上で，次に，質量Mの存在が有意となる場合について考える．

式(1)において，時間t及び(r, θ)はそれぞれ，質量Mが存在しない場で計測される時間及び空間座標である．そのような計測時間及び空間において運動系がdt時間内に空間を$(dr, d\theta)$だけ移動する．一方，そのような観測結果が，重力が作用する場において，どのような関係式に支配されるものとなるのかを表すのが，式(1)である．

質量Mが存在する場で（すなわち，重力が作用する場で），静止している観測者が光の伝播を観測すると，それには次式で示すように重力赤方偏移（gravitational redshift）が観測される．

$$d\tau = (1 - 2M/r)^{1/2} dt \tag{5}$$

ここに，$d\tau$は，重力場で静止している観測者に計測される光の伝播時間を表す．これに対応して，dtは重力が作用しない場を伝播する光の伝播時間を表す．

この重力場で静止している観測者に観測される光の伝播時間を以下にプライムを付けてdt'と書く．このとき，光を用いて計測される半径方向の距離は，dr'で表される．また，角度変化については，$d\theta'$と書かれることになるが，シヴァルツシルトの解は，計測される角度変化に重力の作用の影響を受けないため，通常そのまま$d\theta$をもって表される．

したがって，式(5)は，次のように表される．

$$dt' = (1 - 2M/r)^{1/2} dt \tag{5'}$$

半径方向の計測距離についても，重力赤方偏移の影響を受けて，式(1)より，次のように与えられる．

$$dr' = (1 - 2M/r)^{-1/2} dr \tag{6}$$

式(5′)あるいは式(5)については，観測者が静止していることから，式(1)で$dr = 0$及び$d\theta = 0$（位置に変動がない）と設定して得られる．式(6)は，半径方向の２点間の距離の同時計測となる条件，$dt = 0$及び$d\theta = 0$，$d\tau^2 = -dr'^2$を式(1)に与えて得られる．式(5′)及び式(6)は，それぞれ公式[7]及び[8]に対応する．

前章で計算したように，重力場において，原子時計などを用いて時間計測を行うと，原子時計の時間計測の原理に電磁波の振動や伝播が関係することから，計測される時間には，一般に重力赤方偏移が現れて，式(5′)に見る時間t'が計測される．すなわち，原子時計は，重力が存在しない場での計測時tとは異なる時間経過を示す．したがって，地上の原子時計は通常それが設置される標高（重力の強さ）によって異なる時間経過を示す．

次に，重力場で観測者が移動しながら光の伝播を計測すると，その光が示す時間経過は，重力が作用しない場合の伝播時間dtとは異なり，式(1)の左辺に見る時間経過$d\tau$を示す．このとき，半径方向に測る移動距離（もしくは，光の伝播距離）は，式(1)の右辺第二項で与えられる．角度方向の移動量は第三項で表される．

従来のアインシュタインの相対性理論においては，実際の時間や空間が「歪む」と定義される．しかし，新相対性理論においては，実際の時間と空間は不変的な量を成し，物理的に定義される不変的な時間の単位と距離の単位とをもって定義される．それが，時間tであり，空間座標(r, θ)である．このような時間及び空間座標を持つ系をここでは基本座標系と呼ぶ．これに対して，重力場で静止している観測者に計測される時間や半径方向の長さは，(t', r')とプライムを付けて表される．一方，重力場を移動する運動系の観測者の測る時間はτで表される．

したがって，地上の原子時計が標高の違いによって異なる時間経過（遅れ）を示すことは，その時間計測に不変的な時間の単位を用いていることの証となる．

質量Mの存在下で静止している観測者には，その近傍において，運動系の運動は一般の座標系の測地線に沿う自由運動となるため，その静止している観測者から観測される局所的な運動系の移動に対しては，特殊相対性理論が成立し，次式が与えられる．

$$(d\tau)^2 = (dt')^2 - (dr'^2 + r'^2 d\theta'^2) \tag{7}$$

ここに，$d\tau$は，重力場を運動する運動系の観測者に計測される光の伝播時間を表す．一方，右辺に示すプライムの付く時間及び空間の変化量は，重力場に静止している観測者の計測する時間経過及び運動系の移動量を表す．

以上の定義によって，重力場において，光測量に基づいて，静止している観測者の測る時間経過及び運動系の移動量は，物理量にプライムを付けてdt'及び($dr', d\theta', d\phi'$)などで表される．これに対して，重力場で運動系となる観測者に計測される時間経過や場所の移動量には，$d\tau$及び($d\xi, d\eta, d\zeta$)などが用いられる．一方，基本座標系として，重力が作用しない場合に計測される時間及び空間については，dt及び($dr, d\theta, d\phi$)が用いられる．

式(1)において，粒子の移動量を光の伝播距離に置き換えるとき，式(1)は重力場における光の伝播を規定する方程式となる．このとき，式(1)の左辺はゼロ（ヌル）となり，光のヌル伝播と呼ばれる．

従来のアインシュタインの相対性理論においては，粒子の運動，光の伝播は，歪んだ４次元の時空に無条件に従った運動や伝播となる．一方，新相対性理論においては，光測量に基づいて，それぞれの観測者に計測される時間及び距離によって表される運動方程式及びエネルギー保存則など，力学的関係式に則って粒子の運動及び光の伝播が決定される．このとき，実際の空間は３次元のデカルト座標系を持って表すことができ，時間は空間に独立して存在する．すなわち，独立した時間と３次元の空間に，光測量（電磁波を用いた計測）によって計測される時間及び空間が４次元の時空をなして，先の３次元空間にはめ込まれた存在となる．

これを数学的多様体の言葉を借りて説明するのなら，実在としての R^3 の多様体（空間）に相対論的計量を持つ４次元の局所的かつ仮想的な R^4 多様体（光など電磁波観測に現れる局所的４次元の時空，すなわち数学的取扱いの便宜上導入される架空の４次元時空）がはめ込まれていると表現できよう．

人工衛星の周回軌道上の振る舞い

上で議論した内容にしたがって，重力場の人工衛星のように周回軌道上を一定速度で運動する観測者の計測する光の伝播時間は，式(1)の左辺に示すτで与えられる．

したがって，物体が極座標の半径方向にrだけ離れた位置で角度θ方向に角速度を持つとき，運動系の設定する角運動量は，次のように定義される．

$$L = mr\left(r\frac{d\theta}{d\tau}\right) \tag{8}$$

ここに，mは運動物体の質量，Lは角運動量，$d\theta/d\tau$は角速度を表す．ここで取り扱う球対称座標においては，シヴァルツシルトの式(1)が示すように，角度変化に重力の影響を受けないため，無重力の場合の角度変化$d\theta$として取り扱われる．

角運動量が式(8)のように定義されるとき，運動の軌跡を表す曲線の接線方向の速度v_tは，運動系に対して，次のように与えられる．

$$v_t = r\frac{d\theta}{d\tau} \tag{9}$$

角速度はv_θで表されて，

$$v_\theta = \frac{d\theta}{d\tau} \tag{10}$$

と書ける．

式(8)にしたがって，単位質量当たりの角運動量が，運動系に対して次のように定義される．

$$\frac{L}{m} = r^2\frac{d\theta}{d\tau} \tag{11}$$

前章までの説明においては，「一般の座標系の測地線上を真っすぐに進む運動」ということがいかような運動法則をもたらすものとなるのかが議論されて，それが次のように，全エネルギーの保存則を与えることが示された．

$$\frac{E}{m} = \left(1 - \frac{2M}{r}\right)\frac{dt}{d\tau} = Const. \tag{12}$$

また，角速度を伴うような運動に対しては，次に示す角運動量の保存則が与えられた．

$$\frac{L}{m} = r^2 \frac{d\theta}{d\tau} = Const. \tag{13}$$

時間経過が微小であることを前提に，式(1)は次のように書ける．

$$(\tau)^2 = \left(1 - \frac{2M}{r}\right)(t)^2 - \left\{\left(1 - \frac{2M}{r}\right)^{-1} r^2 + r^2\theta^2\right\} \tag{14}$$

以上が，重力場で，並進運動及び角速度を伴う運動に対する基礎式を成す．

式(13)より，

$$\frac{d\theta}{d\tau} = \frac{\frac{L}{m}(= Const.)}{r^2} \tag{15}$$

あるいは，

$$d\theta = \frac{\frac{L}{m}(= Const.)}{r^2} d\tau \tag{16}$$

が与えられ，角速度は質量中心から半径方向に遠い物体ほど小さく，質量中心に近いほど大きくなることが示される．式(15)及び式(16)において，$L/m(= Const.)$は，L/mが$Const.$（一定値）となることを表す．

重力場で静止している観測者によって打ち上げられた人工衛星の挙動追跡

式(5′)あるいは，公式[6]より，重力場で静止している観測者の測る時間経過t'と基本座標系（無重力系）で測る時間経過tとの関係は，次のように与えられる．

$$\frac{dt}{dt'} = \left(1 - \frac{2M}{r}\right)^{-\frac{1}{2}} \tag{17}$$

一方，式(12)は，次のように変形される．

$$\frac{E}{m} = \left(1 - \frac{2M}{r}\right)\frac{dt}{d\tau} = \left(1 - \frac{2M}{r}\right)\frac{dt}{dt'}\frac{dt'}{d\tau} \tag{18}$$

以上より，次式を得る．

$$\frac{E}{m} = \left(1 - \frac{2M}{r}\right)\left(1 - \frac{2M}{r}\right)^{-\frac{1}{2}}\gamma'_0 = \left(1 - \frac{2M}{r}\right)^{\frac{1}{2}}\gamma'_0 \tag{19}$$

ここに，γ'_0は特殊相対性理論におけるローレンツ係数を表し，運動系の速度をv'_0とするとき，$\gamma'_0 = \left(1 - {v'_0}^2/c^2\right)^{-1/2}$で与えられる．

このとき，

$$\frac{dt'}{d\tau} = \gamma'_0$$

である．

次に，全エネルギー及び角運動量の保存式より，

$$dt = \left(\frac{E}{m}\right)\left(1 - \frac{2M}{r}\right)^{-1} d\tau \tag{20}$$

$$d\theta = \left(\frac{L}{m}\right) r^{-2} d\tau \tag{21}$$

などが与えられるが，さらに半径方向の運動の予測ができるとき，人工衛星の追跡が可能となる．

このことに関しては，式(1)すなわち公式[6]より，

$$d\tau^2 = \left(1 - \frac{2M}{r}\right)dt^2 - \left(1 - \frac{2M}{r}\right)^{-1} dr^2 - r^2 d\theta^2 \tag{22}$$

ここで，$d\tau$の項を右に，drの項を左辺に移動し，

$$\left(1 - \frac{2M}{r}\right)^{-1} dr^2 = \left(1 - \frac{2M}{r}\right)dt^2 - d\tau^2 - r^2 d\theta^2 \tag{23}$$

さらに，式(20)を導入して，

$$\left(1-\frac{2M}{r}\right)^{-1}dr^2=\left(1-\frac{2M}{r}\right)\left\{\left(\frac{E}{m}\right)^2\left(1-\frac{2M}{r}\right)^{-2}d\tau^2\right\}$$
$$-d\tau^2-r^2\left\{\left(\frac{L}{m}\right)/r^2\right\}^2d\tau^2$$

すなわち，

$$dr^2=\left[\left(\frac{E}{m}\right)^2-\left(1-\frac{2M}{r}\right)\left\{1+\left(\frac{L}{mr}\right)^2\right\}\right]d\tau^2 \tag{24}$$

よって，次式を得る．

$$dr=\pm\left[\left(\frac{E}{m}\right)^2-\left(1-\frac{2M}{r}\right)\left\{1+\left(\frac{L}{mr}\right)^2\right\}\right]^{\frac{1}{2}}d\tau \tag{25}$$

式(25)の右辺[ ]内の第一項は無次元全エネルギーを表し，第二項は有効ポテンシャルを表す．式(25)において，$dr=0$に対しては，半径方向の動きが無くなることから，方向転換などを意味する．

以上で得られたE/m及びL/mの値を式(25)，式(20)及び式(21)に導入して，数値積分によって，人工衛星の位置を確定することができる．例えば，式(25)は，一種の運動方程式でありまた，エネルギー保存則でもある．一方，式(21)は，角運動量保存則である．こうして，粒子の運動は，厳として力学的法則に従って運動していることを確認できる．

運動エネルギー・位置エネルギー・全エネルギー

式(24)より，

$$\left(\frac{dr}{d\tau}\right)^2=\left(\frac{E}{m}\right)^2-\left(1-\frac{2M}{r}\right)\left\{1+\left(\frac{L}{mr}\right)^2\right\} \tag{26}$$

よって，一般相対性理論における有効ポテンシャルが，次のように定義される．

$$\left(\frac{V}{m}\right)^2=\left(1-\frac{2M}{r}\right)\left\{1+\left(\frac{L}{mr}\right)^2\right\} \tag{27}$$

式(26)は，次式を与える．

$$\left(\frac{dr}{d\tau}\right)^2=\left(\frac{E}{m}\right)^2-\left(\frac{V}{m}\right)^2 \tag{28}$$

この式の左辺は運動エネルギーに対応する．右辺第一項は全エネルギーを表し，第二項が有効ポテンシャルエネルギーを表す．

式(27)より，高次の項を省略して，

$$\left(\frac{V}{m}\right)^2\approx 1-\frac{2M}{r}+\left(\frac{L}{mr}\right)^2 \tag{29}$$

これより，次の近似式を作ることができる．

$$\frac{V}{m}\approx\left[1+\left\{-\frac{2M}{r}+\left(\frac{L}{mr}\right)^2\right\}\right]^{1/2} \tag{30}$$

さらなる近似で，次式を得る．

$$\frac{V}{m}\approx 1+\frac{1}{2}\left\{-\frac{2M}{r}+\left(\frac{L}{mr}\right)^2\right\} \tag{31}$$

この式の，右辺第一項は光速度を明示するとき，mc^2を与えて，光速度で運動する粒子の運動エネルギーを表す．第二項はニュートン力学における有効ポテンシャルに一致する．すなわち，式(27)に示す一般相対性理論の有効ポテンシャルは，式(31)の右辺第一項に示す光速度を持つ粒子の運動エネルギーを基準としたポテンシャルエネルギーを近似として与える．これは，相対性理論が光など電磁波観測による時間及び距離に基づいて構築されているという新相対性理論の根幹に起因している．

ニュートン力学による有効ポテンシャルの復習

ニュートン力学によれば，全エネルギーは，次のように運動エネルギーとポテンシャルエネルギーの和で与えられる．以下，有次元で展開を進める．

$$\frac{E}{m}=\frac{1}{2}v^2-G\frac{M}{r} \tag{32}$$

速度の２乗に関しては，半径方向の速度と円周方向の速度に対して，次のように与えられる．

$$v^2=\left(\frac{dr}{dt}\right)^2+\left(r\frac{d\theta}{dt}\right)^2=\left(\frac{dr}{dt}\right)^2+\left(\frac{L^2/m^2}{r^2}\right) \tag{33}$$

これより，式(32)は，

$$\frac{E}{m}=\frac{1}{2}\left(\frac{dr}{dt}\right)^2+\left\{-G\frac{M}{r}+\frac{1}{2}\left(\frac{L^2/m^2}{r^2}\right)\right\} \tag{34}$$

すなわち，

$$\frac{1}{2}\left(\frac{dr}{dt}\right)^2=\frac{E}{m}-\left\{-G\frac{M}{r}+\frac{1}{2}\left(\frac{L^2}{m^2r^2}\right)\right\} \tag{35}$$

これを，無次元量に変更して，次式を得る．

$$\frac{1}{2}\left(\frac{dr}{dt}\right)^2=\frac{E}{m}-\left\{-\frac{M}{r}+\frac{1}{2}\left(\frac{L^2/m^2}{r^2}\right)\right\} \tag{36}$$

これより，ニュートン力学における有効ポテンシャルが，次のように定義される．

$$\frac{V}{m}=-\frac{M}{r}+\frac{1}{2}\left(\frac{L^2/m^2}{r^2}\right) \tag{37}$$

この式の右辺第一項は，重力による引力に対応し，第二項は遠心力に対応する．遠方場では第一項が勝り，質量近傍では第二項が勝る．標高の違いによる原子時計の相対論的な計測時の遅れについては，第一項の重力及び第二項の遠心力の作用の両方が一般相対性理論の効果として拘わることになる．

以上より，運動エネルギーについては，次のように与えられる．

$$\frac{1}{2}\left(\frac{dr}{d\tau}\right)^2 = \frac{E}{m} - \frac{V}{m} \tag{38}$$

式(37)に示すニュートン力学によって決定される有効ポテンシャルは，式(31)の右辺第二項に示す力学的有効ポテンシャルに一致する．

計算例１　（人工衛星の質量引力からの脱出の可否）

これまで得られた基礎式に対して，具体的に数値を代入し計算を行う．

$r_0 = 10M$の位置において，重力場で静止している観測者（静止系となる）によって，半径方向に対して直角な方向に，$v' = 0.5$の速度で投じられた人工衛星（運動系となる）の角運動量や，質量Mの引力からの衛星の脱出可能性などについて検討する．ただし，v'は，重力場で静止した観測者の観測する円周方向の速度（接線速度）を表す．

速度v'については，次のように設定される．

$$v' = \frac{ds'}{dt'} = 0.5 \tag{39}$$

ここに，ds'及びdt'は，それぞれ重力場で静止している観測者の観測する円周方向の微小な移動距離及び微小な時間経過を表す．

重力場で静止している観測者の観測する光の伝播時間とその観測者の近傍を自由運動する運動系とには，特殊相対性理論によって，次の関係が与えられる．

$$\frac{E}{m} = \frac{dt'}{d\tau} = \gamma'_0 = (1 - v'^2)^{-\frac{1}{2}} = (1 - 0.5^2)^{-\frac{1}{2}} = 1.155 \tag{40}$$

ここに，γ'_0は重力場に静止している観測者の測定するローレンツ係数を表す．

ここで，

$$ds' = r_0 d\theta$$

$$\frac{dt'}{d\tau} = \gamma'_0 \tag{41}$$

と置いて，

$$\frac{L}{m} = {r_0}^2 \frac{d\theta}{d\tau} = \left({r_0}^2 \frac{d\theta}{dt'}\right)\frac{dt'}{d\tau} \tag{42}$$

すなわち，

$$\frac{L}{m} = r_0 \frac{ds'}{dt'}\gamma'_0 = r_0\gamma'_0 v' \tag{43}$$

したがって，

$$\frac{L}{m} = r_0\gamma'_0 v' = 10M \times 1.155 \times 0.500 = 5.755M \tag{44}$$

公式[7]より，

$$\frac{dt}{dt'} = \left(1 - \frac{2M}{r}\right)^{-\frac{1}{2}} \tag{45}$$

すなわち，

$$dt = \left(1 - \frac{2M}{r}\right)^{-\frac{1}{2}} dt' \tag{46}$$

$r = r_0$において，

$$\frac{E}{m} = \left(1 - \frac{2M}{r_0}\right)\frac{dt}{d\tau} \tag{47}$$

これに，式(41)及び(46)を導入して，次式を得る．

$$\frac{E}{m} = \left(1 - \frac{2M}{r_0}\right)\frac{dt}{dt'}\gamma'_0 = \left(1 - \frac{2M}{r_0}\right)\left(1 - \frac{2M}{r_0}\right)^{-\frac{1}{2}}\gamma'_0 \qquad (48)$$

ここで，実際に数値を代入してみると，

$$\frac{E}{m} = \left(1 - \frac{2M}{r_0}\right)^{\frac{1}{2}}\gamma'_0 = (1 - 0.2)^{\frac{1}{2}} \times 1.155 = 1.033 > 1 \qquad (49)$$

E/mは保存量であり，質量中心から無限に離れた位置においても，式(49)の関係は成立し，以下の関係が成立することになる．

$$E > m \qquad (50)$$

すなわち，人工衛星は質量Mの引力から脱出可能との判断が下される．

計算例 2　（人工衛星の打ち上げ）

図-1 に示すように，基準系の座標において，半径r_0，角度θの位置に静止している観測者によって，初速度v'でr軸から角度θ'_0方向に打ち上

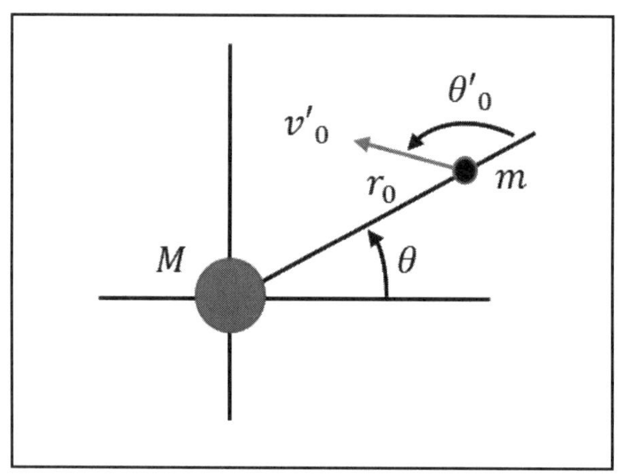

図-1 重力の作用下で，半径方向からθ'_0方向に打ち上げられる人工衛星

げられる人工衛星について，単位質量当たりの角運動量L/mを求める．

まず，角度θ'_0方向にある初速度v'を，角度θを用いた速度v'_θに次のように変換する．プライムの付く物理量は，すべて重力下で静止している観測者に計測されるものである．

$$v'_\theta = \frac{r_0 d\theta}{d\tau} = v'_0 \cdot \sin\theta'_0 \tag{51}$$

$$\frac{d\tau}{dt'} = \sqrt{1 - {v'_0}^2} = 1/\gamma'_0 \tag{52}$$

よって，

$$\frac{L}{m} = \frac{{r_0}^2 d\theta}{d\tau} = r_0 \frac{dt'}{d\tau}\left(r_0 \frac{d\theta}{dt'}\right) \tag{53}$$

$$\frac{L}{m} = r_0 \gamma'_0 (v'_0 \cdot \sin\theta'_0) \tag{54}$$

計算例 3　（人工衛星の周回周期）

重力場で静止している観測者の観測する人工衛星の周回周期をT'，周回速度をv'とするとき，人工衛星の動きについて，計算を行う．

1) 周回周期T'と周回速度v'は，次の関係式を満たす．

$$T' = \frac{2\pi r}{v'} \tag{55}$$

2) 周回周期T'は，人工衛星自身に対しては，

$$d\tau^2 = (1 - v'^2) dt'^2 \tag{56}$$

の関係より，

$$T_\tau = (1 - v'^2)^{\frac{1}{2}} T' \tag{57}$$

ここに，T_τは人工衛星自身が測る周回周期を表す．
3) L/mについては，

$$\frac{L}{m}=\frac{r^2 d\theta}{d\tau}=r^2\cdot\frac{v'}{r}=rv' \tag{58}$$

4) tとt'との関係は，公式[7]より，

$$t=\left(1-\frac{2M}{r}\right)^{-\frac{1}{2}}t' \tag{59}$$

5) $r=6M$（安定的な円軌道の最小径）となる軌道上で，$v'=0.5$となるのに対して，$M=5.0\times10^3\ m$として求める．

$$T'=2\pi\cdot\frac{6M}{v'}=3.770\times10^5\ (m) \tag{60}$$

$$T'_\tau=(1-v'^2)^{\frac{1}{2}}T'=3.265\times10^5\ (m) \tag{61}$$

$$\frac{L}{m}=\frac{r^2 d\theta}{d\tau}=r^2\cdot\frac{v'}{r}=rv'=1.5\times10^4\ (m) \tag{62}$$

$$T=\left(1-\frac{2M}{r}\right)^{-\frac{1}{2}}T'=4.617\times10^5\ (m) \tag{63}$$

人工衛星の安定な軌道の検討

式(27)より，一般相対性理論における有効ポテンシャルは，次のように与えられる．

$$\left\{\frac{V(r)}{m}\right\}^2=\left(1-\frac{2M}{r}\right)\left\{1+\left(\frac{L}{mr}\right)^2\right\} \tag{64}$$

ここで，表記をシンプルにするために，以下のような無次元量を導入する．

$$V^* \equiv V/m$$
$$r^* \equiv r/M$$
$$L^* \equiv \left(\frac{L}{m}\right)/M$$

このような無次元量が導入されることを認識した上で，以下においては，表記をさらにシンプルにして，変数の右肩に付く“＊”を省略することにする．

以上の説明によって，式(64)は次のように表される．

$$V^2 = (1 - 2/r)\{1 + L^2/r^2\} \tag{65}$$

運動軌道の不安定あるいは安定の判断を行うために，式(65)が半径のみの関数となっていることに注意して，その極値を求めると，次のようになる．

$$\frac{d}{dr}V^2 = \frac{2}{r^2}(1 + L^2/r^2) + (1 - 2/r)(-2L^2/r^3) \tag{66}$$

$$\frac{d}{dr}V^2 = \frac{2}{r^2} + \frac{2L^2}{r^4} - \frac{2L^2}{r^3} + \frac{4L^2}{r^4} \tag{67}$$

$$\frac{d}{dr}V^2 = \frac{2}{r^4}(r^2 - L^2 r + 3L^2) \tag{68}$$

有効ポテンシャルが極値を取る条件，すなわち$dV^2/dr = 0$ を満たす軌道半径が次のように与えられる．

$$r^2 - L^2 r + 3L^2 = 0 \tag{69}$$

$$r = \frac{L^2}{2}\{1 \pm (1 - 12/L^2)^{1/2}\} \tag{70}$$

この位置における有効ポテンシャルの性質を調べるために，式(68)の微分をさらに取り，

$$\frac{d^2}{dr^2}V^2 = -\frac{8}{r^5}(r^2 - L^2 r + 3L^2) + \frac{2}{r^4}(2r - L^2) \tag{71}$$

$$\frac{d^2}{dr^2}V^2 = \frac{2}{r^5}(-2r^2 + 3L^2 r - 12L^2) \tag{72}$$

ここで，式(69)の条件を導入して，

$$\frac{d^2}{dr^2}V^2 = \frac{2}{r^5}(L^2 r - 6L^2) = \frac{2L^2}{r^5}(r - 6) \tag{73}$$

ここで，有効ポテンシャルの２階微分の正負を調べるために，右辺に示す$(r-6)$について，その正負の判定を行う．

式(70)より，

$$r - 6 = \frac{L^2}{2}\left\{1 \pm (1 - 12/L^2)^{\frac{1}{2}}\right\} - 6 \tag{74}$$

$$r - 6 = \frac{L^2}{2}\left\{1 \pm (1 - 12/L^2)^{\frac{1}{2}} - 12/L^2\right\}$$

$$r - 6 = \frac{L^2}{2}\left\{(1 - 12/L^2) \pm (1 - 12/L^2)^{\frac{1}{2}}\right\}$$

$$r - 6 = \frac{L^2}{2}(1 - 12/L^2)^{\frac{1}{2}}\left\{(1 - 12/L^2)^{\frac{1}{2}} \pm 1\right\} \tag{75}$$

ここで，虚数を避けるためには，次なる条件が必要となる．

$$1 - \frac{12}{L^2} \geq 0 \tag{76}$$

このことに留意して，$r - 6$ の正値の判断を行う．

“±”に対して，“+”を採用するとき，

$$\left\{(1 - 12/L^2)^{\frac{1}{2}} + 1\right\} > 0 \tag{77}$$

が満たされる．

“±”に対して，“−”を採用するとき，

$$\left\{(1 - 12/L^2)^{\frac{1}{2}} - 1\right\} > 0 \tag{78}$$

を満たすためには，$(1 - 12/L^2)^{1/2} \geq 1$となり，これは式(76)によって満たされる．よって，安定軌道となるための最小半径が，$r = 6$（すなわち，$6M$）で与えられる．

安定的な円軌道上の人工衛星の速さと最小半径

重力場に静止している観測者がその近傍に見る運動系の運動は局所的には自由運動となり，重力場に静止している観測者の測る時間経過t'と人工衛星の時間τとの関係は，次のような特殊相対性理論の関係を満たす．

$$dt' = (1 - v'^2)^{-\frac{1}{2}} d\tau = \gamma' \tau \tag{79}$$

角運動量を知ることで，重力場に静止している観測者の測る速度v'を次のように知ることができる．

$$v' = r\frac{d\theta}{dt'} \tag{80}$$

これに式(79)を代入して，

$$v' = (1 - v'^2)^{\frac{1}{2}} \frac{1}{r}\left(\frac{r^2 d\theta}{d\tau}\right) = (1 - v'^2)^{\frac{1}{2}} \frac{1}{r}\left(\frac{L}{m}\right) \tag{81}$$

$$v' = (1 - v'^2)^{\frac{1}{2}} \frac{\left(\frac{L}{m}\right)/M}{\left(\frac{r}{M}\right)} = (1 - v'^2)^{\frac{1}{2}} \frac{L^*}{r^*} \tag{82}$$

$$v'^2 = (1 - v'^2) \frac{L^{*2}}{r^{*2}} \tag{83}$$

$$v'^2 = \frac{1}{\left(1 + \frac{L^{*2}}{r^{*2}}\right)} \tag{84}$$

式(69)の条件より，

$$r^{*2} - L^{*2} r^* + 3L^{*2} = 0 \tag{85}$$

$$\frac{r^{*2}}{L^{*2}} = r^* - 3 \tag{86}$$

よって，次のように安定な軌道上の速度が与えられる．

$$v'^2 = \frac{1}{(r^* - 2)} = \frac{1}{\left(\frac{r}{M} - 2\right)} = \left(\frac{M}{r}\right)\left(1 - \frac{2M}{r}\right)^{-1} \tag{87}$$

次に，最小半径について検討する．

安定的な軌道を与える$r = 6M$に対しては，式(70)より，

$$r = \frac{\left(\frac{L}{m}\right)^2}{(2M)} \left\{1 \pm \left(1 - 12M^2 / \left(\frac{L}{m}\right)^2\right)^{1/2}\right\} \tag{88}$$

が与えられて，虚数を作らない条件，式(76)から，

$$1 - \frac{12M^2}{\left(\frac{L}{m}\right)^2} \geq 0 \tag{89}$$

これより,

$$\left(\frac{L}{m}\right)^2 \geq 12M^2 \tag{90}$$

$$\frac{L}{m} \geq \sqrt{12}M \tag{91}$$

これより,最小の角運動量を与える場合に対して, $L/m = \sqrt{12}M$ が選択されて,

$$\pm(1 - 12M/(L/m)^2) = 0$$

が成立する.

よって,安定な最小径が,式(88)より,次のように与えられる.

$$r = \frac{\left(\frac{L}{m}\right)^2}{(2M)}(1 + 0) = 6M \tag{92}$$

次に,光速を超えない条件(この条件は,後に,計測限界条件として変更される)からは,式(87)より,

$$v'^2 = \left(\frac{M}{r}\right)\left(1 - \frac{2M}{r}\right)^{-1} \leq 1 \tag{93}$$

すなわち,

$$M \leq r - 2M \tag{94}$$

$$r \geq 3M \tag{95}$$

よって,最小半径は $3M$ と与えられる.

ここに,光速度を超えない条件が設定されたが,この条件は,特殊相対性理論における redshift の効果によって,静止系から運動系に届く光の振動数がゼロとなる限界を示すものである.相対性理論は光を用いた計測に立脚しており,このよう条件はその計測限界を与えている

に過ぎない．すなわち，相対性理論は，粒子速度が光速度を超えられないという限界を説明するものではない．よって，ここで与えた光速度を超えない条件は，光など電磁波を用いた計測限界条件として変更されなければならない．

安定軌道のニュートン解と一般相対性理論の比較

ニュートン力学においては，有効ポテンシャル$V(r)$は，式(37)より，次のように定義される．

$$\frac{V(r)}{m} = -\frac{M}{r} + \frac{\left(\frac{L}{m}\right)^2}{(2r^2)} \tag{96}$$

これより，

$$d\left(\frac{V}{m}\right) = \frac{M}{r^2} - \frac{\left(\frac{L}{m}\right)^2}{r^3} = 0 \tag{97}$$

よって，安定軌道は次のように与えられる．

$$r = \left(\frac{L}{m}\right)^2 / M \tag{98}$$

一方，一般相対性理論では，式(70)より，安定軌道に対して，

$$r = \frac{\left(\frac{L}{m}\right)^2}{(2M)} \left\{1 + (1 - 12M^2/(L/m)^2)^{1/2}\right\} \tag{99}$$

近似式を用いて，

$$r = \frac{\left(\frac{L}{m}\right)^2}{M} \{1 - 3M^2/(L/m)^2\} \tag{100}$$

これは，式(98)に示すニュートンの場合と比較される．

不安定軌道上の人工衛星の速さ

軌道が$r = 3M$上にあるときの速さを求める．式(87)より，

$$v'_{\theta}{}^{2} = \left(\frac{M}{r}\right)\left(1 - \frac{2M}{r}\right)^{-1} = \frac{M}{(3M)}\left(1 - \frac{2}{3}\right)^{-1} = 1 \tag{101}$$

$$d\tau = \sqrt{1 - v'_{S}{}^{2}}dt = 0 \tag{102}$$

$$\frac{L}{m} = \frac{rd\theta}{d\tau} \to \infty \tag{103}$$

周回周期は，式(102)より，

$$T_{\tau} = 0 \tag{104}$$

基準座標系から測る軌道上の速度は，式(17)を考慮して，

$$v_{\theta}{}^{2} = v'_{\theta}{}^{2}\left(1 - \frac{2M}{r}\right) = \frac{1}{3} \tag{105}$$

v_{θ}を有次元で与えると，

$$v_{\theta} = \frac{c}{\sqrt{3}} \tag{106}$$

ケプラーの第三法則

古典的な周回軌道上の運動速度は，

$$v_{\theta} = r\frac{d\theta}{dt} \tag{107}$$

で与えられる．

ここで，式(87)の適用を考えて，

$$v_\theta = \left(r\frac{d\theta}{dt'}\right)\frac{dt'}{dt} = v'\frac{dt'}{dt} \tag{108}$$

とおくと，v'^2に式(87)を，dt'/dtに公式[7]を適用して，

$$v'_\theta{}^2 = \left(\frac{M}{r}\right)\left(1-\frac{2M}{r}\right)^{-1}\left(1-\frac{2M}{r}\right) \tag{109}$$

よって，次式を得る．

$$v'_\theta{}^2 = \left(\frac{M}{r}\right) \tag{110}$$

周回周期については,

$$T = \frac{2\pi r}{v'} \tag{111}$$

したがって，ケプラーの第三法則「惑星の周期の２乗は，太陽からの平均距離の３乗に比例する」を次のように得る．

$$M = rv'_\theta{}^2 = r(r\omega)^2 \tag{112}$$

$$M = \omega^2 r^3 \tag{113}$$

すなわち,

$$M^1 = \omega^2 r^3 \tag{114}$$

ここに,

$$\omega = \frac{2\pi}{T} \tag{115}$$

ωは角速度と同時に，各振動数として定義される．

式(108)に示すケプラーの第三法則は，その指数の並びから 1-2-3 法則と呼ばれる．

彗星の近日点移動

まず，ニュートン力学によるポテンシャルで評価する.

式(36)〜式(38)より，ニュートン力学による全エネルギー，ポテンシャルエネルギー，運動エネルギーの関係が，次のように与えられる.

$$\frac{1}{2}\left(\frac{dr}{dt}\right)^2 = \frac{E}{m} - \left[-\frac{M}{r} + \frac{\left(\frac{L}{m}\right)^2}{(2r^2)}\right] = \frac{E}{m} - \frac{V}{m} \tag{116}$$

この中で，ポテンシャルエネルギーは，次のように与えられる〔式(37)参照〕.

$$\frac{V}{m} = -\frac{M}{r} + \frac{\left(\frac{L}{m}\right)^2}{2r^2} \tag{117}$$

ポテンシャルエネルギーが極値を取る条件は，

$$\frac{d}{dr}\left(\frac{V}{m}\right) = \frac{M}{r^2} - \frac{\left(\frac{L}{m}\right)^2}{r^3} = 0 \tag{118}$$

よって，安定な軌道半径が，次のように与えられる.

$$r = \frac{\left(\frac{L}{m}\right)^2}{M} \tag{119}$$

これは，式(98)を与える.

これより，角運動量については，

$$\left(\frac{L}{m}\right)^2 = rM \tag{120}$$

角速度と角運動量の関係より，

$$\frac{L}{m} = \frac{r^2 d\theta}{dt} = r^2 \omega_\theta \tag{121}$$

$$\left(\frac{L}{m}\right)^2 = r^4 {\omega_\theta}^2 \tag{122}$$

ここに，ω_θは角速度及び角振動数を表す.

よって，質量，角速度と安定半径との関係を次のように得る.

$$ {\omega_\theta}^2 = \frac{\left(\frac{L}{m}\right)^2}{r^4} = \frac{M}{r^3} \tag{123}$$

この式は以前説明した，ケプラーの第法則に関する1-2-3法則である.

次に，円軌道運動に関してr方向の運動は，次のような単振動の式で表せる.

$$r = r_0 \sin \omega t \tag{124}$$

このとき，単位質量当たりのポテンシャルエネルギーは,

$$V/m = \frac{1}{2}{v_\theta}^2 = \frac{1}{2}(r\omega)^2 \tag{125}$$

よって,

$$\frac{d^2}{dr^2}\left(\frac{V}{m}\right) = \omega^2 \tag{126}$$

ここで，式(125)及び式(126)の成立について確認しておく.

式(124)に示す単振動運動を規定するポテンシャル力を

$$f = kr$$

とおくと，それが成す仕事は次のように与えられる.

$$dW = krdr$$

よって，

$$W=\frac{1}{2}kr^2$$

単振動の周期Tをとおくと，

$$T=2\pi\sqrt{m/k}$$

よって，

$$W=\frac{1}{2}\omega^2r^2$$

が得られ，これがエネルギーとして保存される．これは，式(125)を成す．

一方，ニュートン力学に関して，ポテンシャルは式(117)，式(120)，式(123)より，

$$\frac{V}{m}=-\frac{M}{r}+\frac{\left(\frac{L}{m}\right)^2}{(2r^2)}=-\frac{\left(\frac{L}{m}\right)^2}{(2r^2)}=-r^2{\omega_\theta}^2 \tag{127}$$

式(126)の関係を求めるために，式(117)より，

$$\frac{d^2}{dr^2}\left(\frac{V}{m}\right)=-\frac{2M}{r^3}+\frac{3\left(\frac{L}{m}\right)^2}{r^4} \tag{128}$$

$$\frac{d^2}{dr^2}\left(\frac{V}{m}\right)=-\frac{2M}{r^3}+\frac{3}{r^4}(rM)=-\frac{2M}{r^3}+\frac{3M}{r^3}=\frac{M}{r^3}={\omega_r}^2 \tag{129}$$

よって，式(123)，すなわち 1–2–3 法則と式(129)より，

$${\omega_\theta}^2-{\omega_r}^2=\frac{M}{r^3}-\frac{M}{r^3}=0 \tag{130}$$

以上に見るように，ニュートン力学に従う古典的力学においては，半径方向の単振動と角度方向の単振動とは互いに調和していることが確かめられる．

一方，一般相対性理論においては，全エネルギー，運動エネルギー，ポテンシャルエネルギーの関係について，すでに式(26)～式(28)が与えられている．以下にそれらを再掲する．

$$\left(\frac{dr}{d\tau}\right)^2=\left(\frac{E}{m}\right)^2-\left(1-\frac{2M}{r}\right)\left\{1+\left(\frac{L}{mr}\right)^2\right\} \quad \text{再掲(26)}$$

$$\left(\frac{V}{m}\right)^2=\left(1-\frac{2M}{r}\right)\left\{1+\left(\frac{L}{mr}\right)^2\right\} \quad \text{再掲(27)}$$

$$\left(\frac{dr}{d\tau}\right)^2=\left(\frac{E}{m}\right)^2-\left(\frac{V}{m}\right)^2 \quad \text{再掲(28)}$$

式(26)を式(116)との比較のために，次のように与える．

$$\frac{1}{2}\left(\frac{dr}{dt}\right)^2=\frac{1}{2}\left(\frac{E}{m}\right)^2-\frac{1}{2}\left(1-\frac{2M}{r}\right)\left[1+\left(\frac{L}{m}\right)^2\frac{1}{r^2}\right] \quad (131)$$

$$\frac{U}{m}=\frac{1}{2}\left(1-\frac{2M}{r}\right)\left[1+\left(\frac{L}{m}\right)^2\frac{1}{r^2}\right] \quad (132)$$

$$\frac{1}{2}\left(\frac{dr}{dt}\right)^2=\frac{1}{2}\left(\frac{E}{m}\right)^2-\frac{U}{m} \quad (133)$$

有効ポテンシャルエネルギーの式(132)を展開して，

$$\frac{U}{m}=\frac{1}{2}-\frac{M}{r}+\frac{\left(\frac{L}{m}\right)^2}{2r^2}-\frac{M\left(\frac{L}{m}\right)^2}{r^3} \quad (134)$$

ニュートン力学においては，これが式(117)で与えられている．直接比較が可能なように，それを再度以下に示す．

$$\frac{V}{m} = -\frac{M}{r} + \frac{\left(\frac{L}{m}\right)^2}{2r^2} \qquad \text{再掲(117)}$$

極値を求めるために，式(134)を微分して，次式を得る．

$$\frac{d}{dr}\left(\frac{U}{m}\right) = \frac{M}{r^2} - \frac{\left(\frac{L}{m}\right)^2}{r^3} + \frac{3M\left(\frac{L}{m}\right)^2}{r^4} \tag{135}$$

ここで，$d(U/m)/dr = 0$と与えて，

$$\frac{M}{r^2} - \frac{\left(\frac{L}{m}\right)^2}{r^3} + \frac{3M\left(\frac{L}{m}\right)^2}{r^4} = 0 \tag{136}$$

$$r^2 - \frac{\left(\frac{L}{m}\right)^2}{M} r + 3\left(\frac{L}{m}\right)^2 = 0 \tag{137}$$

$$r = \frac{1}{2}\left\{\left(\frac{L}{m}\right)^2 / M \pm \sqrt{\frac{(L/m)^4}{M^2} - 12\left(\frac{L}{m}\right)^2}\right\} \tag{138}$$

$$r = \frac{\left(\frac{L}{m}\right)^2}{2M}\left\{1 \pm \sqrt{1 - 12M^2 / \left(\frac{L}{m}\right)^2}\right\} \tag{139}$$

ここで，±より＋を取り，

$$r_0 = \frac{\left(\frac{L}{m}\right)^2}{2M}\left\{1 + \sqrt{1 - \frac{12M^2}{(L/m)^2}}\right\} \tag{140}$$

$$2r_0M-\left(\frac{L}{m}\right)^2=\left(\frac{L}{m}\right)^2\left\{1-\frac{12M^2}{(L/m)^2}\right\}^{\frac{1}{2}} \tag{141}$$

両辺を２乗して，

$$(2r_0M)^2-4r_0M(L/m)^2+(L/m)^4$$

$$=\{(L/m)^4-12(L/m)^4M^2/(L/m)^2\}$$

$$(2r_0M)^2-4r_0M(L/m)^2=-12(L/m)^2M^2$$

$$4{r_0}^2M^2-4r_0M(L/m)^2+12(L/m)^2M^2=0$$

$$4{r_0}^2M^2-4\{r_0M-3M^2\}\left(\frac{L}{m}\right)^2=0 \tag{142}$$

$$\left(\frac{L}{m}\right)^2=\frac{{r_0}^2M}{(r_0-3M)} \tag{143}$$

式(135)をさらに微分して，

$$\frac{d^2}{dr^2}\left(\frac{U}{m}\right)=\frac{d}{dr}\left\{\frac{M}{r^2}-\left(\frac{L}{m}\right)^2\frac{1}{r^3}+3M\left(\frac{L}{m}\right)^2\frac{1}{r^4}\right\} \tag{144}$$

$$\frac{d^2(U/m)}{dr^2}=-\frac{2M}{r^3}+\left(\frac{3}{r^4}-\frac{12M}{r^5}\right)(L/m)^2$$

ここに，$r=r_0$と設定し，式(143)を用いて，

$$d^2(U/m)/dr^2=-\frac{2M}{{r_0}^3}+\frac{3}{{r_0}^4}(1-4M/r_0)\frac{{r_0}^2M}{r_0-3M}$$

$$d^2(U/m)/dr^2=\left(\frac{1}{r_0-3M}\right)\frac{1}{{r_0}^4}\{-2r_0(r_0-3M)M$$
$$+3(1-4M/r_0)({r_0}^2M)\}$$

よって，

$$\frac{d^2}{dr^2}\left(\frac{U}{m}\right) = M\frac{1}{{r_0}^3}\left(\frac{r_0 - 6M}{r_0 - 3M}\right) \tag{145}$$

式(129)より，

$${\omega_r}^2 = M\frac{1}{r^3}\left(\frac{r_0 - 6M}{r_0 - 3M}\right) \tag{146}$$

方位角方向の運動については，

$$\frac{L}{m} = \frac{r^2 d\theta}{dr} \tag{147}$$

ここで，式(12)より，

$${\omega_\theta}^2 = (d\theta/dt')^2 = {r_0}^{-4}(L/m)^2$$

式(143)を代入し，$r = r_0$を与えて，

$${\omega_\theta}^2 = {r_0}^{-4}\frac{{r_0}^2 M}{r_0 - 3M} = \frac{M}{{r_0}^2(r_0 - 3M)} \tag{148}$$

よって，

$${\omega_\theta}^2 - {\omega_r}^2 = (\omega_\theta + \omega_r)(\omega_\theta - \omega_r) \cong 2\omega_\theta(\omega_\theta - \omega_r) \tag{149}$$

$$\omega_\theta - \omega_r \cong \frac{({\omega_\theta}^2 - {\omega_r}^2)}{2\omega_\theta} \tag{150}$$

近似を等号で置き換えて，

$$\frac{(\omega_\theta - \omega_r)}{\omega_\theta} = \frac{({\omega_\theta}^2 - {\omega_r}^2)}{2{\omega_\theta}^2} \tag{151}$$

式(146)及び式(148)より，

$${\omega_\theta}^2 - {\omega_r}^2 = {r_0}^{-3}(r_0 - 3M)^{-1}\{(r_0 M) - (r_0 M - 6M^2)\} \tag{152}$$

ここで，

$$\omega_\theta{}^2 - \omega_r{}^2 = r_0{}^{-3}(r_0 - 3M)^{-1}6M^2$$

$$\omega_\theta{}^2 - \omega_r{}^2 = (6M/r_0)\{Mr_0{}^{-2}(r_0 - 3M)^{-1}\}$$

$$\omega_\theta{}^2 - \omega_r{}^2 = (6M/r_0)\omega_\theta{}^2 = (3M/r_0)(2\omega_\theta{}^2)$$

よって，次式を得る．

$$\frac{(\omega_\theta - \omega_r)}{\omega_\theta} = \frac{3M}{r_0} \tag{153}$$

計算例４ （彗星の近日点の移動量）

1） 彗星の軌道周期

$$彗星：T_C = 7.602 \times 10^6 \text{ s}$$

$$地球：T_E = 3.157 \times 10^7 \text{ s}$$

$$地球の１年を単位とするとき：T_C/T_E = 2.408 \times 10^{-1}$$

2） １世紀当たり彗星の回転数

$$n = 100/0.2408 = 4.153 \times 10^2$$

3） １世紀当たりの角度のずれ(rad)

$$太陽質量：M = 1.477 \times 10^3 \text{ m}$$

$$彗星の軌道半径：r = 5.80 \times 10^{10} \text{ m}$$

$$\frac{3M}{r}n = \frac{3 \times 1.477 \times 10^3}{5.80 \times 10^{10}} \times 360 \times 4.153 \times 10^2 = 1.142 \times 10^{-2}$$

4） １世紀当たりの移動秒角

$$1.142 \times 10^{-2} \times 3600 = 41.1''$$

以上に示すように，ここに示す移動秒角の計算値は1世紀当たりに41.1″を与える．実測値は，42.980″ ± 0.001″が得られており，さらに精度良い計算値は，42.98″を与えることから，計算値と実測値との一致度は極めて高い．

コラム20 流体運動の基礎方程式はいかに導かれたか

先のコラムで，等方性弾性体に対するフックの法則の弾性係数論争について説明した．実は，そのことは，流体の運動方程式に対しても関連している．流体の運動方程式をはじめて数学的に書き記したのは，オイラーEuler（1757）である．Euler は，同時に，質量保存則についても示している．Euler の質量保存則と運動方程式は，次のように書ける．

$$d\rho/dt = -\rho div\boldsymbol{v}$$

$$\rho d\boldsymbol{v}/dt = \rho\boldsymbol{X} - gradp$$

ここに，$\boldsymbol{v}$は速度ベクトル，ρは密度，pは圧力，$\boldsymbol{X}$は重力など外力加速度を表す．

Euler は，流体の運動に外力の作用に加えて，内部応力として圧力の存在を認め，それらによって流体運動が支配されると位置付けた．先のコラムで，著者は，等方弾性体の内部応力として**圧力**を位置付けたことについて触れたが，実は Euler は，すでに流体に対して，圧力が流体の運動を支配する応力の一つであることを位置付けていたことになる．Euler の後に，約 1 世紀を経て Navier が現れるのだが，彼が与えた流体の運動方程式には，内部応力に新たに粘性応力が追加されている．Navier が与えた運動方程式の粘性応力項は，さらに 1845 年に Stokes によって修正されて，現在，次に示す式が，実在の流体の運動方程式とされ，通常，Navier-Stokes 方程式と呼ばれている．

$$\rho d\boldsymbol{v}/dt = \rho\boldsymbol{X} - grad\bar{p} + \mu\nabla^2\boldsymbol{v} + 1/3\mu grad(div\boldsymbol{v})$$

しかし，Stokes が与えた圧力$\bar{p}$は，主応力の平均値の負値で与えられる**平均圧力**であり，そのため$\mathbf{1/3}$という係数がその象徴として式に現れている．

この問題は，2005 年，著者によって解決されて，現在，圧力pを持って表される以下の式が，仲座の運動方程式として提示されている．

$$\rho d\boldsymbol{v}/dt = \rho\boldsymbol{X} - gradp + \mu\nabla^2\boldsymbol{v} + \mu grad(div\boldsymbol{v})$$

Stokes の式の象徴であった係数 1/3 は取り払われかつ，圧力pが導入されている．

5. 光の伝播に及ぼす質量の影響

光及び重力波の伝播

公式[6]によって，光など電磁波の伝播，そして重力波の伝播に関して，シヴァルツシルト計量は，次のように与えられる．

$$(d\tau)^2 = \left(1-\frac{2M}{r}\right)(dt)^2 - \left\{\left(1-\frac{2M}{r}\right)^{-1} dr^2 + r^2 d\theta^2\right\} \tag{1}$$

式(1)では，質量Mの存在する場で静止している観測者が運動系に向けて放つ光の伝播に関する伝播時間及び伝播距離が静止系と運動系とでいかように観測されるものとなるのかが基本設定となっている．右辺第二項の{　}内は光の伝播で測定される運動系の移動距離の２乗に対応し，第一項は光の伝播距離の２乗に対応する．$(dr, d\theta)$及びdtは，質量Mが存在しない場合における運動系の移動量及び光の伝播時間を表す．左辺に示す$d\tau$は，質量Mの存在する場で静止系から放たれた光が運動系を伝播する際に運動系の観測者に計測される伝播時間を表す．

質量Mが存在しない場合，式(1)は次式を与える．

$$(d\tau)^2 = (dt)^2 - (dr^2 + r^2 d\theta^2) \tag{1'}$$

すなわち，特殊相対性理論の問題に帰結する．

質量Mが存在せず，式(1′)が成立する場合の系を以下に基準系と呼び，一般相対性理論を議論する上での基準として位置付ける．式(1′)の関係は，式(1)において，$r \to \infty$とした場合にも対応する．

質量Mの存在（すなわち，重力の存在）によって，光など電磁波は曲げられる．その曲げられ具合を一般の座標系の曲がり具合として捉え，その線素の式を数学的に架空の４次元時空として取り扱うのが式(1)の数学的な意味となる．しかし，物理的には，重力の作用するような場で光など電磁波を放つと，その電磁波がどのような伝播軌跡を示すかを表すのが式(1)となる．このとき，さらに重要なことは，式(1)は，光など電磁波の伝播のみではなく，重力の作用も一種の電磁波の伝播として捉えられるものであることを表しているところにある.

前章までの議論では，時間τは，重力場で，静止系から放たれた光が運動系内を伝播するときの伝播時間を表すものとして定義されてきた.光の伝播を運動系の移動と捉えるときは，運動系の移動量は光自身の伝播距離となり，静止系から届く光が運動系内を伝播する距離はゼロとなる．したがって,

$$d\tau = 0 \tag{2}$$

よって，式(1)は次のように与えられる.

$$0 = \left(1 - \frac{2M}{r}\right)(dt)^2 - \left\{\left(1 - \frac{2M}{r}\right)^{-1} dr^2 + r^2 d\theta^2\right\} \tag{3}$$

半径方向の光の伝播については，さらに$d\theta = 0$と与えて,

$$0 = \left(1 - \frac{2M}{r}\right)(dt)^2 - \left(1 - \frac{2M}{r}\right)^{-1} dr^2 \tag{4}$$

すなわち,

$$\left(1 - \frac{2M}{r}\right)(dt)^2 = \left(1 - \frac{2M}{r}\right)^{-1} dr^2 \tag{5}$$

あるいは,

$$\frac{dr}{dt} = \pm\left(1 - \frac{2M}{r}\right) \tag{6}$$

が得られる．これが，重力の作用下での光の伝播に対する相対論的運動方程式となる．この式は，質量の存在しない基準座標系から観測している場合に当たるため，右辺カッコ内の第二項に，質量の影響が現れている．第一項は速さの基準となる光の伝播速度を表す.

したがって，基準座標系(r, θ, t)を用いて，静止している観測者の見る「質量の存在する場での光の速さdr/dt」は，式(6)で表されて，一般

に1よりも遅くなる.

一方，方向角の方向への光の伝播に関しては，式(3)に$dr = 0$と与えて，

$$0 = \left(1 - \frac{2M}{r}\right)(dt)^2 - r^2 d\theta^2 \tag{7}$$

すなわち，

$$r^2 d\theta^2 = \left(1 - \frac{2M}{r}\right)(dt)^2 \tag{8}$$

あるいは，

$$\frac{rd\theta}{dt} = \pm\left(1 - \frac{2M}{r}\right)^{\frac{1}{2}} \tag{9}$$

これが，光の伝播に伴う角運動量を規定する相対論的運動法方程式となる．右辺カッコ内の第二項に質量の効果が現れている．第一項は，速さの基準となる光の伝播速度を表す.

したがって，基本座標系(r, θ, t)に静止している観測者に対しては，重力場における方向角の方向に伝播する光の速さについても，一般に1以下となる.

以上のように，基本座標系に立つ観測者の測る光の伝播は，質量Mの作用を受けて計測される．これに対して，重力場に静止している観測者がその光の伝播を眺めるとどのような光の伝播となって観測されるかを，以下に議論する.

重力場に静止している観測者（その立つ位置と時間は，基本座標系のr及びθをもって表され，時間はtをもって表される）が，観測者の近傍で局所的に見る粒子（光）の運動については，自由運動が観測されるため，特殊相対性理論によって，次のような関係式が与えられる.

$$(d\tau)^2 = 0 = (dt')^2 - \{dr'^2 + r^2 d\theta'^2\} \tag{10}$$

ここに，最右辺に見るプライムの付く時間及び位置の諸量は，重力場

で静止している観測者が光の伝播を用いて測る粒子（光）の移動時間及び移動距離を表す.

ここで，プライムの付く時間変化dt'及び位置変化$(dr', d\theta')$と式(1)に見るプライムのつかない時間変化dt及び位置変化$(dr, d\theta)$との相異に注意しなければならない．(1)に見るプライムのつかない時間変化dt及び位置変化$(dr, d\theta)$は，質量Mが存在しない場合に測定される時間変化及び位置変化を表す．対して，プライムのつく時間変化dt'及び位置変化$(dr', d\theta')$などの諸量は，質量Mが存在する場に静止している観測者が，原子時計や光測量によって測る時間変化及び位置変化などを表す.

計測時間がdt'やdtとなってそれぞれ異なって計測されるのは，光の伝播が質量Mの存在の影響を受けることによるもので，本来なら時間経過の計測値はいかような場にいる観測者にとっても絶対的に決められるものであるが，質量が存在する場での光の伝播時間や，原子時計などその原理に光が拘わるような計測器を用いた時間の計測の場合，計測される時間には質量Mの影響が現れる．このような測定値が，式(10)に見る時間変化dt'及び位置変化$(dr', d\theta')$である.

ここで,

$$ds'^2 = dr'^2 + r^2 d\theta'^2 \tag{11}$$

とおくと，式(10)は，次のように与えられる.

$$0 = (dt')^2 - ds'^2 \tag{12}$$

よって，重力場で静止している観測者が局所的に測る光の伝播速度は,

$$\frac{ds'}{dt'} = \pm 1 \tag{13}$$

と与えられて，一定速度cとなることが示される．これが，重力場で静止している観測者に対する光の伝播に対する相対論的運動方程式となる．重力場に静止している観測者は，彼の近傍で光の伝播が直進する様子を観測する.

基準座標系(r, θ, t)上に静止している観測者の測る時間変化及び空間

変化については，質量Mが存在しない場合と，重力場で静止している観測者の測る場合とで異なり，式(1)に基づいて，それらには以下に示す関係が成立する．

測定される時間dt'については，式(1)に観測者が静止している条件，$dr = 0$，$d\theta = 0$を与えて，

$$(dt')^2 = \left(1 - \frac{2M}{r}\right)(dt)^2 \tag{14}$$

すなわち，

$$dt' = \left(1 - \frac{2M}{r}\right)^{\frac{1}{2}} dt \tag{15}$$

これは，公式[7]を与える．ここに，dtは質量の存在しない基準座標系で光の伝播を計測するときの伝播時間を表し，dt'はその光の伝播が重力場で静止している観測者に計測されるときの伝播時間を表す．時間の計測に原子時計など，何らかの形で光や電磁波が計測原理に拘わる場合，計測される時間には質量の影響が現れて，計測時間に式(15)に示す重力赤方偏移が現れる．

半径方向の長さについては，測る距離の両端を同時におさえて測るため，$dt = 0$，$d\theta = 0$，$d\tau^2 = -dr'^2$を与えて（角度変化無しの条件によって），

$$dr'^2 = \left(1 - \frac{2M}{r}\right)^{-1} dr^2 \tag{16}$$

よって，

$$dr' = \left(1 - \frac{2M}{r}\right)^{-\frac{1}{2}} dr \tag{17}$$

これは，公式[8]を与える．式(16)において，左辺が$d\tau$でなくdr'となることは，光速度を表示するとき，$dr' = cdt$と光測量されることにある．ここに，drは質量Mが存在しない基準座標系において光測量による光

の伝播距離を表し，dr'はその光の伝播が重力場で静止している観測者に計測されるときの伝播距離を表す．質量Mによって光の伝播が影響を受けるため，計測される伝播距離には，式(17)に示す重力赤方偏移の効果が現れる．

従来のアインシュタインの相対性理論においては，こうした光測量の計測時間や計測距離に現れる重力赤方偏移の効果が，実際の時間及び距離の歪み，すなわち時空の歪みとして定義されていることに注意を要する．

次に，方向角の方向のみの変化に対しては，

$$(r^2 d\theta')^2 = (r^2 d\theta)^2 \tag{18}$$

すなわち，

$$d\theta' = d\theta \tag{19}$$

となり，両者の方向角の変化量に相違が無いことが確かめられる．

以上で，質量Mが存在し，重力が作用する場における光の運動が，相対論的な運動方程式によって規定されるものであることが示されたが，その際に適用される時間や距離に，重力場において静止している観測者に計測される時間や距離を用いるとき，式(13)に示すように，光の運動は，局所的には一種の慣性系における運動で与えられる点に着目しておく必要がある．

質量Mの周りを伝播する光

衝突パラメータbの定義

図–1 に示すように，質量Mに向かう光の伝播を考える．質量の中心から伸びる半径方向の軸に対して，垂直にbだけ離れた位置から，半径方向に平行な方向に伝播する光を考える．このとき，距離bは衝突パラメータと定義される．図中，光の初速度の方向と衝突パラメータが測られる方向とは，直角をなす．

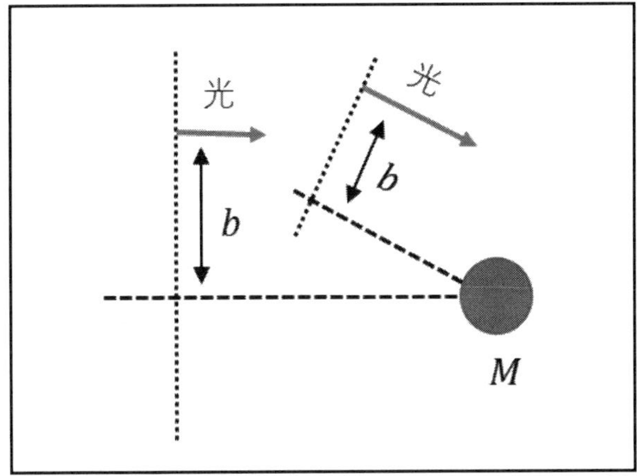

図-1 衝突パラメータの設定例

光の伝播の軌跡

以下においては，光の伝播を，質量mを有する粒子の運動の軌跡で表す．しかし，光の伝播が対象となるため，粒子の運動軌跡に対しては，最終的に質量をゼロと置くことにする．

いま光の伝播を質量mの粒子の運動で置き換えることから，ニュートン力学によれば，角運動量L及び衝突パラメータbが次のように設定される．

$$L = bp \tag{20}$$

$$b = \frac{L}{p} \tag{21}$$

ここに，pは粒子の運動量を表す．

重力場で静止している観測者に対しては，観測者の近傍における局所的な粒子の運動に特殊相対性理論が使えるため，エネルギーEと運動量p及び質量mとの関係が，次のように与えられる〔式(IV.6.47)を参照〕．

$$E^2 = p^2 + m^2 \tag{22}$$

これは，光速度を明示するとき，次のように与えられる．

$$E^2 = p^2c^2 + m^2c^4 \tag{22'}$$

したがって，式(21)より，

$$b = \frac{L}{p} = \frac{L}{(E^2 - m^2)^{\frac{1}{2}}} \tag{23}$$

光の伝播に対しては，ここで想定している粒子の質量をゼロとおくため，式(23)は，次のように与えられる．

$$b = \lim_{m \to 0} \frac{L}{p} = \frac{L}{E} \tag{24}$$

一方，一般相対性理論では，質量Mの周りの粒子の運動について，式(1)より，次なる関係式が与えられる．

$$(d\tau)^2 = \left(1 - \frac{2M}{r}\right)(dt)^2 - \left\{\left(1 - \frac{2M}{r}\right)^{-1} dr^2 + r^2 d\theta^2\right\} \tag{25}$$

すなわち，

$$(1 - 2M/r)^{-1} dr^2 = (1 - 2M/r)(dt)^2 - r^2 d\theta^2 - (d\tau)^2$$

両辺を$d\tau^2$で割って，

$$\left(\frac{dr}{d\tau}\right)^2 = \left(1 - \frac{2M}{r}\right)^2 \left(\frac{dt}{d\tau}\right)^2 - r^2\left(1 - \frac{2M}{r}\right)\left(\frac{d\theta}{d\tau}\right)^2 - \left(1 - \frac{2M}{r}\right) \tag{26}$$

ここで，式(3.11)及び(3.12)より，

$$\frac{E}{m} = \left(1 - \frac{2M}{r}\right)\frac{dt}{d\tau} \tag{27}$$

$$\frac{L}{m} = r^2 \frac{d\theta}{d\tau} \tag{28}$$

これらより，次式が得られる．

$$\left(\frac{dr}{d\tau}\right)^2=\left(\frac{E}{m}\right)^2-\left(1-\frac{2M}{r}\right)\left\{1+\frac{\left(\frac{L}{m}\right)^2}{r^2}\right\} \tag{29}$$

式(27)より，

$$\frac{d\tau}{dt}=\frac{\left(1-\frac{2M}{r}\right)}{\left(\frac{E}{m}\right)}=\left(\frac{m}{E}\right)\left(1-\frac{2M}{r}\right) \tag{30}$$

さらに，

$$\left(\frac{dr}{dt}\right)^2=\left(\frac{dr}{d\tau}\right)^2\left(\frac{d\tau}{dt}\right)^2 \tag{31}$$

となることから，式(29)は，

$$\left(\frac{dr}{dt}\right)^2=\left(1-\frac{2M}{r}\right)^2-\left(1-\frac{2M}{r}\right)^3\left\{\left(\frac{m}{E}\right)^2+\frac{\left(\frac{L}{E}\right)^2}{r^2}\right\} \tag{32}$$

また，

$$\frac{d\theta}{dt}=\left(\frac{d\theta}{d\tau}\right)\left(\frac{d\tau}{dt}\right)=\frac{L}{E}\frac{1}{r^2}\left(1-\frac{2M}{r}\right) \tag{33}$$

ここで，式(32)及び(33)に対して，質量mについて極限（$m\to 0$）を取ると，

$$v_r=\frac{dr}{dt}=\pm\left(1-\frac{2M}{r}\right)\left\{1-\left(1-\frac{2M}{r}\right)b^2/r^2\right\}^{\frac{1}{2}} \tag{34}$$

$$v_\theta=\frac{rd\theta}{dt}=\pm\frac{b}{r}\left(1-\frac{2M}{r}\right) \tag{35}$$

式(34)及び(35)を解いて，基準座標系(r, θ, t)上で静止している観測者から見た光の伝播の軌跡が得られる．すなわち，式(34)及び式(35)が，光の伝播を規定する運動方程式となる．

一方，重力場で静止している観測者から見た光の伝播は，式(15)，式(17)，式(19)を考慮して，

$$v'_r = \frac{dr'}{dt'} = \frac{1}{\left(1 - \frac{2M}{r}\right)} \frac{dr}{dt} = \pm \left\{1 - \frac{\left(1 - \frac{2M}{r}\right) b^2}{r^2}\right\}^{\frac{1}{2}} \tag{36}$$

$$v'_\theta = \frac{r d\theta'}{dt'} = \frac{1}{\left(1 - \frac{2M}{r}\right)^{\frac{1}{2}}} \left(r \frac{d\theta}{dt}\right) = \pm \frac{\left(1 - \frac{2M}{r}\right)^{\frac{1}{2}} b}{r} \tag{37}$$

以上より，次の関係式を得る．

$$v'^2 = {v'_r}^2 + {v'_\theta}^2 = 1 \tag{38}$$

すなわち，重力場で静止している観測者に観測される光の速さは 1（すなわち，c）となる．

基準座標系の時間及び距離で計測する光の伝播

角運動量の保存則〔式(28)〕より，

$$\frac{L}{m} = r\left(\frac{r d\theta}{d\tau}\right) = 一定 \tag{39}$$

これより，単位時間当たりの角度変化が，次のように与えられる．

$$d\theta = \frac{\left(\frac{L}{m}\right)}{r^2} \sim \frac{1}{r^2} \tag{40}$$

よって，単位時間当たりの角度変化量は，半径の２乗に逆比例する．

式(34)より，

$$\left(\frac{dr}{dt}\right)^2 = \left(1-\frac{2M}{r}\right)^2 - \frac{\left(1-\frac{2M}{r}\right)^3 b^2}{r^2} \tag{41}$$

式(33)より，

$$(rd\theta/dt)^2 = (L/E)^2(1-2M/r)^2/r^2$$

$$v^2 = (dr/dt)^2 + (rd\theta/dt)^2$$

$$v^2 = (1-2M/r)^2(1+2Mb^2/r^3)$$

$$v = \left(1-\frac{2M}{r}\right)\left(1+\frac{2Mb^2}{r^3}\right)^{\frac{1}{2}} \tag{42}$$

以上より，基準座標系から観測すると，光の速度は，$r = 2M$において$v = 0$となり，$r \to \infty$に対して$v = 1$すなわち光速cを与える.

ここで，基準座標系から観測するという意味は，重力場に静止している観測者と同じ場所において，質量が存在しない条件下の基準座標系の時間及び長さを用いて計測することを意味する．一方で，式(38)に示す光の速さv'は，重力場で静止している観測者に局所的に計測される時間及び長さを用いた場合に現れる計測値であり，重力場で原子時計などを用いて時間dt'を測りかつ，光の伝播距離dr'を測定した場合の光の伝播速度を表す.

有効ポテンシャルを用いた光の伝播予測

式(29)に示すように，粒子の運動については，次式が成立する.

$$\left(\frac{dr}{d\tau}\right)^2 = \left(\frac{E}{m}\right)^2 - \left(1-\frac{2M}{r}\right)\left\{1+\left(\frac{L}{m}\right)^2/r^2\right\} \tag{43}$$

これより，次式が定義される.

$$\left(\frac{dr}{dt'}\right)^2 = \left(\frac{E}{m}\right)^2 - \left\{\frac{V(r)}{m}\right\}^2 \tag{44}$$

光については，$d\tau = 0$であり，式(41)より，

$$\left(\frac{dr}{dt}\right)^2 = \left(1 - \frac{2M}{r}\right)^2 - \left(1 - \frac{2M}{r}\right)^3 \frac{b^2}{r^2} \tag{45}$$

が与えられて，運動エネルギーを座標によらない定数項と座標による項とに分けることができていない．そこで，観測者の立場を基準座標系に静止している観測者から重力場に静止している観測者に変える．

式(36)より，

$$\frac{dr'}{dt'} = \pm\left\{1 - \frac{\left(1 - \frac{2M}{r}\right) b^2}{r^2}\right\}^{\frac{1}{2}} \tag{46}$$

$$(dr'/dt')^2 = 1 - (1 - 2M/r)b^2/r^2$$

$$\frac{1}{b^2}\left(\frac{dr'}{dt'}\right)^2 = \frac{1}{b^2} - \frac{\left(1 - \frac{2M}{r}\right)}{r^2} \tag{47}$$

ここで，右辺第一項は軌道に依存するが座標にはよらない項，第二項は軌道には依存しないが座標による項となっている．したがって，光の有効ポテンシャルUとして，次式を設定できる．

$$\left(\frac{U}{m}\right)^2 = \frac{\left(1 - \frac{2M}{r}\right)}{r^2} \tag{48}$$

有効ポテンシャルの極値を求めるために，式(48)をrで微分して，

$$\frac{d}{dr}\left(\frac{U}{m}\right)^2 = -\frac{2\left(1 - \frac{2M}{r}\right)}{r^3} + \frac{1}{r^3}\left(\frac{2M}{r}\right) = 0 \tag{49}$$

$$-2r\left(1-\frac{2M}{r}\right)+2M=0 \tag{50}$$

$$r=3M \tag{51}$$

$r=3M$に対して，有効ポテンシャルは，次のように与えられる．

$$\left(\frac{U}{m}\right)^2=\frac{1-\frac{2M}{r}}{r^2}=\frac{1-\frac{2M}{(3M)}}{9M^2}=\frac{1}{27M^2} \tag{52}$$

すなわち，

$$\frac{U}{m}=\frac{1}{\sqrt{27}M} \tag{53}$$

したがって，$b=\sqrt{27}M$となるとき，式(47)より，$dr'/dt'=0$が与えられて，速度は方向角方向のみとなる．すなわち，光は質量Mを中心として回る．しかし，有効ポテンシャルの２階微分もゼロを与える不安定な軌道のために，いずれ質量に吸い込まれるか，脱出して遠ざかるかのいずれかとなる．$b<\sqrt{27}M$については，質量Mに吸い込まれる．$b>\sqrt{27}M$については，質量Mを通過した後，方向を変えて伝播する．

重力による光の彎曲

まず，ニュートン力学による光の彎曲について説明する．

ニュートン力学に従えば，粒子の運動に対する重力の作用は，運動方程式に基づいて，次のように与えられる．

$$\frac{mdv_z}{dt}=-mg \tag{54}$$

ここに，v_zはz軸方向の速度を表し，重力の作用はz軸の負の方向に働く，このときv_zは時間のみの関数となる．

したがって，質量の大きさに無関係に，次式が成立する．

$$\frac{dv_z}{dt} = -g \tag{55}$$

これより，

$$v_z(t) - v_z(o) = -gt \tag{56}$$

ここに，$v_z(o)$は初速度を表し，ここではゼロと置く．よって，

$$v_z(t) = -gt \tag{57}$$

光の伝播も粒子の運動と同じ軌跡を取ることは，すでに見てきたとおりである．したがって，光の速度は重力方向に単位時間当たりに，重力源となる質量Mの中心に向けて，単位時間当たりに$-g$の速度を得ることになる．

計算例１（質量による光の彎曲）

ここでは，太陽による光の彎曲を考える．

1)光が太陽の淵をかすめて水平に横切るのに要する時間t

太陽の直径をDとすると，

$$t = \frac{D}{c} = \frac{2 \times 6.9598 \times 10^8}{3.0 \times 10^8} = 4.640\mathrm{s} \tag{58}$$

2)太陽の重力の強さ:g

$$g = G\frac{M}{r^2} = 6.6726 \times 10^{-11}\frac{1.989 \times 10^{30}}{(6.9598 \times 10^8)^2} = 2.740 \times 10^2\ m/s^2 \tag{59}$$

これは地球の重力 9.8 の約 28 倍となる．

3)太陽の淵を水平に横切る際，重力は一定値となって鉛直方向に作用するとした場合に，光が重力方向（鉛直方向）に得る速度v_z

$$v_z = -gt = (2.740 \times 10^2) \times 4.640 = -1.271 \times 10^3\ m/s \tag{60}$$

4)太陽を通過した後の光に対して，鉛直方向の速度は先に求めた鉛直速

度v_zが一定値となって現れる．また光の水平方向の速度はcのままとなるため，太陽を通過した光は，水平方向に速度c，鉛直方向に速度v_zの速度成分を有する光の伝播となるため，光が太陽から受けた彎曲角度θは，次のように与えられる．

$$\tan\theta = \frac{v_z}{c} = \frac{1.271 \times 10^3}{3.0 \times 10^8} = 4.237 \times 10^{-6} \tag{61}$$

よって，

$$\theta \approx \tan\theta = \frac{v_z}{c} = 4.237 \times 10^{-6}\ \mathrm{rad} \tag{62}$$

$$\theta_{秒角} = \theta \times \frac{360}{(2\pi)} \times 3600 = 0.874'' \tag{63}$$

以上がニュートン力学による予測結果である．

一般相対性理論による彎曲角度

式(34)及び式(35)より，光の運動に関して，

$$\left(\frac{dr}{dt}\right)^2 = \left(1 - \frac{2M}{r}\right)^2 - \frac{\left(1 - \frac{2M}{r}\right)^3 b^2}{r^2} \tag{64}$$

$$\left(\frac{d\theta}{dt}\right)^2 = \frac{b^2}{r^4}\left(1 - \frac{2M}{r}\right)^2 \tag{65}$$

これらより，

$$\left(\frac{d\theta}{dr}\right)^2 = \frac{\frac{b^2}{r^4}}{\left\{1 - \frac{\left(1 - \frac{2M}{r}\right) b^2}{r^2}\right\}} \tag{66}$$

$$d\theta = r^{-2}\left\{\frac{1}{b^2} - \frac{\left(1 - \frac{2M}{r}\right)}{r^2}\right\}^{-\frac{1}{2}} dr \tag{67}$$

式(67)をrについて，∞から質量Mの中心まで積分し，その値を 2 倍することで，求めようとする角度変化が与えられる．$M = 0$の場合は，光の直進性によって$\theta = \pi$を与えなければならず，Mが存在する場合はπより小さい値となる．

質量Mの半径をRとして，式(67)を積分するに当たり，

$$u = R/r \tag{68}$$

と置換して，

$$dr = -\frac{r^2 du}{R} \tag{69}$$

$r = R\sim\infty$の積分範囲は，$u = 1\sim 0$と変わる．

よって，

$$d\theta = -\left\{\frac{R^2}{b^2} - u^2 + \frac{2Mu^3}{R}\right\}^{-\frac{1}{2}} du \tag{70}$$

ここで，光の伝播が太陽の表面をかすめるようにするために，衝突パラメータbに制限を以下に加えよう．

$r = R$において，光が太陽表面に接するとき，太陽表面で静止している観測者には，半径方向の速度がゼロとなり，接線方向の速度のみが存在するとする制限を与えることにする．

式(47)より，

$$\frac{1}{b^2}\left(\frac{dr'}{dt'}\right)^2 = \frac{1}{b^2} - \frac{\left(1 - \frac{2M}{r}\right)}{r^2} \tag{71}$$

ここで，$r=R$では，左辺に見るdr'/dt'をゼロとして，

$$0=\frac{1}{b^2}-\frac{\left(1-\frac{2M}{r}\right)}{R^2} \tag{72}$$

すなわち，

$$\frac{R^2}{b^2}=1-\frac{2M}{R} \tag{73}$$

これを式(70)に代入して，

$$d\theta=-\left\{\left(1-\frac{2M}{R}\right)-u^2+2\frac{M}{R}u^3\right\}^{-\frac{1}{2}}du \tag{74}$$

$$d\theta=-\left\{1-u^2-2\frac{M}{R}(1-u^3)\right\}^{-1/2}du$$

$$d\theta=-\left\{(1-u^2)-2\frac{M}{R}(1-u^3)\right\}^{-1/2}du$$

$$d\theta=-(1-u^2)^{-1/2}\left\{1-2\frac{M}{R}(1-u^3)/(1-u^2)\right\}^{-1/2}du$$

ここで，右辺の{ }$^{-1/2}$の計算に近似の公式を持ち込み，

$$d\theta=-(1-u^2)^{-1/2}\left\{1+\frac{M}{R}(1-u^3)/(1-u^2)\right\}du$$

$$d\theta=-\frac{1}{(1-u^2)^{\frac{1}{2}}}du-\frac{M}{R}\frac{1}{(1-u^2)^{\frac{3}{2}}}du+\frac{M}{R}\frac{u^3}{(1-u^2)^{\frac{3}{2}}}du \tag{75}$$

右辺第一項については，

$$\int_1^0-2(1-u^2)^{-1/2}\,du=|-2\sin^{-1}u|_1^0=2\sin^{-1}1=2(\pi/2)=\pi$$

これは，光の直進性を与える．よって，式(75)の第二項以降の積分値が質量Mの寄与による角度変化を与える．これを$\Delta\theta$とおくと，

$$\Delta\theta = -\frac{M}{R}\left\{\int_1^0 \frac{1}{(1-u^2)^{\frac{3}{2}}}du - \int_1^0 \frac{u^3}{(1-u^2)^{\frac{3}{2}}}du\right\} \tag{76}$$

$$\Delta\theta = -\frac{M}{R}\left[u(1-u^2)^{-\frac{1}{2}} - (1-u^2)^{\frac{1}{2}} - (1-u^2)^{-\frac{1}{2}}\right]_1^0$$

$$\Delta\theta = -\frac{M}{R}\left[(u-1)(1-u^2)^{-\frac{1}{2}} - (1-u^2)^{\frac{1}{2}}\right]_1^0 \tag{77}$$

積分境界で分母がゼロとなることを避けるために，右辺〔　〕内第一項を少し工夫して，

$$\Delta\theta = -\frac{M}{R}\left[-\left(\frac{1-u}{1+u}\right)^{\frac{1}{2}} - (1-u^2)^{\frac{1}{2}}\right]_1^0 \tag{78}$$

よって，

$$\Delta\theta = \frac{2M}{R} \tag{79}$$

ここで，角度は積分値の2倍としなければならなかったことに注意して，最終的に次なる角度を得る．

$$\Delta\theta = \frac{4M}{R} \tag{80}$$

これに数値を入れて計算する．

$$\Delta\theta = \frac{4(1.477\times10^3)}{(6.9598\times10^8)} = 2\times4.244\times10^{-6}\ rad \tag{81}$$

$$\theta_{\text{秒角}} = 2 \times 4.244 \times 10^{-6} \times \frac{360}{2\pi} \times 3600 = 1.751'' \tag{82}$$

したがって，一般相対性理論からの予測値は，ニュートン力学〔式(63)〕による予測値の2倍大きい.

1919年に行われたエディントンの観測では，平均値で$1.61''$～$1.98''$程度の観測値を得たことが報告されている．（F.W. Dyson, A.S. Eddington and C. Davidson: Phil. Trans. Roy. Soc., 220A, p.291 (1920).　当初エディントンは，$0.85''$程度と予測したが，その後その 2 倍の$1.7''$に修正した．この観測結果は，アインシュタインの予想を実証するものであり，彼はニュートンを超える科学者として突然有名になった（戸田盛和：相対性理論30講，朝倉書店，1997）

以上の議論からは，アインシュタインリングの存在が想像される．アインシュタインは，質量の大きい星の背後の遠くにある星の光が，その前面の質量による影響で曲げられて（収束されて），本来見えないはずの光が強調されて見えるようになると予測した．このような現象はアインシュタインリングと呼ばれていて，すでに観測で確かめられている．ただし，アインシュタインは，アインシュタインリングが時空の歪みによると判断している点に注意する必要がある．

計算例2（太陽の質量による光伝播の遅れ）

次に，光の伝播が太陽の回りで遅くなる現象について，説明する．

式(6)より，

$$\frac{dr}{dt} = 1 - \frac{2M}{r} \tag{83}$$

すなわち，

$$dt = \left(1 - \frac{2M}{r}\right)^{-1} dr \tag{84}$$

ここで，近似の公式を適用して，

$$dt = \left(1 + \frac{2M}{r}\right) dr \tag{85}$$

時間と距離の関係は，$M = 0$のとき，$dt = dr$で与えられることから，太陽による伝播時間の遅れは，式(85)の右辺( )内の第二項によって与えられて，次のように与えられる．

$$dt = \frac{2M}{r} dr \tag{86}$$

これを太陽表面（$r = R$）から地球までの間（r_{sun-E}）で積分して，

$$\Delta t = 2Mln\left(\frac{r_{sun-E}}{R}\right) \tag{87}$$

$$r_{sun-E} = 1.496 \times 10^{11}\ \mathrm{m}$$

$$R = 6.960 \times 10^{8}\ \mathrm{m}$$

$$M = 1.477 \times 10^{3}\ \mathrm{m}$$

を代入して，

$$\Delta t = (2 \times 1.477 \times 10^{3}) \ln\left(\frac{1.496 \times 10^{11}}{6.960 \times 10^{8}}\right) \tag{88}$$

$$\Delta t = 1.586 \times 10^{4}\ \mathrm{m} \tag{89}$$

$$\Delta t = \frac{1.586 \times 10^{4}}{c} = \frac{1.586 \times 10^{4}}{3.0 \times 10^{8}} = 5.287\ m \times 10^{-5}\ \mathrm{s} \tag{90}$$

すなわち，

$$\Delta t = 53\ \ \mu\mathrm{s} \tag{91}$$

を得る．

コラム21 現代物理学界が垣間見せる確かな矛盾

日本物理学界が発行する『大学の物理教育』(2023 Vol. 29 No.1) の「講義室」に，大変興味深い投稿が最近２編あった (pp.19-23 及び pp.24-27)．それらは，いずれも電磁場のガリレイ変換に関するものである．それらの内容は，現代物理学界がアインシュタインの相対性理論を正しいものと認めつつも，自己矛盾に陥っている実情を垣間見せるものとなっている．その内容の概略をここに紹介し，本書の主張する新相対性理論の正しさを確認しておきたい．

さて，２編の投稿の内容は，「ガリレイ座標系による電磁気学」を取り扱っている．ここで，pp.19-23を前者と呼び，pp.24-27を後者と呼ぶ．それらの内容を後者の説明から要約すると，以下のとおりである．

1) 磁場Bが存在する静止系におけるローレンツ力は，$F = v \times B$で与えられる．それでは，この静止系に対して一定速度v_0で移動する運動系からこのローレンツ力を観測するとどうなるか．(但し，$v^2/c \ll 1$，${v_0}^2/c \ll 1$である)
2) ローレンツ変換は，腑に落ちる説明を与える．
3) (ローレンツ変換は，与条件下でガリレイ変換に帰着される)
4) ガリレイ変換をそのまま適用した結果は，正しい古典的な電磁場の法則を与えない．それは，ガリレイ変換が非慣性系を与えるからである (これは，従来理論で一般的定義の上記 3) と矛盾する)．注：( ) 内は著者による．

一方，前者の説明の結論は，次のようになっている．

…ガリレイ変換では仮想電荷や仮想電流が存在するかのように見え，相対性原理は成り立たないが，数学的には整合性のある電磁場の法則が得られる．一つの座標系から他の座標系への変換は，物理的な内容を伴わない論理的，数学的な問題であり，座標系の選択は自由である．しかし，ガリレイ座標系の難点は，限界速度が存在するということと両立しないことである．この事情は回転座標系における電磁場の法則も同様である．そういう難点はあるけれど，$u \ll c$の範囲では，ガリレイ座標系における電磁気学は十分有効である．

これら２者の論点は，アインシュタインの相対性理論を正しいものと認める現代物理学界の抱える矛盾点を，図らずも明らかにするものとなっている．すなわち，これらは，現代物理学界が相対性理論をいかように解釈しているかを端的に示す好例と言える．

これまで説明してきた新相対性理論に基づけば，これらアインシュタインの相対性理論に立脚する議論がまったくの誤りであることを示すには，「運動系の観測者の時間や空間座標は，いかようなものとなっているか」を問うことで十分である．

新相対性理論の説明は以下の通りであり，理路整然としている．

1）静止系と運動系の時間及び空間座標は，ガリレイ変換によって互いに結ばれ，それらに相対性原理が完全に成立する．

2）ガリレイ変換を基盤としてローレンツ変換が成立する．両者は，互いに別物であり，ローレンツ変換からは，ガリレイ変換を与えることはできない．それらは，互いに調和して成立している．

3）ガリレイ変換によって定義される運動系の時間及び空間によって，運動系の観測する静止系の電場$\boldsymbol{B}'$及び磁場$\boldsymbol{E}'$は，ローレンツ変換を用いて，次のように与えられる．

$$\boldsymbol{B}' = \boldsymbol{B} - (\boldsymbol{v}_0 \times \boldsymbol{E})/c^2 = \boldsymbol{B} \quad , \quad \boldsymbol{E}' = \boldsymbol{E} + \boldsymbol{v}_0 \times \boldsymbol{B} = \boldsymbol{v}_0 \times \boldsymbol{B}$$

4）よって，運動系の観測者に観測されるローレンツ力は，次のように与えられる．

$$\boldsymbol{F}' = q\boldsymbol{E}' + q\boldsymbol{v}' \times \boldsymbol{B}' = q\boldsymbol{E}' + q(\boldsymbol{v} - \boldsymbol{v}_0) \times \boldsymbol{B}'$$

$$= q(\boldsymbol{v}_0 \times \boldsymbol{B}) + q(\boldsymbol{v} - \boldsymbol{v}_0) \times \boldsymbol{B} = q\boldsymbol{v} \times \boldsymbol{B} = \boldsymbol{F}$$

5）こうした運動系の観測結果を，逆に変換すると，静止系の観測結果を得る．すなわち，観測結果に相対性原理が成立する．

上記 1)～3)が本質を成す．アインシュタインの相対性理論では，ガリレイ変換を修正してローレンツ変換が得られている．新相対性理論では，ガリレイ変換が相対性理論の基盤として位置付けられ，その上でローレンツ変換が相対論的電磁気理論として構築されている．

コラム22 科学における信仰は宗教の信仰に通じる

信仰について，『日本大百科全書(ニッポニカ)』は，次のように解説している.「神仏のように，自分にとって究極的な価値や意味をもっている対象と全人格的な関係をもち，その対象に無条件に依存し献身する心的態度をいう．経験できぬ不確実なものを主観的に確実であると思い込むことではない．宗教的体験や儀礼を繰り返すことによって，しだいに人格の内部に一定の心的態度が信仰として形成される．信仰は個人生活を統合する中心の役割を果たすと同時に，その信仰の表現である信条，組織，制度などにより，共同体の生活を統合する活動の中心にもなっている.」[藤田富雄]

人々はかつて天動説を信仰し崇拝もした．それが地動説に置き換わるにはとてつもなく長い年月を要した．これには，人々の信仰が深くかかわっている．科学の世界において，一旦出来上がった論理には，次々と新たな論理が加わり肥大してゆく，そして人々は次々と生まれる 論理の説明に魅了され，それらに一種の信仰心をさえも持つようになる．それが科学の魅力ということもできよう．そして，ついに，「神は数学者であったに違いない」とまでも語るようになる．こうして科学は，宗教的な側面を持つ．なぜなら，科学は信じあう人々の間で学会という集団をなすようになり，互いに認め合い崇拝し合う世界を作り，彼らの論理に合わない論理を受け付けなくなってゆくからである．

しかし，科学者は元来，そうした既定の論理を突き破ろうとしている者でもある．そして死闘の後に，ついにその時は来る．しかし，歓迎されることはない.「預言者郷里に容れられず」で，真っ先に立ちはだかるものが，既存の論理を信じ認め合う専門家の集団となる．なぜなら，宗教というまでに肥大化した既存の論理に対し，「あなたの信じている宗教は間違っている」というようなことになるからである．

だが，科学における発見者は，「この論理こそが真であり，信じる者は救われる」と説く．

おわりに

第Ⅰ部においては，従来のアインシュタインの相対性理論から新相対性理論に至るまでの歴史的概要を説明した．第Ⅱ部では，慣性系の時間及び長さについて相対性原理を満たす正しい変換則としてガリレイ変換を定義し直し，相対性理論構築の基盤に位置付けた．その上で，従来のニュートンの運動法則を，静止力学の運動法則として位置付けた．これによって，運動している物体の運動法則は相対論的運動法則によって規定されるものとなった．第Ⅲ部においては，アインシュタインの相対性理論の問題点を明らかにした．また，それに付随する各種パラドックスについて説明した．

第Ⅳ部においては，新相対性理論について説明した．その使い方の演習を，第Ⅴ部において行った．以下に，本書が説明する新相対性理論の概要についてまとめる．

特殊相対性理論においては，ローレンツ変換の持つ物理的意味が変革されている．その中では，まずガリレイ変換を相対性理論構築の基盤として位置付け，その上でローレンツ変換が光測量の原理に基づいて構築されている．得られた特殊相対性理論は，観測者に対して一定速度で運動する運動系の力学を，光など電磁波を用いて計測するときに現れる相対論的力学として定義している．その際，観測される時間と空間との関係に，数学的な利便性から架空の４次元時空が設定されている．光速度については，光伝播に赤方偏移（redshift）が現れることが，光速度を一定に保つ物理的メカニズムであることが示されている．

重力を取り扱う一般相対性理論においては，アインシュタイン方程式の一つの解を成すシヴァルツシルトの外部解に基づいて議論が行われている．シヴァルツシルトの外部解は，重力の作用する場において光測量を行う時に光の伝播に現れる重力赤方偏移を，計量という形で明示している．重力場では，光の伝播は重力赤方偏移を起こすため，伝播時間及び伝播距離に歪みが現れて計測される．この時，計測に用いている時間及び長さの単位は，重力が存在しないと仮定した場で光の伝播に基づいて定義される時間の基準値及び長さの基準値である．

こうした基準時間及び基準長さの単位を用いて，重力の存在しない基準座標系で光測量によって時間及び距離を計測した値が，空間座標に球対称座標を用いるとき，時間t及び距離rとして表される．同様な光測量を重力場で実施し，それを重力の作用しない基準座標系から眺めると，その光伝播には重力の作用で（重力赤方偏移によって）計測される時間及び距離に歪みが現れる．この現れ方を決めるのが，シヴァルツシルトの外部解に見る計量である．

シヴァルツシルトの計量で表される線素（２乗距離）は，重力場で局所的に設定される一般の座標系の線素を表すが，これは重力の作用しない基準座標系の観測者の見る一般の座標系上での線素となる．基準座標系の観測者からは，重力場における粒子の運動や光の伝播が，この一般の座標系の測地線に沿う運動となって観測される．数学的な解釈からは，重力場における粒子や光の伝播は，測地線に沿う自由運動となる．

一方，数学的には，測地線上の観測者は測地線に沿う局所的な運動を一種の慣性運動として捉える．この観測者は，物理的には，重力場で静止した観測者に対応する．すなわち，重力場で静止した観測者には，重力場における粒子や光の局所的な運動は，一種の慣性運動として観測される．

重力場で静止している観測者が，光伝播に基づいて測る時間や距離は，重力赤方偏移の影響を受けて（すなわち，シヴァルツシルトの外部解の計量に見る伸縮を受けて）計測される．このように計測される時間及び距離が，時間t'及び距離r'で表される．重力場で静止している原子時計が示す計測時は，この時間t'のことであり，それを計測している時間の単位は基準座標系の時間単位と同一である．

重力赤方偏移の影響を受けた時間及び距離を計測している重力場の観測者が，局所的に見る粒子や光の運動は，一種の慣性運動として観察されるので，運動系と静止系とで計測される時間及び距離には新ローレンツ変換が適用される．このとき運動系の観測者に計測される時間がτで表される．もちろん，その計測に用いている時間単位は，基準座標系の時間単位と同一である．

新たに構築されたローレンツ変換が，新ローレンツ変換と呼ばれるのは，アインシュタインの相対性理論による従来のローレンツ変換が，運動系と静止系との実際の時間及び座標を結ぶものであったこととの違いを明確にするためにある．新相対性理論では，実際の時間や空間ではなく，光測量に基づいて計測される時間及び距離が，静止系と運動系で互いに対応付けられる．

その際，実際の時間及び座標については，静止系と運動系とでガリレイ変換によって常に結びつけられている．したがって，新相対性理論における運動系と静止系との時間は，共にまったく同じ時間を共有する．

アインシュタインは，重力場を運動する粒子や光は，シヴァルツシルトの計量で歪んだ4次元の時空に無条件に従うものであるとしている．しかしながら，新相対性理論においては，シヴァルツシルトの計量で歪んだ時空は，光測量に基づいて計測された時間及び距離に対して局所的に構築される数学的便宜上の架空の4次元時空として定義される．

第Ⅴ部の演習で一貫して現れているように，粒子や光の運動はすべて，計測される時間や距離にしたがって，そしてそれぞれの運動方程式にしたがって，力学的に説明される．

アインシュタインは，相対性理論を構築するに当たって，相対性原理に加えて，光速度の原理，等価原理などを必要とした．しかしながら，新相対性理論の構築に当たっては，光速度不変の原理や等価原理などはまったく必要としていない．したがって，アインシュタインが思考したエレベータ内の観測者の受ける重力の有無などの議論も一切必要としていない．必要であったのは，光測量の光の伝播に現れる赤方偏移，そして数学的見地からの測地線方程式の曲率やベクトルの平行移動という考え方にあった．また，アインシュタイン方程式は，この測地線方程式の描く測地線の曲がり方を決める方程式であったことになる．

アインシュタインの相対性理論の中でも最も有名な式と言われてきた静止エネルギーの式$E = m_0 c^2$は，アインシュタインが想像した静止エネルギーを表すのではなく，相対性理論が光の伝播を基本に据えていることから現れるエネルギーの基準となる量を表し，光速度を持つ粒子の運動エネルギーとして定義される．

新一般相対性理論は，質量による測地線の曲率を求める際に，数学的にはアインシュタイン方程式を必要とするが，物理的な思想としては全体を通じて従来の相対性理論とはまったく異なるものとなっている．新相対性理論の出現は，いわば，物理学における天動説から地動説への変換に対応するものと言える．本書が説明する相対性理論が新相対性理論と呼ばれなければならない理由がここにある．

相対性理論は，通常，重力の作用を考慮しない特殊相対性理論と重力の作用を考慮した一般相対性理論とに大別されるが，一般相対性理論に特殊相対性理論も包括されているため，それらを必ずしも区別しなければならない理由はない．むしろ，それらを総合的に取り扱い，単に，「相対性理論」と呼ぶことが妥当と言える．結局のところ，相対性理論とは，「光など電磁波の伝播に現れる赤方偏移（redshift）を探究する理論」としてまとめられる．

新相対性理論では，

1) 相対性原理が成立するのはなぜか？
2) 物体に静止慣性が存在するのはなぜか？
3) 粒子及び光に対して，重力の作用の物理は何か？
4) なぜ光など電磁波は空間を伝播するのか？
5) 空間は真に空の空間を成すのか？

これらのことが未だ不明な物理現象として残されている．

参考文献

年代順

相対性理論

1）石原純著・岡本一平画：アインシュタイン講演録，東京図書株式会社，206p，1971.
2）豊田利幸訳：ガリレオ，中央公論社，世界の名著 21，574p，1973.
3）C. ゼーリッヒ著／湯川秀樹序／広重徹訳：アインシュタインの生涯，東京図書，250p，1974.
4）内山龍雄訳・解説：アインシュタイン相対性理論，岩波文庫，187p，1988.
5）戸田盛和：相対性理論 30 講，朝倉書店，231p，1997.
6）エドウィン・F・テイラー，ジョン・アーチボルド・ホイーラー著（牧野伸義訳）：一般相対性理論入門―ブラックホール探査―，株式会社ピアソン・エディケーション，347p，2004.
7）A. アインシュタイン著（金子務訳）：特殊及び一般相対性理論について，白揚社，216p，2004.
8）江沢洋：相対性理論とは，日刊評論社，201p，2005.
9）高橋文郎：特殊相対性理論，培風館，198p，2012.
10）仲座栄三：新・相対性理論，ボーダーインク，180p，2015.
11）須藤靖：一般相対性理論（改訂版第 2 刷），日本評論社，220p，2021.

その他

1）仲座栄三：物質の変形と運動の理論，ボーダーインク，427p，2005.
2）仲座栄三：新・弾性理論，ボーダーインク，97p，2010.

関連論文

1）仲座栄三：脆性破壊を示すコンクリートの破壊基準に関する研究，日本コンクリート工学会，コンクリート工学論文集，Vol.31，No.1，pp.481-486，2009.

2）仲座栄三：流体運動の支配方程式とその歴史的変遷，沖縄科学防災環境学会論文集（Physics），Vol.2，No.1，pp.8-14，2017.

3）仲座栄三：運動物体の光測量が導く相対論，日本物理学会，2018年秋季大会，概要集，Web版 ISSN 2189-0803.

4）E. NAKAZA: A new constitutive equation for a solid material, 2019 Rock Dynamics Summit, pp.130-134, 2019.

5）仲座栄三：相対性原理に拠る新たな相対性理論，沖縄科学防災環境学会論文集（Physics），Vol.5，No.1，pp.1-14，2020.

6）三間正吾・綿引隆文：ガリレイ変換された座標系における電磁気学はどこまで有効か，日本物理学会，大学の物理教育，Vol.29，No.1，pp.19-23，2023.

7）和田純夫：電磁場のガリレイ変換，日本物理学会，大学の物理教育，Vol.29，No.1，pp.24-27，2023.

著者紹介
仲座　栄三（なかざ　えいぞう）
1958 年　宮古島に生まれる
2005 年　流体の支配方程式を修正する
弾性体の支配方程式を修正する
2014 年　相対性理論構築の基盤としてガリレイ変換を位置付ける
ローレンツ変換を相対論的電磁気学の基礎として位置付ける
現在に至る

著書：『物質の変形と運動の理論』(2005),『新・弾性理論』(2010),
『相対原理に拠る相対性理論』(2011),『新・相対性理論』(2015).

新相対性理論　物理的思考編

2023 年　4 月　30 日　初版第一刷発行

著　者　　仲座　栄三
発行者　　池宮紀子
発行所　　(有) ボーダーインク
〒902-0076　沖縄県那覇市与儀 226-3
電話 098-835-2777　ファクス 098-835-2840

印　刷　　でいご印刷

ISBN978-4-89982-445-9　printed in OKINAWA,Japan